普通高等院校通识教育系列教材

自然科学概论

王登武　王　震　主　编

张翠红　葛　媛　王　娟　副主编

科学出版社

北　京

内 容 简 介

本书涉及自然科学中的非线性科学与数学、物理学、材料科学、营养学、药学、生命科学、环境科学、信息与智能科学等领域，旨在让学生了解自然科学所涉及的相关知识，重点介绍相关领域的前沿、发展趋势及所取得的成果。本书注重学生新知识素养的培养，使学生感受科学家的科学精神，培养文科类学生在交叉学科和创新能力等方面的综合素质。

本书既可作为高等院校学生通识课程教材，也可作为一般读者的科学普及读物，还可供中小学教师参考使用。

图书在版编目(CIP)数据

自然科学概论/王登武，王震主编. —北京：科学出版社，2020.11
（普通高等院校通识教育系列教材）
ISBN 978-7-03-066606-2

Ⅰ.①自… Ⅱ.①王…②王… Ⅲ.①自然科学—高等学校—教材
Ⅳ.①N43

中国版本图书馆 CIP 数据核字（2020）第 209877 号

责任编辑：冯 涛 李祥根 李 莎 / 责任校对：马英菊
责任印制：吕春珉 / 封面设计：东方人华平面设计部

科学出版社 出版
北京东黄城根北街 16 号
邮政编码：100717
http://www.sciencep.com
天津翔远印刷有限公司 印刷
科学出版社发行 各地新华书店经销
*
2020 年 11 月第 一 版 开本：787×1092 1/16
2022 年 8 月第三次印刷 印张：14 1/2
字数：340 000
定价：42.00 元
（如有印装质量问题，我社负责调换〈翔远〉）
销售部电话 010-62136230 编辑部电话 010-62138978-2046

本书编写人员

主　　编　王登武　王　震

副 主 编　张翠红　葛　媛　王　娟

参编人员　陈明淑　张晓娟　段金英

　　　　　李建辉　章培军

前　言

2019 年教育部、中央政法委科技部等 13 个部门联合启动 "六卓越一拔尖" 计划 2.0，全面推进新工科、新医科、新农科；新文科建设。其中，新文科建设的内涵是促进多学科交叉与深度融合，在专业教育中融入数学、物理、化学、生物、信息科学等自然科学前沿知识，形成学科交叉。为促进文科生的人文教育与科学教育融合，培养大学生科学素养，很多高校已开设了 "自然科学概论" 等公共通识课程。

本书以现代自然科学相关研究领域的最新研究成果和应用为主线，内容涉及非线性科学与数学、物理学、材料科学、营养学、药学、生命科学、环境科学、信息与智能科学等领域。

本书由西京学院王登武教授和王震教授担任主编，张翠红、葛媛、王娟担任副主编。具体分工如下：绪论、第 7 章和第 8 章由王登武编写，第 1 章由王震编写，第 2 章由李建辉编写，第 3 章由章培军编写，第 4～6 章由王娟编写，第 9 章由张翠红编写，第 10、11 章由葛媛编写，第 12 章由段金英编写，第 13、14 章由陈明淑编写，第 15 章由张晓娟编写。本书配套的微课与课件资源，可与作者联系获取，联系方式 wangdengwu@xijing.edu.cn。

此外，本书编写过程中参考了大量文献资料，已在参考文献中列出，在此对这些作者一并致谢。由于作者水平所限，书中难免存在不足和疏漏之处，恳请相关专家和读者批评指正。

王登武

2019 年 10 月

目　　录

绪　　论

科学技术在人类发展的历史长河中，起着至关重要的促进作用，它推动了人类社会的不断进步和人类文明的发展。马克思曾指出，"社会劳动生产力，首先是科学的力量。""大工业把巨大的自然力和自然科学并入生产过程，必然大大提高劳动生产率。"

自然科学是人类研究自然界中不同对象的运动、变化和发展规律的理论和知识体系。它作为人类认识世界和改造世界的一个重要组成部分，既反映了人类对自然逐步深化的认识，也是人类改造和利用自然的有效武器。在人类改造和利用自然的过程中，感性认识逐步上升为理性认识，在对理性认识进行不断的学习、思考和总结后，产生了一系列的科学知识。这些知识使人类从最开始的原始社会时期发展到现今的高科技时代。现今，人类越来越依赖科技带来的文明和便利。随着互联网尤其是移动互联网技术的飞速发展，人工智能、云计算、大数据、物联网、5G 等一系列科学技术的普及和应用，使自然科学几乎渗透到了人们生活的方方面面。

因此，对于当代大学生而言，了解自然科学的发展规律，理解自然科学相关领域所涉及的知识前沿、发展趋势及取得的成果，提高科学素养，感受科学家的科学精神，显得尤为重要。

0.1　自然科学的起源与发展

科学分类是认识科学之间相互关系的一种方式。随着科学的发展，人们在考察各门科学之间的区别和联系的过程中，不断揭示整个科学的内部结构，建立了相应的分类体系（又称科学体系），并在不同时代形成了各种不同的科学分类理论。按照研究对象的不同，可将科学分为自然科学、社会科学和思维科学，以及总结和贯穿于这三个领域的哲学。

自然科学是以定量作为手段，研究无机自然界和包括人的生物属性在内的有机自然界的各门科学的总称，是研究大自然中有机或无机的事物和现象的科学，包括数学、物理学、化学、天文学、地学和生物学等基础性学科。随着科学技术的进一步发展，自然科学还包括了材料科学、能源科学、空间科学和医学科学等应用技术科学。自然科学的发展大致可分为三个主要阶段：古代自然科学阶段、近代自然科学阶段和现代自然科学阶段。

1. 古代自然科学

远古时期到 16 世纪中叶可归结为古代自然科学的发展阶段，一般认为这一时期属于自然科学发展的萌芽阶段。在这一时期，人类社会的生产力水平相对较为低下，古代人类关于自然的认识还局限于和人们的生产、生活相关的领域，为了促进农作物的丰收而观察天象、为了准确地获知土地大小而研究几何。因此，在这一阶段，古代人类主要的研究方法是依靠感官直接观察自然界，所获得的科学知识尚停留在对自然现象的观察、描述和基础的实验验证阶段。在这一阶段，就自然科学知识积累和发展水平相对较为发达的古希腊、中国来说，因当时的人类还不能科学系统地对所观察到的现象进行有效的实验验证，无法运用严密的逻辑推理进行概括总结,因而就无法形成完整的知识体系,更谈不上形成完整的自然科学体系。

1)古希腊自然科学

古希腊被认为是人类科学的诞生地。科学之所以最早诞生于此处,与其独特的地理环境有很大的关系。如今公认的科学发源地米利都位于爱琴海东部沿岸,属于古希腊伊奥尼亚群岛一带。伊奥尼亚一带属于多山地带,从其所处的地理位置来看,沿岸有很多的出海口,这些出海口向内的陆路交通虽为群山阻隔,但通过海路与其他文明地区的交流却极为便利,因而使得以航海为基础的自由商业贸易迅速发展起来,形成了颇为富裕的、自治的、互相没有依附关系的独立城邦。正是这种特殊的生存环境,加之爱琴海一带靠近古埃及和两河流域,频繁兴旺的商业活动使得当时的两个文明古国的科学和文化得以在此交汇,古希腊的思想家们在吸纳两个文明古国的文明的基础上,从中汲取丰富的养分,扬长避短,逐渐地孕育出了一种独一无二的、崇尚科学与自由思想的、有着海洋色彩的次生文明。

人类的自然知识在奴隶社会逐步形成为科学的形态,但自然科学归根结底是脱胎于哲学的,亦得益于数理逻辑。恩格斯曾说过:"在希腊哲学的多种多样的形式中,差不多可以找到以后各种观点的胚胎、萌芽。因此,如果理论自然科学想要追溯自己今天一般原理发生和发展的历史,它也不得不回到希腊人那里去。"在古希腊时期,科学和哲学密不可分,因此科学也被称为自然哲学。古希腊自然哲学的主要成就表现为对世界本原的探索、关于数和形的抽象研究和形式逻辑的创立。

古希腊哲学最早的学派是米利都学派,以泰勒斯、阿那克西曼德、阿那克西米尼为代表。在科学史上,米利都学派的主要贡献是第一次确立了关于世界本原的朴素的自然观。其中,泰勒斯(约公元前624—约前547)是古希腊的思想家、科学家、哲学家,是米利都学派的创始人。他被誉为"古希腊七贤"之一,是西方思想史上第一个有记载有名字留下来的思想家,被称为"科学和哲学之祖"。与之前的原始宗教神秘自然观不同,他首次尝试寻找组成万物的统一本原,拒绝依赖玄异或超自然因素来解释自然现象,试图借助经验观察和理性思维来解释世界。他提出了水本原说,即"万物源于水",他是古希腊第一个提出"什么是万物本原?"这个哲学问题的人,因此被称为"哲学史上第一人"。

其后的毕达哥拉斯学派在数学、自然科学等方面也做出了重要贡献。他们特别重视研究数学,并在这一领域取得了一系列成就,为数学的发展做出了许多贡献,同时也为确立"数为万物本原"学说奠定了基础。据说,"数学"一词是毕达哥拉斯学派最先使用的。他们当时是在一种广泛意义上使用数学这个概念,包括数学和一部分自然科学。这可以从他们把数学研究分为以下四个方面看出:①算术,研究绝对不连续的、具有多少的量;②音乐,研究相对不连续的量;③几何学,研究静止的、连续的、具有大小的量;④天文学,研究运动的、连续的量。因此,算术、音乐、几何学和天文学被称为毕达哥拉斯讲课的"四艺"。在自然科学方面,他们研究了天文学、医学、生理学、谐音学、机械学等。在天文学方面,他们提出地球是球形的,它不是宇宙的中心,处于中心位置的是中心火团。他们把数学中的比例和音乐中的谐音思想运用于天体研究之中,认为天体间的距离是有一定比例的、有秩序的,天体的有序运动就像音乐的谐音一样,尽管琴弦的长短不一,但有一定的比例关系,能发出悦耳的和音。同样,各个天体的大小和运动速度虽然不同,但它们也都是有秩序的、按比例的,也能产生谐音。因为人一出生就听惯了这种谐音,所以变得充耳不闻。因此,整个天体是一个和谐的、有秩序的宇宙,他们称之为科斯摩斯。

2）中国古代自然科学

中国是四大文明古国之一。在整个古代，中国的科学技术经过不断的发展和完善，达到了非常高的水平，形成了以使用经验知识为主的独立体系。这个阶段的主要成就包括天文学、数学、物理学和医学等方面。与古希腊遥遥相望的中国，正值百家争鸣的春秋战国时期（公元前 770—前 221），当时社会动荡、风云变幻、思想繁荣、人才辈出、学术风气异常活跃。与古希腊科学产生于贵族阶层不同，春秋时期产生了一个特殊的社会阶层——"士"，这个阶层的人凭自己的知识和技能维持生计，是中国知识分子阶层的鼻祖。他们来自不同的社会阶层，有衰落的贵族，也有普通的庶民，因而在思想方面敢于创新，并有相对的自由性和独立性。他们是著名思想家、政治家或科学家，都具有杰出的智慧及敏锐的洞察力。其代表人物便是历史上所谓的"诸子"，如孔子、孟子、荀子、庄子、墨子、韩非子等。他们各自著书立说，提倡百家争鸣，形成了儒家、道家、墨家、法家等学术流派，即为"百家"。基于当时文化传统的特点，各家学派的基本宗旨大多数是为国君提供政治策略。但是，当时某些应用科学（特别是技术）可以促进农业的发展，有利于国计民生，因而在物理、天文、中医等方面，也取得了极其辉煌的成就。

在诸子百家中，墨家非常重视自然科学研究和技术探讨。墨家学派的创始人墨翟（亦称墨子，约公元前 468—前 376），著名思想家、科学家、技术家和工匠。墨子比泰勒斯晚了150 多年，但他是当之无愧的中国古代科学家（物理学家）第一人。墨家学派成员和追随者经常参加各种劳动，接近自然，热心于对自然科学的研究，在不断地进行科学观察和实验活动中，对经验知识进行理论上的思考和总结，总结出其中的规律，并形成了自己的科技思想，这些思想和活动被记录在《墨经》中。《墨经》包括《经上》《经下》《经说上》《经说下》《大取》《小取》六篇，主要讨论认识论、逻辑和自然科学的问题，包含很多关于力学、光学、几何学、工程技术知识和现代物理学、数学的基本要素。墨家的科学实践，首先是进行观察和实验，然后在此基础上升华为理论和思想，这与现代科学的研究方法是完全一致的。《墨经》中有 8 条论述了几何光学知识，阐述了影子，小孔成像，以及平面镜、凹面镜、凸面镜成像等，还说明了焦距和物体成像的关系，这些比古希腊欧几里得（约公元前 330—前 275）的光学记载早百余年。此外，墨家在力学方面的论著也是古代力学的代表作，书中对力的定义、杠杆、滑轮、轮轴、斜面及物体沉浮、平衡和重心等都有详细的论述。

中国古代数学始于商代，晚于古埃及和两河流域。在商代，就已经开始系统地使用十进制进行计算。在已知的甲骨文中，使用的不仅有从一至十的数学符号，还有百、千、万。春秋战国时期，我国数学迅速发展，那个时候人们已经有了分数的概念，至鲁桓公时已有九九乘法表，《管子》一书中曾提到"安戏作九九之数以应天道"。战国时期，九九口诀已经相当流行。真正意义上的中国古代数学体系形成于西汉至南北朝三四百年间。汉代以后，中国的数学逐渐走到世界前列，取得了许多举世瞩目的辉煌成就。其中，《九章算术》是中国第一部重要的数学著作，全书共收集了 246 个数学问题及其解法，涉及算数、初等代数、初等几何等多方面的内容。南北朝时期的祖冲之（429—500），推算出圆周率 π 的真值在 3.1415926和 3.1415927 之间，相当于精确到小数点后 7 位，简化成 3.1415926，祖冲之因此入选世界纪录协会世界"第一位将圆周率值计算到小数点后 7 位的科学家"，欧洲直到 16 世纪才得出同样的结果。北宋时期贾宪的主要贡献是创造了"开方作法本源（贾宪三角）"和"增乘开方法"。在贾宪的主要著作《黄帝九章算经细草》中提到"增乘开方法"，即求高次幂的正根法，目前中学数学中的综合除法，其原理和程序都与它相仿。杨辉的《详解九章算法》中曾引用贾宪的"开方作法本源"图（指数为正整数的二项式展开系数表，现称"杨辉三角形"）和"增乘开方法"。

中国古代的化学成就极其显著，在中国古代四大发明（造纸术、指南针、火药及印刷术）中，化学成就就占两项。此外，在冶金技术、瓷器和漆器制作技术等方面也有非常多的成就。在公元前2世纪至公元18世纪初的2000多年间，中国造纸术一直处于世界领先地位。东汉时期的蔡伦对麻纸技术进行了改进，同时还发明用木本韧皮（楮皮）纤维造纸，公元751年造纸术传到中亚，通过阿拉伯于10世纪传到非洲，11世纪传到欧洲，17世纪再传到美洲，从而完成了它在各大洲传播的千年历程。关于火药的初步记载最先始于唐代，古代本草学家和炼丹家经常使用硝石（主要成分 KNO_3）、硫黄和木炭等构成火药原料，从事化学操作，从而发现了火药爆炸的现象。至10世纪，火药和火器已首先应用于军事上，在1044年曾公亮（998—1078）和丁度（990—1053）所著的《武经总要》中，出现了三种军用火药的配方、37种药料，这是世界上现存最早的军用火药配方，比欧洲第一次提到火药的记载早250余年。13世纪时，火药和火器从中国传到阿拉伯，后传到欧洲。

除造纸术和火药外，还有一项可与之并列的重大发明是冶金技术。早在公元前14世纪前后，我国商代奴隶社会已有高度发达的青铜技术。我国冶金技术的起始年代虽非最早，但冶炼生铁并铸成铁器的时代却比欧洲早2000余年。战国至汉代期间，我国还发明了一整套炼钢技术，包括渗碳钢、铸铁脱碳钢、沙钢和百炼钢等。

瓷器也是中国最先发明的，瓷器是在陶器的制作技术基础上发展起来的，商代中期曾用瓷土制胎挂釉，经高温焙烧发生氧化还原反应而造出原始瓷器。此后，烧制技术不断提高，到了汉代至三国时期，已造出较细的青瓷，再经晋唐、两宋到明清进一步发展，制作出来的各类瓷器，至今仍为各国鉴赏家所珍视。

2. 近代自然科学

近代自然科学形成并发展于16世纪至19世纪末，又称近代实验自然科学，最先产生于欧洲。近代自然科学在古代自然科学基础上产生，但是又不同于古代自然科学。从古代自然科学发展到近代自然科学，是人类对自然界认识的一次大飞跃，标志着人类认识和改造能力的提高。

比较而言，近代自然科学与古代自然科学有两点不同：一是目的和内容不同。古代自然科学侧重技术的改进和哲学的思考，如自然界的本原、支配自然现象的普遍动因，等等。近代自然科学则以考察自然事物的具体性质和运动规律为己任，将自然界"解剖"开来，逐一加以研究，寻求其中规律性的东西。二是方法不同。古代科学技术大多数是对生产过程和自然过程的直接观察，是记录和整理生产的经验和已知的事实。而近代自然科学已形成了一套自己的研究方法——科学实验。科学实验方法与生产实践不同，它不以获得物质产品为目标，而是以谋求精神产品（概念、原理、理论等）为目标，把自然过程置于人为控制的条件下加以分析研究，因而能够得到比直观观察更加可靠、准确的知识。从一定意义上说，有了科学实验方法，人类关于自然界的知识才真正成为科学。

从欧洲的社会发展环境来看，从16世纪中叶至19世纪，在资本主义生产方式的推动下，在文艺复兴的思潮影响下，社会生产力得到了飞速发展，有力地推动了科学的进程。在近代自然科学兴起的过程中，罗吉尔·培根（约1214—约1292）认为"只有通过实验才能认识现象的原因"，主张证明前人说法的方法只有观察和实验。

欧洲文艺复兴时期的代表人物、近代欧洲实验科学的先驱之一——列奥纳多·达·芬奇（1452—1519）认为"实验在任何情况下都是我的老师"。他把绘画艺术和科学研究密切结合起来，通过绘画深入研究人体解剖、动植物，以及力学、光学、地质学、数学等多方面的知识，力求成为"认识自然和模仿（改造）自然的巨匠"。

波兰天文学家、近代自然科学的奠基人哥白尼（1473—1543）的《天体运行论》，以大量的事实和自然科学、数学的推导，论证了太阳中心说，动摇了作为封建神学支柱的"托勒密体系"。《天体运行论》的发表标志着近代自然科学的诞生。

伽利略（1564—1642）在哥白尼学说的基础上，提出了运动相对性原理，证明了自由落体定律、惯性定律、伽利略相对性原理。在近代自然科学发展时期，以牛顿为代表的经典力学体系已经形成，并向天文学和其他基础学科领域渗透，形成了天体力学、流体力学等分支学科。同时，光学、热学、静电学、静磁学也日臻完善。

拉瓦锡（1743—1794）的氧化说是化学进入近代化学发展时期的起点，特别是道尔顿（1766—1844）化学原子论的建立，标志着近代化学进入了成熟的发展时期，至后来的门捷列夫（1834—1907）经过多年的艰苦探索发现了自然界中一个极其重要的规律——元素周期规律。这个规律的发现是继原子-分子论之后，近代化学史上的又一座光彩夺目的里程碑。它所蕴藏的丰富和深刻的内涵，对以后整个化学和自然科学的发展都具有普遍的指导意义，也标志着近代基础化学理论规范基本形成。

3. 现代自然科学

现代自然科学始于 19 世纪末 20 世纪初，在这一阶段，人类对自然的认识，已经由宏观低速领域逐渐深入到微观、高速和宇观领域，也就是随着技术的进一步发展，人类能够在更深更广更远的范围认识自然界的本来面貌及规律性。它不仅成为推动经济发展的巨大生产力，也对人类思想文明的进步起着巨大的推动作用。

19 世纪末，以牛顿的经典力学理论为中心的经典物理学取得了辉煌的成就，使当时的科学家认为物质世界的基本问题都已经研究清楚，下一代要做的工作仅仅是将测量数据的小数点后面再增加几位有效数字而已。著名的物理学家约利（1809—1884）曾说过："物理学的整个体系已足够牢固、可靠和完善，很快就会具备自己的终极稳定形式。"英国物理学界最有地位的开尔文勋爵（1824—1907）认为，"物理学的基本理论框架已经基本建成，后辈要做的只是一些零碎的修补工作"。但是，令他们始料未及的是，X 射线、放射性和电子等三大发现，掀起了新一轮的物理学革命。

德国人威廉·康拉德·伦琴（1845—1923）于 1895 年发现了 X 射线，由于这一射线具有强大的穿透力，能够透过人体显示骨骼和薄金属中的缺陷，因而广泛应用于医疗和金属检测。之后，许多科学家投身于 X 射线和阴极射线的研究，从而发现了放射性、电子，以及 α 射线、β 射线等，为原子科学的发展奠定了基础。

著名物理学家安东尼·亨利·贝可勒尔（1852—1908）在实验中发现铀的化合物（硫酸双氧铀钾）能够自发辐射出能量，这一现象被居里夫人（1867—1934）命名为放射性。居里夫人将这一实验领域进行了拓展，经过多年努力，她和她的丈夫从几吨沥青铀矿渣中先后提炼出两种具有放射性的元素，并将其命名为"钋"和"镭"。由于放射性的研究，居里夫人和她的丈夫比埃尔·居里（1859—1906）以及贝可勒尔在 1903 年分享了该年度的诺贝尔物理学奖。1911 年，居里夫人因发现了钋和镭两种元素获得了诺贝尔化学奖。

约瑟夫·约翰·汤姆孙（1856—1940）于 1897 年 4 月 30 日在实验的基础上，正式宣布发现了电子，这一发现是科学的一个全新时代诞生的标志，它以无可辩驳的事实打破了"原子不可分"的经典物质观。汤姆孙也因发现电子，于 1906 年获得了诺贝尔物理学奖。同时，这一发现也拉开了人类在微观领域探索物质世界的序幕，质子、中子、介子、反粒子、夸克和层子等粒子相继被发现。到 20 世纪 50 年代末，有 30 种基本粒子被发现。自 1951 年费米（1901—1954）首次发现共振态粒子以来，至 20 世纪 80 年代被发现的共振态粒子有 300 多种。

19 世纪道尔顿的原子论、门捷列夫元素周期表等都是在原子层面上认识和研究物质，但是到了 20 世纪，人们开始在更微观的层面上认识和研究物质。20 世纪以来，现代化学进入了飞速发展时期，新的成果无论在数量方面还是在水平方面，都取得了巨大的进步和成就。其中，合成化学为满足人类对物质的需求做出了极为重要的贡献。目前，人类已知的 1900 多万种化合物中，绝大多数都是由化学家合成的，这一庞大的化学家族几乎创造了一个全新的自然界。现今，包括化学工业、石油化工等在内的化学过程工业，以及与化学相关的领域，已涉及诸如粮食、能源、材料、医药、交通、国防及衣食住行用等国计民生的方方面面。

当然，还应该看到，虽然现代化学的发展给人类带来巨大的福祉，却也在危及人类的生存环境。人类对于包括石油、天然气和煤在内的不可再生资源的过度开发和消耗，造成了人类生存环境的严重破坏。人类因大量使用化学燃料而向大气排放的二氧化碳导致了地球温室效应。冰岛的奥乔屈尔冰川（Okjokull）从 1890 年的 $16km^2$ 缩减到 2012 年的 $0.7km^2$，2014 年，该座冰川被宣布"死亡"。另外，世界上每年有大量的化学冶金产品、上百亿吨废物倒入土地、江河、海洋之中，滥用化学肥料、农药等造成土壤和水系严重污染。每年冬天，因城市建设装修、道路扬尘、生活取暖排烟及汽车尾气等，造成不少地区出现大范围雾霾天气。因此，人类在利用科学技术改造世界的过程中，如何采用多方渠道利用自然，如何正确合理地保护自然，是必须深入思考的问题。

进入 21 世纪，科技革命突出地表现为信息化、生态化、全球化三大趋向。它是以信息科技革命为先导，以新材料科技为基础，以新能源科技为动力，以海洋科技为内拓，以空间科技为外延，以生命科技为跨世纪战略重点的一场全方位、多层次的伟大革命。当代科学技术发展日新月异，推动了社会经济结构的重大变革。

0.2   自然科学与人文社会科学之间的关系

1. 自然科学与人文社会科学之间的区别

自然科学是以自然界为研究对象，研究自然界物质的各种类型、各种状态、各种属性及运动形式，其任务是揭示自然界发生的现象和过程的实质，把握这些现象和过程的规律性，以便为人们在社会实践中合理而有目的地利用规律开辟各种可能的途径。自然科学可分为两类：一是有机的自然科学，即生物科学，包括人的生理学和人类学，以及高级神经活动生物学；二是无机的自然科学，包括数学、物理学、化学、地质学和天文学。人文社会科学是人文科学和社会科学的统称，是研究人类世界（包括人的主观心灵世界和客观文化世界）的各种人文现象发生原因及其发展变化规律的各门科学的总称，包括社会学、政治学、心理学、经济学、人口学、语言学、人类学、史学、艺术和艺术科学、法学、哲学等 11 个学科。二者的区别表现在以下几个方面。

（1）从研究目的来看，自然科学通过技术这一中介来提高社会效益，促进社会科学技术的进步，以取得效益为目的；人文社会学科重在发展人性，是锻炼发展人性的场所和工具，以提升人格的内在价值为目的。

（2）从研究对象来看，自然科学以人的精神之外的自然界为研究对象，试图解释世界是依照自然规律而运作的；人文社会科学以人类的人文创造活动为研究对象，研究对象的特殊性，决定了人文社会科学不能用自然科学的"科学性"标准来衡量和概括。

（3）从研究方法来看，自然科学要求精确、客观、合乎逻辑，常用的方法有数学法、观察实验法和逻辑推理法等。人文社会科学研究方法分为定量和定性两大类，其中，常用的定量研究方法主要是内容分析、控制实验、问卷调查等；定性的研究方法也叫作质化研究方法，常用的方法有深度访谈、焦点小组、民族志/田野调查等。

（4）从论据来源来看，自然科学主要关心因果关系、图式和结构，强调"合理性的逻辑"；人文社会科学主要关心经验，试图探寻"是什么（What）？""为什么（Why）？""怎样（How）？"，强调"历史的、日常的、自然的逻辑"。

（5）从结果陈述来看，自然科学偏重描述，往往以事实、规律、原因等，通过客观语言沟通信息；人文社会科学偏重评价，使用现象与本质等概念，并用感性和目的性语言表达。

2. 自然科学与人文社会科学间的统一

在很长的一段时间内，自然科学家与人文社会科学家缺乏必要的沟通与合作，他们各自独立地发展，并且由于自然科学和人文社会科学存在着诸多差异，二者表现出一种分离状态。但是，随着社会进一步发展，科学技术和社会之间的关系日益密切，现代社会经济发展所提出的重大问题都是综合性的问题，因而，自然科学和人文社会科学的结合成了历史发展的必然结果。这种结合之所以具有必然性，还在于它有着很坚实的客观基础。因为，作为自然科学研究对象的自然界和作为人文社会科学研究对象的人类社会，在本质上是一个互相联系、相互作用的统一体。

现代科学技术体系给予我们的重要启发，就是要充分发挥这个体系的综合优势和整体力量，特别是不同科学技术部门的相互结合，更能提高我们认识世界的水平和改造世界的能力。邓小平同志指出："科学技术是生产力，而且是第一生产力。"从现代科学技术体系来看，这里的科学技术就不单是哪一个科学技术部门，而应该是整个现代科学技术体系。如果把这里的科学技术只理解为自然科学技术，那至少是不全面的。钱学森曾指出："研究社会科学的目的与研究自然科学和技术的目的没有什么不同，社会科学同样是提高人民物质生活和精神生活水平的工具，而且是不可缺少的工具，那么为什么不能说社会科学是生产力呢？如果说科学技术是生产力，这里说的科学技术要包括社会科学。"

20 世纪以来，许多有远见卓识的科学工作者逐渐重视自然科学和社会科学的结合，并在这一方面做出了努力，以不同的方式来促进这种结合，获得了一定的成就。

一种结合方式是把自然科学家和社会科学家组织起来，共同合作研究重大的社会问题。例如，成立于 1968 年的罗马俱乐部，是由意大利经济学家奥雷里欧·佩切伊和英国科学家亚历山大·金为代表创立的一个非政府国际性组织。它的成员都是自然科学家、经济学家、社会活动家或政治家。他们的宗旨是研究"世界战略"，就当代社会中存在的各种问题进行跨学科的综合研究和分析，对世界资源、人口、能源、环境、科技发展、国际紧张局势以及其他社会问题提出综合性的研究报告，试图提出解决全球性问题的建议。他们提出来的各种观点受到了世界各方面人士的普遍注意，在国际上也产生了一定的影响力。

　　另一种结合方式是把自然科学的知识和技术手段运用到社会科学的各个领域，促进社会科学的现代化。例如，在一些发达国家中，社会科学工作者广泛运用数学知识和电子计算机，把社会科学各种理论编制成一些计量模型和数学公式，用可检验的方式进行计算、阐述和论证，使社会科学变成了像自然科学那样的"硬科学"。美国的社会科学家为了能准确测定和预测国内经济社会发展的现状和趋势，用电子计算机建立了一套社会综合指标体系。所谓的社会综合指标，就是将国内经济、金融贸易、就业水平、通货膨胀、人口流动、卫生保健、工人罢工、公众对政府的态度等一系列经济、社会、政治项目的指数，通过各种计算模型，对社会各个领域做出简要的反映，并把这些社会综合指标提供给地方政府，以便政府参考使用。

　　大量事实表明，自然科学和人文社会科学的结合，是当代科学发展的新趋势。因此，有必要在教育的各个阶段重视科学文化与人文文化的培养。对文科生进行科学教育也因此显得尤为重要。因为，这样可以有效避免学生过分地将科学视为真理或高深理论，指引学生对科学文化定位、学习方法等进行选择，促进学生批判精神、求真品质、创新意识和独立人格的形成与发展，使他们认识到科学在人类文明与进步过程中的伟大作用与贡献，认识到科学技术对当今世界及人类生活有着重大影响，要运用科学理论为人类谋利益的观点，同时，引导他们明白在今后的学习和生活中的"能为"与"应为"，知道片面地、不合理地运用科技成果会给人类的生存环境及社会生活带来负面影响，从而帮助学生认识到人与自然之间的联系，树立尊重事实、尊重客观规律的观念，承认自然规律的客观性，正确地定位人与自然的关系，做到真正意义上的"人与自然和谐共处"。

参 考 文 献

杜时忠，1978．科学教育与人文教育[M]．武汉：华中师范大学出版社．

范宇思，2005．近代物理学发展的几个看点[J]．辽宁教育行政学院学报（12）：142-143．

廖元锡，毕和平，2014．自然科学概论[M]．武汉：华中师范大学出版社．

林夏水，1989．毕达哥拉斯学派的数本说[J]．自然辩证法研究（6）：48-58．

娄兆文，甘永超，赵锦慧，等，2012．自然科学概论[M]．北京：科学出版社．

聂海燕，魏美才，2003．近代自然科学未产生于中国的原因分析[J]．中南林学院学报（6）：112-116．

潘吉星，1981．中国古代化学的成就[J]．中国科技史料（4）：1-12．

钱学森，1988．从社会科学到社会技术[M]//钱学森，等．论系统工程（增订本）．长沙：湖南科学技术出版社．

斯蒂芬·F.梅森，1980．自然科学史[M]．上海外国自然科学哲学著作编译组，译．上海：上海人民出版社．

吴鹏森，房列曙，2008．人文社会科学基础[M]．2版．上海：上海人民出版社．

项观捷，1957．中国古代数学成就[M]．济南：山东教育出版社．

薛洪民，任丽平，2018．自然科学概论教程[M]．北京：北京师范大学出版社．

杨新华，1985．要充分重视自然科学和社会科学的结合[J]．福建师范大学学报（哲学社会科学版）（2）：25-30．

叶秀山，1978．论古希腊米利都学派的主要哲学范畴[J]．哲学研究（11）：49-58．

第 1 章　非线性科学

1.1　非线性科学简介

在自然科学和工程技术中，有不少现象不能采用线性模型描述，如钟摆的大幅度摆动、继电器二极管的特性、自激振荡电路的机理等。从逻辑上说，非线性就是不满足线性叠加原理的性质。但人们真正关注的，是仅用线性理论所不能解释的那些现象，统称为非线性现象。每一门科学有其自己的非线性问题，并形成各自的非线性学科分支。非线性科学不是各门非线性学科的简单综合，它研究的是出现于各种具体的非线性现象中的那些共性。这些共性有的已可以用适当的数学工具描述，表现为一些数学定律，但有的还难以找到相应的数学描述，没有严格的数学理论。非线性科学着眼于定量的规律，主要用于自然科学和工程技术，对社会科学的应用一般还局限在类比和猜测，难以有实质性的定量结果。

非线性科学是研究复杂性的科学。它探讨的是诸如天体变化、地球变迁、生命起源、思维奥秘等由大量元素组成的复杂系统的运动规律。非线性是相对线性而言的。非线性科学的发展对自然图景提供了一种高屋建瓴的全新描述，认为世界在本质上是非线性的，是一个开放的、复杂的整体世界。非线性是现实世界的多样性、丰富性、突变性、不可长期预测性、不可逆性的根源，而线性是非线性的特例，因而非线性对世界的描述更接近真正的世界图景。非线性科学不排斥经典科学的线性观对事物的简单性、确切性、还原性的描述，它是对经典科学线性观的扬弃。它对世界存在和发展的描述更是辩证的，在线性与非线性、简单性与复杂性、确定性与随机性、统一性与多样性、有序与无序、局部与整体、量变与质变的现实关系的科学论证上，更加丰富和深化了上述各对哲学概念的辩证内容。因为非线性科学在更深层次上揭示了唯物辩证的自然景观和物理现象。

一般认为非线性科学包括三个主要部分：孤立波、混沌、分形。孤立波是在传播中形状不变的单波。有些孤立波在彼此碰撞后仍能保持原形，带有粒子的性质，称为孤立子。它们在不少自然现象和工程问题中遇到，如光导纤维通信技术的改进需要对光学孤立子的性质有进一步的了解。混沌是一种由确定性规律支配却貌似无规的运动过程。近几十年通过数值实验、物理观测和数学分析得到确认并在自然和工程系统里找到许多有趣的例子。分形是一个几何概念，它由像云彩、海岸线、树枝、闪电等不规整但具有某种无穷嵌套自相似性的几何图形抽象概括得出。按照这种理论可测出某一段海岸线是分数维的分形。

随着非线性科学的发展，非线性思维方式得以成立，这种思维方式具有开放性、非平衡性、耗散性、协同性、系统性、突变性的特点。用这种思维方式研究自然界的因果关系、或然关系、模糊关系的规律，将推动现代自然科学的研究。

1.2　非线性与非线性演化方程

1.2.1　非线性迭代

首先区分函数 $y = f(x)$ 对自变量 x 的依赖关系。例如，函数

$$y = ax + b$$

对自变量 x 的依赖关系是一次多项式，在 (x, y) 平面中的图像是一条直线，那么 y 是 x 的线性函数，而其他一切高于一次的多项式函数关系都是非线性的。

最简单的非线性函数是抛物线函数

$$y = ax^2 + bx + c$$

其中，a, b, c 都是参量，各个参量并不同样重要。在非线性关系中，参量 b 是次要的，可以靠移动坐标原点而改变，甚至取成 0；参量 a 是重要的，如果 $a > 0$ 或者 $a < 0$ 使直线上升或下降，而 $a = 0$ 使 y 退化成常数。对于含有微分、积分等运算的关系式，用多少个参量才可以恰到好处地反映出一切性质不同的行为，这并不是一个平庸的问题。

为了简化书写，通常用字母 μ 来代表所有参量的集合，把一般的函数关系写成

$$y = f(\mu, x)$$

定性地说，线性关系只有一种，而非线性关系千变万化，无法穷举。每个具体的非线性关系，刻画一种独特的行为。然而，各种非线性关系还可能具有某些不同于线性关系的共性，正是这些共性，才导致了统一的非线性科学。为了认识共性，往往可以先透彻地研究一两个最简单的特例，这里主要了解二次函数。

线性关系是互不相干的独立贡献，而非线性则是相互作用。如果 x_n 代表某种昆虫的数目，昆虫们为争夺有限的食物而互相咬斗，其可能的组合就有 $\dfrac{x_n(1-x_n)}{2}$，这又是一个二次函数关系。非线性相互作用使得整体不再简单地等于局部之和，而可能出现不同于"线性叠加"的增益或亏损。

线性关于保持信号的频率成分不变，而非线性使频率结构发生变化。将 x 和 y 看成是 t 的函数，直线

$$y(t) = ax(t)$$

抛物线

$$y(t) = a[x(t)]^2$$

设 $x(t) = \cos(\omega t)$，则线性关系决定的 $y(t)$ 也只含有同样的频率 ω。然而抛物线函数有

$$y(t) = a[x(t)]^2 = \frac{a}{2} + \frac{a}{2}\cos(2\omega t)$$

出现了频率为 0 的"直流项"和频率为 2ω 的"倍频项"。

假设输入信号含有两种频率 ω_1 和 ω_2，如果输出频率出现和频、差频、倍频（$n\omega_1 \pm m\omega_2$，n, m 为整数）等，则系统为非线性系统（弱非线性系统）；如果输出频率出现二分频、三分频等，则系统也为非线性系统（强非线性系统）。

在科学和技术的实践中，往往需要考察一个系统的状态随时间如何变化，这时系统的

状态用一组变量 x, y, z 描述，它们都是时间 t 的函数。同一个系统还受某些可以调节的控制参量 a, b, c 的影响。比较简单的就是固定一组参量，把时间变化限制成等间隔的

$$t, t+1, t+2, \cdots$$

看下一个时刻的系统状态如何依赖于当前状态，在只有一个变量 x 时，这个演化过程可能由一个非线性函数描述

$$x(t+1) = f(\mu, x(t))$$

其中，μ 代表所有控制参量的集合。一般地，时间跳跃的间隔（或者说对系统进行观测的采样间隔）Δt 可以不是整数。把各个时刻写成 $t_0, t_1, t_2, \cdots$，而相应状态记为 $x_0, x_1, x_2, \cdots$，其中

$$x_n = x(t_n), \ t_n = t_0 + n\Delta t$$

于是方程可以写为

$$x_{n+1} = f(\mu, x_n)$$

事实上，下一时刻状态如果不只与当前时刻有关，方程 $x(t+1) = f(\mu, x(t))$ 也可以写为

$$x_{n+1} = f(\mu, x_n, x_{n-1})$$

引入新的变量 $y_n = x_{n-1}$，则 $x_{n+1} = f(\mu, x_n, x_{n-1})$ 可以写为

$$\begin{cases} x_{n+1} = f(\mu, x_n, y_n) \\ y_{n+1} = x_n \end{cases}$$

上面谈到的演化方程右边没有明显地依赖于时间，称为非自治的。而非自治的 $x(t+1) = f(\mu, x(t), t)$ 也是经常遇到的，可以参见（郝柏林，2013）。

1.2.2 迭代计算

已知 $y = f(x), u = g(x)$，定义复合函数 $y = f(g(x))$ 或 $y = f \circ g(x)$，以此定义迭代函数

$$f^0(x) \equiv x, f^1(x) = f(x), \cdots, f^n(x) = f(f^{n-1}(x))$$

对于一般给定的函数，我们希望计算迭代的表达式，尤其是 n 次迭代式

$$f(x) = x + b, f^n(x) = x + nb; \quad f(x) = cx, f^n(x) = c^n(x); \quad f(x) = x^k, f^n(x) = x^{k^n}$$

然而迭代是复杂的，看似简单的函数，其 n 次迭代函数的性质不仅十分复杂，而且当 $n \to \infty$ 时的极限行为还会出现许多意想不到的情况。例如，

$$f(x) = \mu - x^2; \quad f(x) = \sin x$$

下面主要介绍两种 n 次迭代式的计算方法。

1. 不动点法计算

如果能判定一个函数 f 迭代式的基本代数形式（线性式、线性分式、多项式等），可以设置待定常数，利用 f 不动点来确定常数。

例 1.1 $f(x) = ax + b, a, b \in \mathbb{R}, a \neq 1$。

解：由于 f 是线性的，则 f^n 是线性的，由于 ax 的 n 次迭代是 $a^n x$，因此假设

$$f^n(x) = a^n x + B$$

从 $f(x) = x$ 解出 f 的不动点 $x_0 = \dfrac{b}{1-a}$，且由 $f(x_0) = x_0$ 必然有 $f^n(x_0) = x_0$，所以

$$a^n \frac{b}{1-a} + B = \frac{b}{1-a}$$

故 $B = \frac{(1-a^n)b}{1-a}$，所以

$$f^n(x) = a^n x + \frac{(1-a^n)b}{1-a}$$

2. 共轭函数法（相似法）

共轭，是指如果存在可逆函数 $h(x)$，使函数 f,g 满足 $f = h^{-1} \circ g \circ h$，称 f 与 g 共轭，或者说相似。

共轭的特点：（1）自反性，$f \sim f$；（2）对称性，$f \sim g \Rightarrow g \sim f$；（3）传递性，$f \sim \varphi, \varphi \sim g \Rightarrow f \sim g$；（4）$f \sim g \Rightarrow f^n \sim g^n$，即 $f = h^{-1} \circ g \circ h, f^n = h^{-1} \circ g^n \circ h$

例 1.2 $f(x) = ax + b, a, b \in \mathbb{R}, a \neq 1$。

解： 取 $h(x) = x + \frac{b}{a-1}$，有 $h^{-1}(x) = x - \frac{b}{a-1}$，则

$$g(x) = h \circ f \circ h^{-1} = h(f(h^{-1})) = ax$$

即从 $f(x) = x$ 解出 f 的不动点 $x_0 = \frac{b}{1-a}$，且由 $f(x_0) = x_0$ 必然有 $f^n(x_0) = x_0$，所以

$$f(x) = h^{-1}(ah(x))$$

从而

$$f^n(x) = h^{-1}(a^n h(x)) = a^n \left(x + \frac{b}{a-1} \right) - \frac{b}{a-1} = a^n x + \frac{(a^n - 1)b}{a-1}$$

例 1.3 有理分式 $f(x) = \frac{ax+b}{x+c}, a, b, c \in \mathbb{R}, ac - b \neq 0$。

解： 令 $f(x) = x$，则有

$$x^2 + (c-a)x - b = 0$$

记 s 是此二次方程的根，取 $h(x) = \frac{1}{x-s}$，有 $h^{-1}(x) = \frac{1}{x} + s$，则

$$g(x) = h \circ f \circ h^{-1} = h(f(h^{-1})) = \cfrac{1}{\cfrac{a\left(\cfrac{1}{x}+s\right)+b}{\left(\cfrac{1}{x}+s\right)+c} - s} = \frac{s+c}{a-s}x + \frac{1}{a-s}$$

$$g^n(x) = \left(\frac{s+c}{a-s}\right)^n x + \frac{1 - \left(\frac{s+c}{a-s}\right)^n}{1 - \frac{s+c}{a-s}} \cdot \frac{1}{a-s} = \left(\frac{s+c}{a-s}\right)^n \left(x - \frac{1}{a-c-2s} \right) + \frac{1}{a-c-2s}$$

所以

$$f^n(x) = h^{-1}(g^n(h(x))) = s + \frac{(a-s)^n(x-s)}{((a-s)^n - (s+c)^n)\dfrac{x-s}{a-c-2s} + (s+c)^n}$$

例 1.4　$f(x) = \dfrac{x}{\sqrt[k]{1+ax^k}}$。

解：取 $h(x) = x^k$，有 $h^{-1}(x) = \sqrt[k]{x}$，则

$$g(x) = h\circ f\circ h^{-1} = \left(\frac{\sqrt[k]{x}}{\sqrt[k]{1+a\left(\sqrt[k]{x}\right)^k}}\right)^k = \frac{x}{1+ax}, \quad g^n(x) = \frac{x}{1+nax}$$

所以

$$f^n(x) = h^{-1}(g^n(h(x))) = \sqrt[k]{\frac{x^k}{1+nax^k}} = \frac{x}{\sqrt[k]{(1+nax^k)}}$$

一些常见函数的 n 次迭代式如表 1-1 所示。

表 1-1　常见函数的 n 次迭代式

$f(x)$	$h(x)$	$g(x)$	$f^n(x)$
$x + 2\sqrt{x} + 1$	$\sqrt{x}$	$x+1$	$(\sqrt{x}+n)^2$
$\dfrac{x}{a+bx}$	$\dfrac{1}{x}$	$ax+b$	$\dfrac{x}{a^n + (1+a+\cdots+a^{n-1})bx}$
$\sqrt[k]{ax^k+b}$	x^k	$ax+b$	$\sqrt[k]{a^n x^k + (1+a+\cdots+a^{n-1})b}$
$x^2 + 2x$	$x+1$	x^2	$(x+1)^{2^n} - 1$
$\dfrac{x^2}{2x-1}$	$1-\dfrac{1}{x}$	x^2	$\dfrac{x^{2^n}}{x^{2^n} - (x-1)^{2^n}}$
$2x^2 - 1$	$\cos^{-1}x$	$2x$	$\cos 2^n(\cos^{-1}x)$
$2x\sqrt{1-x^2}$	$\sin^{-1}x$	$2x$	$\sin 2^n(\sin^{-1}x)$
$\dfrac{2x}{1-x^2}$	$\tan^{-1}x$	$2x$	$\tan 2^n(\tan^{-1}x)$
$\dfrac{x}{\sqrt[k]{1+ax^k}}$	x^k	$\dfrac{x}{1+ax}$	$\dfrac{x}{\sqrt[k]{1+nax^k}}$
$\dfrac{x}{1+2a\sqrt{x}+a^2x}$	$\sqrt{x}$	$\dfrac{x}{1+ax}$	$\dfrac{x}{(1+na\sqrt{x})^2}$

1.3 简单迭代与复杂性科学

1.3.1 混沌与分形

1. 迭代与混沌

给定一个迭代序列

$$x_{n+1} = rx_n(1-x_n), \ r \in (0,4), x_n \in [0,1]$$

迭代曲线有如下 4 种情形（是否包含所有的情形，目前还未知）：

（1）从某次开始，所有的 x_i 进入有限次周而复始（含不动点）。

（2）轨道点永不重复，永不进入周期状态。

（3）（随机轨道）所有的轨道点随机取值，看不出任何规律，取出轨道中任意长一段，都是随机的。

（4）（混沌轨道）轨道点像是随机的，但取出有限长一段，又发现某些近似的"结构"。

如果平衡点 x_0 稳定，则 $\left|\dfrac{df}{dx}\right|_{x=x_0} < 1$；否则 $\left|\dfrac{df}{dx}\right|_{x=x_0} > 1$。

可以很快通过数值方法计算 $x_{n+1} = rx_n(1-x_n)$ 的周期点，如图 1-1 所示。[事实上 1-周期点为 $x_1 = 0(r<1)$，$x_2 = 1 - \dfrac{1}{r}(1<r<3)$；2-周期点为 $x_{\pm} = \dfrac{1}{2r}\left(1+r \pm \sqrt{(r+1)(r-3)}\right)$（$r < 1+\sqrt{6}$）]。

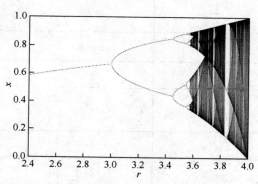

图 1-1 $x_{n+1} = rx_n(1-x_n)$ 倍周期分岔图

可以看到 1-周期点失稳后出现两个稳定的 2-周期点，每个 2-周期点失稳后出现两个稳定的 4-周期点，每个 4-周期点失稳后出现两个稳定的 8-周期点，……

倍周期分岔点为 $r_1 = 3, r_2 = 1 + \sqrt{6} \approx 3.449, r_3 \approx 3.544, \cdots, \{r_k\}$，分岔点序列满足：

（1）$\lim\limits_{k \to \infty} r_k = r_\infty \approx 3.569945672$；

（2）$\lim\limits_{k \to \infty} \dfrac{r_k - r_{k-1}}{r_{k+1} - r_k} = \delta \approx 4.669201609$（费根鲍姆常数）。

2. 迭代与分形

按照传统的几何和数学观点，有形状的物体都应该是可以测量的。例如，用尺子测量一块长方形黑板的长和宽，就能得到黑板的周长；一条高速公路的长度甚至能精确到米或者更小的单位。以此类推，海岸线的长度虽然曲曲折折，但同样也是可以测量的。

引例：假设正三角形边长为 a，将每个边三等分，去掉中间一份，同时以中间一份为边长向外扩一个正三角形，如此重复，长此以往，周长如何变化？面积如何变化？

可以进行如下计算。

边长：$a_1 = a, a_2 = \dfrac{a}{3}, a_3 = \dfrac{a}{3^2}, \cdots, a_n = \dfrac{a}{3^{n-1}}$。

边数：$b_1 = 3, b_2 = 3 \times 4, b_3 = 3 \times 4^2, \cdots, b_n = 3 \times 4^{n-1}$。

周长：$c_1 = 3a, c_2 = 3 \times \dfrac{4a}{3}, c_3 = 3 \times \left(\dfrac{4}{3}\right)^2 a, \cdots, c_n = 3 \times \left(\dfrac{4}{3}\right)^{n-1} a$，$c_n \to \infty, n \to \infty$。

面积：$s_1 = \dfrac{1}{2} a^2 \dfrac{\sqrt{3}}{2}$，$s_2 = s_1 + 3\left[\dfrac{1}{2}\left(\dfrac{a}{3}\right)^2 \dfrac{\sqrt{3}}{2}\right] = s_1 + 3\dfrac{1}{3^2} s_1$，

$$s_3 = s_2 + 3 \times 4 \times \left[\dfrac{1}{2}\left(\dfrac{a}{3^2}\right)^2 \dfrac{\sqrt{3}}{2}\right] = s_1 + 3\dfrac{1}{3^2} s_1 + 3\dfrac{4}{3^4} s_1,$$

$$s_4 = s_3 + 3 \times 4^2 \times \left[\dfrac{1}{2}\left(\dfrac{a}{3^3}\right)^2 \dfrac{\sqrt{3}}{2}\right] = s_1 + 3\dfrac{1}{3^2} s_1 + 3\dfrac{4}{3^4} s_1 + 3\dfrac{4^2}{3^6} s_1,$$

$$\vdots$$

$$s_n = s_{n-1} + 3 \times 4^{n-2} \times \left[\dfrac{1}{2}\left(\dfrac{a}{3^{n-1}}\right)^2 \dfrac{\sqrt{3}}{2}\right] = s_1 + 3\dfrac{1}{3^2} s_1 + 3\dfrac{4}{3^4} s_1 + 3\dfrac{4^2}{3^6} s_1 + \cdots + 3\dfrac{4^{n-2}}{3^{2n-2}} s_1,$$

$$\lim_{n \to \infty} s_n = \lim_{n \to \infty}\left[s_1 + 3\dfrac{\dfrac{1}{9}\left(1 - \left(\dfrac{4}{9}\right)^{n-1}\right)}{1 - \dfrac{4}{9}} s_1\right] = \dfrac{8}{5} s_1。$$

维数：一个整体分为 N 部分，每一部分缩小比例是 r，则称 D 为维数。

$$Nr^D = 1 \Rightarrow D = -\dfrac{\lg N}{\lg r}$$

可以看到引例中的维数为分数维。图 1-2 所示是几个具有不同分数维结构的图形。

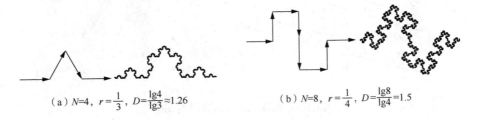

（a）$N=4$，$r=\dfrac{1}{3}$，$D=\dfrac{\lg 4}{\lg 3} \approx 1.26$ （b）$N=8$，$r=\dfrac{1}{4}$，$D=\dfrac{\lg 8}{\lg 4}=1.5$

图 1-2 具有不同分数维结构的图形

1.3.2 斐波那契数列与黄金分割

1. 兔子问题

设初生的兔子一个月以后成熟，而一对成熟的兔子每月会生一对兔子。假设每次生的一对兔子都是一雌一雄，且所有的兔子都不病死，那么由一对初生的兔子开始，兔子数量如何变化？

为了探索问题，我们把成年兔子记为"大兔子"，把幼年兔子记为"小兔子"，可以按月列表，如表 1-2 所示。

表 1-2　每月兔子对数汇总表

项目	数量											
	1月	2月	3月	4月	5月	6月	7月	8月	9月	10月	11月	…
大兔子对数	0	1	1	2	3	5	8	13	21	34	55	…
小兔子对数	1	0	1	1	2	3	5	8	13	21	34	…
兔子对数	1	1	2	3	5	8	13	21	34	55	89	…

从表 1-2 可见，有三条规律比较明显：每个月小兔子的对数等于上个月大兔子的对数（只有大兔子才能生出小兔子）；每个月大兔子的对数等于上个月大兔子的对数与小兔子的对数的和（上个月的大兔子到这个月还是大兔子，上个月的小兔子到这个月是大兔子）；每个月大兔子的对数等于上个月大兔子对数与上上个月大兔子对数之和（上上个月大兔子对数等于上个月小兔子对数）。

令 f_n 表示第 n 个月的兔子对数，则 $f_0 = 0, f_1 = 1$，且有

$$0,1,1,2,3,5,8,13,21,34,55,\cdots$$

此数列称为斐波那契（Fibonacci）数列。那么兔子问题可转化为 Fibonacci 数列的通项计算问题：$f_0 = 0, f_1 = 1$，$f_{k+2} = f_{k+1} + f_k, k = 0, 1, 2, \cdots$，如何计算通项 f_k。

事实上，在我们中学时期学习过的杨辉三角也隐藏了 Fibonacci 数列。我们知道，对于二项式有

$$(a+b)^n = C(n,0)a^n b^0 + C(n,1)a^{n-1}b + \cdots + C(n,n-1)ab^{n-1} + C(n,n)a^0 b^n$$

将二项式展开的系数所对应的杨辉三角左对齐，如图 1-3 所示。

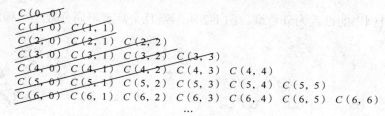

图 1-3　杨辉三角左对齐排列图示

将同一斜行的数加起来，即得

$$f_1 = C(0,0) = 1$$
$$f_2 = C(1,0) = 1$$
$$f_3 = C(2,0) + C(1,1) = 1 + 1 = 2$$

$$f_4 = C(3,0) + C(2,1) = 1 + 2 = 3$$
$$f_5 = C(4,0) + C(3,1) + C(2,2) = 1 + 3 + 1 = 5$$
$$f_6 = C(5,0) + C(4,1) + C(3,2) = 1 + 4 + 3 = 8$$
$$f_7 = C(6,0) + C(5,1) + C(4,2) + C(3,3) = 1 + 5 + 6 + 1 = 13$$
$$\vdots$$
$$f_n = C(n-1,0) + C(n-2,1) + \cdots + C(n-1-m,m), m \leqslant n-1-m$$

2. Fibonacci 数列通项的计算

解法 1（初等代数解法）：待定系数法构造等比数列，设常数 r, s，使得
$$f_n - rf_{n-1} = s(f_{n-1} - rf_{n-2})$$

则
$$f_n = (r+s)f_{n-1} - rsf_{n-2}$$

故 $r+s=1, -rs=1$，则
$$s = \frac{1+\sqrt{5}}{2}, \ r = \frac{1-\sqrt{5}}{2}$$

$n \geqslant 3$ 时，有
$$f_3 - rf_2 = s(f_2 - rf_1)$$
$$f_4 - rf_3 = s(f_3 - rf_2)$$
$$\vdots$$
$$f_{n-1} - rf_{n-2} = s(f_{n-2} - rf_{n-3})$$
$$f_n - rf_{n-1} = s(f_{n-1} - rf_{n-2})$$

联立以上 $n-2$ 个式子，得
$$f_n - rf_{n-1} = s^{n-2}(f_2 - rf_1) = s^{n-2}(1-r) = s^{n-1}$$

即
$$f_n = s^{n-1} + rf_{n-1} = s^{n-1} + rs^{n-2} + r^2 f_{n-2} = s^{n-1} + rs^{n-2} + r^2 s^{n-3} + r^3 f_{n-3}$$
$$= \cdots = s^{n-1} + rs^{n-2} + r^2 s^{n-3} + \cdots + r^{n-2}s + r^{n-1}f_1$$
$$= s^{n-1} + rs^{n-2} + r^2 s^{n-3} + \cdots + r^{n-2}s + r^{n-1}$$

这是一个以 s^{n-1} 为首项、以 r^{n-1} 为末项、$\dfrac{r}{s}$ 为公比的等比数列的 n 项的和。所以，

$$f_n = \frac{s^{n-1}\left(1-\left(\dfrac{r}{s}\right)^n\right)}{1-\dfrac{r}{s}} = \frac{s^{n-1} - \dfrac{r^n}{s}}{1-\dfrac{r}{s}} = \frac{s^n - r^n}{s-r} = \frac{r^n - s^n}{r-s}$$

则
$$f_n = \frac{1}{\sqrt{5}}\left[\left(\frac{1+\sqrt{5}}{2}\right)^n - \left(\frac{1-\sqrt{5}}{2}\right)^n\right]$$

解法 2（初等代数解法）：设 $f_n - rf_{n-1} = s(f_{n-1} - rf_{n-2})$，得

$$\begin{cases} r+s=1 \\ rs=-1 \end{cases}$$

有二次方程 $x^2-x-1=0$，解得

$$x_{1,2}=\frac{1\pm\sqrt{5}}{2}$$

所以

$$f_n-\frac{1+\sqrt{5}}{2}f_{n-1}=\frac{1-\sqrt{5}}{2}\left(f_{n-1}-\frac{1+\sqrt{5}}{2}f_{n-2}\right)$$

$$f_n-\frac{1-\sqrt{5}}{2}f_{n-1}=\frac{1+\sqrt{5}}{2}\left(f_{n-1}-\frac{1-\sqrt{5}}{2}f_{n-2}\right)$$

故

$$f_n-\frac{1-\sqrt{5}}{2}f_{n-1}=\left(\frac{1+\sqrt{5}}{2}\right)^{n-2}\left(f_2-\frac{1-\sqrt{5}}{2}f_1\right)$$

$$f_n-\frac{1+\sqrt{5}}{2}f_{n-1}=\left(\frac{1-\sqrt{5}}{2}\right)^{n-2}\left(f_2-\frac{1+\sqrt{5}}{2}f_1\right)$$

则

$$\frac{1+\sqrt{5}}{2}\left(f_n-\frac{1-\sqrt{5}}{2}f_{n-1}\right)-\frac{1-\sqrt{5}}{2}\left(f_n-\frac{1+\sqrt{5}}{2}f_{n-1}\right)$$

$$=\left(\frac{1+\sqrt{5}}{2}\right)^{n-1}\left(1-\frac{1-\sqrt{5}}{2}\right)-\left(\frac{1-\sqrt{5}}{2}\right)^{n-1}\left(1-\frac{1+\sqrt{5}}{2}\right)$$

$$=\left(\frac{1+\sqrt{5}}{2}\right)^{n}-\left(\frac{1-\sqrt{5}}{2}\right)^{n}$$

故

$$f_n=\frac{1}{\sqrt{5}}\left[\left(\frac{1+\sqrt{5}}{2}\right)^{n}-\left(\frac{1-\sqrt{5}}{2}\right)^{n}\right]$$

解法 3（母函数法）：对于 Fibonacci 数列 $\{f_n\}$，有 $f_1=f_2=1, f_n=f_{n-1}+f_{n-2}$ （$n>2$），令

$$S(x)=f_1x+f_2x^2+\cdots+f_nx^n+\cdots$$

有

$$S(x)\times(1-x-x^2)$$
$$=f_1x+(f_2-f_1)x^2+(f_3-f_2-f_1)x^3+\cdots+(f_n-f_{n-1}-f_{n-2})x^n+\cdots$$
$$=f_1x=x$$

因此

$$S(x)=\frac{x}{1-x-x^2}$$

又

$$1-x-x^2=-\left(x+\frac{1+\sqrt{5}}{2}\right)\left(x+\frac{1-\sqrt{5}}{2}\right)=\left(1-\frac{1-\sqrt{5}}{2}x\right)\left(1-\frac{1+\sqrt{5}}{2}x\right)$$

$$\frac{1}{1-x-x^2}=\frac{1}{\sqrt{5}x}\left(\frac{1}{1-\frac{1+\sqrt{5}}{2}x}-\frac{1}{1-\frac{1-\sqrt{5}}{2}x}\right)$$

因此

$$S(x)=\frac{1}{\sqrt{5}}\left(\frac{1}{1-\frac{1+\sqrt{5}}{2}x}-\frac{1}{1-\frac{1-\sqrt{5}}{2}x}\right)$$

又

$$\frac{1}{1-x}=1+x+x^2+x^3+\cdots+x^n+\cdots$$

$$\frac{1}{1-\frac{1+\sqrt{5}}{2}x}=1+\frac{1+\sqrt{5}}{2}x+\left(\frac{1+\sqrt{5}}{2}\right)^2x^2+\left(\frac{1+\sqrt{5}}{2}\right)^3x^3+\cdots+\left(\frac{1+\sqrt{5}}{2}\right)^nx^n+\cdots$$

$$\frac{1}{1-\frac{1-\sqrt{5}}{2}x}=1+\frac{1-\sqrt{5}}{2}x+\left(\frac{1-\sqrt{5}}{2}\right)^2x^2+\left(\frac{1-\sqrt{5}}{2}\right)^3x^3+\cdots+\left(\frac{1-\sqrt{5}}{2}\right)^nx^n+\cdots$$

故

$$f_n=\frac{1}{\sqrt{5}}\left[\left(\frac{1+\sqrt{5}}{2}\right)^n-\left(\frac{1-\sqrt{5}}{2}\right)^n\right]$$

解法 4（特征值解法）：

$$\begin{cases}f_{k+2}=f_{k+1}+f_k\\f_{k+1}=f_{k+1}\end{cases}$$

式中，$k=0,1,2,\cdots$ 令 $U_k=\begin{pmatrix}f_{k+1}\\f_k\end{pmatrix},k=0,1,2,\cdots,$ 则有

$$U_{k+1}=\begin{pmatrix}f_{k+2}\\f_{k+1}\end{pmatrix}=\begin{pmatrix}1&1\\1&0\end{pmatrix}\begin{pmatrix}f_{k+1}\\f_k\end{pmatrix}=AU_k,A=\begin{pmatrix}1&1\\1&0\end{pmatrix},k=0,1,2,\cdots$$

有

$$U_{k+1}=AU_k,U_k=A^kU_0,U_0=\begin{pmatrix}1\\0\end{pmatrix},k=0,1,2,\cdots$$

如果 $A=PJP^{-1}$，则 $A^k=PJ^kP^{-1}$，计算特征值和相应特征向量

$$|\lambda E-A|=\lambda^2-\lambda-1=0$$

有

$$\lambda_1 = \frac{1+\sqrt{5}}{2}, \lambda_2 = \frac{1-\sqrt{5}}{2}, \alpha_1 = \begin{pmatrix} \frac{1+\sqrt{5}}{2} \\ 1 \end{pmatrix} = \begin{pmatrix} \lambda_1 \\ 1 \end{pmatrix}, \alpha_2 = \begin{pmatrix} \frac{1-\sqrt{5}}{2} \\ 1 \end{pmatrix} = \begin{pmatrix} \lambda_2 \\ 1 \end{pmatrix}$$

有非奇异矩阵 $\boldsymbol{P} = (\alpha_1 \ \alpha_2) = \begin{pmatrix} \frac{1+\sqrt{5}}{2} & \frac{1-\sqrt{5}}{2} \\ 1 & 1 \end{pmatrix}$，且

$$\boldsymbol{P}^{-1}\boldsymbol{A}\boldsymbol{P} = \begin{pmatrix} \lambda_1 & 0 \\ 0 & \lambda_2 \end{pmatrix} = \boldsymbol{J}$$

$$\boldsymbol{A}^k = \boldsymbol{P}\boldsymbol{J}^k\boldsymbol{P}^{-1} = \begin{pmatrix} \lambda_1 & \lambda_2 \\ 1 & 1 \end{pmatrix} \begin{pmatrix} \lambda_1^k & 0 \\ 0 & \lambda_2^k \end{pmatrix} \frac{1}{\sqrt{5}} \begin{pmatrix} 1 & -\lambda_2 \\ -1 & \lambda_1 \end{pmatrix}$$

$$= \frac{1}{\sqrt{5}} \begin{pmatrix} \lambda_1^{k+1} & \lambda_2^{k+1} \\ \lambda_1^k & \lambda_2^k \end{pmatrix} \begin{pmatrix} 1 & -\lambda_2 \\ -1 & \lambda_1 \end{pmatrix}$$

由于 $\begin{pmatrix} f_{k+1} \\ f_k \end{pmatrix} = \boldsymbol{A}^k \begin{pmatrix} 1 \\ 0 \end{pmatrix}$，则有

$$f_k = \frac{1}{\sqrt{5}}(\lambda_1^k - \lambda_2^k) = \frac{1}{\sqrt{5}}\left[\left(\frac{1+\sqrt{5}}{2}\right)^k - \left(\frac{1-\sqrt{5}}{2}\right)^k\right]$$

且

$$\lim_{k\to\infty}\frac{f_k}{f_{k+1}} = \lim_{k\to\infty}\frac{\lambda_1^k - \lambda_2^k}{\lambda_1^{k+1} - \lambda_2^{k+1}} = \lim_{k\to\infty}\frac{\lambda_1^k\left(1-\frac{\lambda_2^k}{\lambda_1^k}\right)}{\lambda_1^{k+1}\left(1-\frac{\lambda_2^{k+1}}{\lambda_1^{k+1}}\right)} = \frac{1}{\lambda_1} = \frac{\sqrt{5}-1}{2} \approx 0.618$$

3. Fibonacci 数列邻项比

一个完全是自然数的数列，通项公式却是用无理数来表达的。而且当 n 趋向于无穷大时，前一项与后一项的比值越来越逼近黄金分割比。

证明：

$$f_n + f_{n+1} = f_{n+2}$$

两边同除以 f_{n+1} 得到

$$\frac{f_n}{f_{n+1}} + 1 = \frac{f_{n+2}}{f_{n+1}}$$

若 $\frac{f_n}{f_{n+1}}$ 极限存在且为 x，则

$$\lim_{n\to\infty}\frac{f_n}{f_{n+1}} = \lim_{n\to\infty}\frac{f_{n+1}}{f_{n+2}} = \varphi$$

故有 $\varphi + 1 = \frac{1}{\varphi}$，由于 $\varphi > 0$，解得

$$\varphi = \frac{\sqrt{5}-1}{2}$$

故

$$\lim_{n\to\infty}\frac{f_n}{f_{n+1}} = \frac{\sqrt{5}-1}{2} = \varphi \approx 0.618\cdots$$

另外，由于

$$\frac{1}{1}, \frac{1}{2} = \frac{1}{1+\frac{1}{1}}, \frac{2}{3} = \frac{1}{1+\frac{1}{2}} = \frac{1}{1+\frac{1}{1+\frac{1}{1}}}, \frac{3}{5} = \frac{1}{1+\frac{2}{3}} = \frac{1}{1+\frac{1}{1+\frac{1}{1+\frac{1}{1}}}}, \frac{5}{8} = \frac{1}{1+\frac{3}{5}} = \frac{1}{1+\frac{1}{1+\frac{1}{1+\frac{1}{1+\frac{1}{1}}}}}, \cdots$$

因此 Fibonacci 数列邻项比 φ 也可以写成

$$\varphi = \cfrac{1}{1+\cfrac{1}{1+\cfrac{1}{1+\cfrac{1}{1+\cdots}}}}$$

参 考 文 献

顾沛, 2017. 数学文化[M]. 2 版. 北京: 高等教育出版社.

郝柏林, 2013. 从抛物线谈起: 混沌动力学引论[M]. 2 版. 北京: 北京大学出版社.

张伟年, 2001. 动力系统基础[M]. 北京: 高等教育出版社.

HEINZ-OTTO P, HARTMUT J, DIETMAR S, 2004. Chaos and fractals: new frontiers of science[M]. 2nd ed. New York: Springer-Verlag.

第2章　数学与艺术

多学科融合发展是现代科学发展的鲜明特征，其中最明显的就是数学在各学科领域的广泛应用。科学的发展越来越离不开数学，人们也认识到人类文明的进程与数学的发展息息相关。表面上看，数学与艺术是风马牛不相及的两个事物，学科门类也相差甚远，然而，艺术和数学却分别是人类感性和理性认知世界的重要方式，两者之间存在着千丝万缕的关系。数学家波莱尔说："数学只是一门艺术，因为它主要是思维的创造，靠才智取得进展，很多进展出自人类脑海深处，只有美学标准才是最后的鉴定者。"

艺术的美感与数学是密不可分的。我国绘画大师徐悲鸿曾说："艺术家与数学家同样有求实的精神，研究科学，以数学为基础；研究美术，以素描为基础。"每一个时代的主流绘画艺术背后都隐藏着一种深层次的数学结构。古希腊著名的美学家、数学家毕达哥拉斯就提出了"和谐之美"的观点，"和谐"是一种非常重要的美学和数学关系。达·芬奇在绘画中将讲求透视关系的射影几何学用到了极致。非欧几何对毕加索的画作来说是如虎添翼；而在后现代主义和纯粹主义的革命中，分形几何则是一个强有力的武器。在不同时期，数学在艺术的发展过程中都扮演着重要的角色。

早在两千多年前，人们就把数学和音乐并列在一起。儒家经典著作《周礼》中提到六艺"礼、乐、射、御、书、数"。研究发现，弹拨琴弦所发出的声音音调高低取决于弦的长度，两根绷得一样紧的弦，若一根长度是另一根的两倍，则两个音相差八度。我国古代的七弦琴，其弦长是有排布规律的一个数列。实际上，很多乐器的形状和结构都与不同的数学概念有着密切的联系。无论是弦乐还是管乐，其结构中都反映出了数学中的函数关系。数学家傅里叶揭示了隐藏在音乐背后的数学关系，就是著名的"傅里叶分析"，又称音乐的"谐波分析"。每一段音乐都包括音调、响度和音色，而且都可用描绘曲线的方式来刻画，其中响度指的是曲线的振幅，音调指曲线的频率，音色由曲线在一个周期内呈现出的不规则的形状决定。数学是抽象美，音乐是艺术美。数学理论与音乐理论的共同特点是：逻辑性、严密性、抽象性和符号化。众多数学家和音乐家对于数学与音乐的深层关系的探索也从未停止过。

2.1　数学与美术

数学可以帮助人们描绘现实物体，自然界中的动植物呈现出的图案也能够引导和启发人们使用数学的手段进行艺术创作。长期以来，数学在美术中扮演的角色是工具，它给美术提供了理论基础与技术手段。

2.1.1　天然去雕饰

人们赖以生存的大自然不仅孕育了无数生命，而且呈现出了一幅幅美轮美奂的画卷。山河壮丽、田园风光、花鸟鱼虫，一个个都有绚丽多彩的造型。"数学是上帝的语言，人类发现并且使用了它。"一个生命体的完美及复杂的背后，都隐藏着复杂的数学关系。图 2-1 中动植物呈现出完美的曲线，与数学中的黄金螺旋线非常地接近。

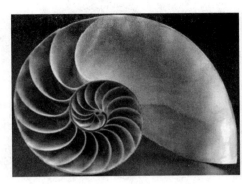

图 2-1　动植物呈现出的完美曲线

所谓黄金螺旋线，就是以半径分别为 1,1,2,3,5,8,13,…的圆弧顺次拼接而成的一条螺旋线，如图 2-2 所示。

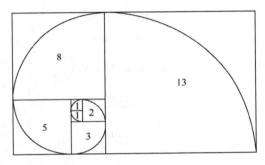

图 2-2　黄金螺旋线

这一系列数组成的数列 $\{a_n\}$ 被称为 Fibonacci 数列，该数列的项有如下规律：

$$a_1 = a_2 = 1, \quad a_{n+2} = a_n + a_{n+1}, \quad n = 1,2,3,\cdots$$

数学中所说的螺旋线按照其维度可分为二维螺旋线和三维螺旋线：二维螺旋线包括阿基米德螺旋线和双曲螺旋线等（图 2-3）；三维螺旋线包括圆柱螺旋线和圆锥螺旋线等（图 2-4）。

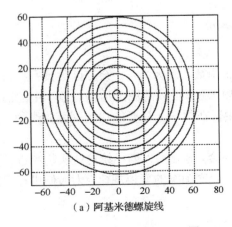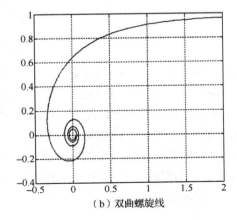

（a）阿基米德螺旋线　　　　　　　　　　（b）双曲螺旋线

图 2-3　二维螺旋线

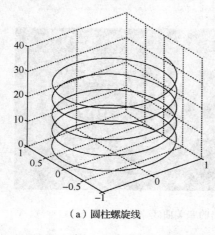 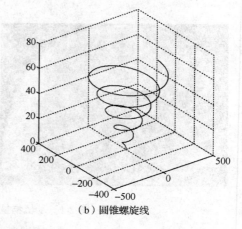

（a）圆柱螺旋线   （b）圆锥螺旋线

图 2-4　三维螺旋线

1）阿基米德螺旋线的参数方程为（t 为参数，a、b 为常数）

$$\begin{cases} x = (a+bt)\cos t \\ y = (a+bt)\sin t \end{cases}$$

2）双曲螺旋线的参数方程为（t 为参数，a 为常数）

$$\begin{cases} x = \dfrac{a\cos t}{t} \\ y = \dfrac{a\sin t}{t} \end{cases}$$

3）圆柱螺旋线的参数方程为（t 为参数，a 为常数）

$$\begin{cases} x = a\cos t \\ y = a\sin t \\ z = bt \end{cases}$$

4）圆锥螺旋线的参数方程为（t 为参数，a 为递增序列）

$$\begin{cases} x = a\cos t \\ y = a\sin t \\ z = t^2 \end{cases}$$

螺旋线的描绘离不开三角函数中的正、余弦函数，是因为正、余弦函数具有良好的解析性质（奇偶性、周期性和有界性）。其实，现实中还有很多的图形结构与数学中的曲线是吻合的。图 2-5 中的图形大量存在于现实和数学中，在数学上只要能找到刻画曲线的方程，就可以利用数学手段将其准确地描绘出来。

以上介绍的曲线与现实中的实物造型不谋而合，这就为人们描绘这些实物和进行美术设计与创作提供了方便，还可以从更加精细的角度研究图案的变换规律，为人们进行更高水平的创作提供理论支撑与实现手段。

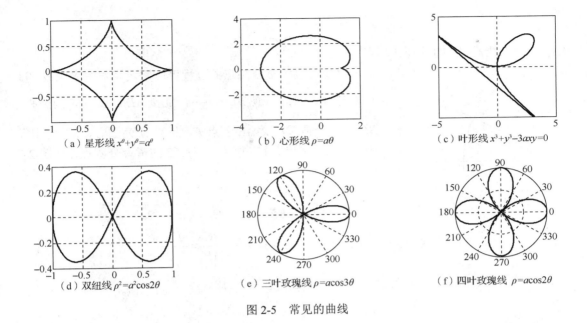

（a）星形线 $x^\rho + y^\rho = a^\rho$　　　　（b）心形线 $\rho = a\theta$　　　　（c）叶形线 $x^3 + y^3 - 3axy = 0$

（d）双纽线 $\rho^2 = a^2\cos 2\theta$　　　　（e）三叶玫瑰线 $\rho = a\cos 3\theta$　　　　（f）四叶玫瑰线 $\rho = a\cos 2\theta$

图 2-5　常见的曲线

2.1.2　和谐之美

　　毕达哥拉斯学派认为"和谐"是最美妙的东西。数学是研究数量关系和空间形式的科学。只要将建筑、雕塑、书法甚至音乐、舞蹈中的数量关系和空间形式调整到恰当的比例和布局，就能产生最完美和谐的艺术效果。古希腊雕刻家阿历山德罗斯于公元前 150 年左右创作的大理石雕塑《米洛斯的维纳斯》和希腊最杰出的古建筑群雅典卫城等都体现了和谐的艺术美感，如图 2-6 所示。

图 2-6　和谐之美

　　毕达哥拉斯在偶然之间还发现了举世著名的黄金分割，被人们广泛应用于绘画设计、建筑设计、市场投资、服装设计等领域。在第 1 章已经介绍过黄金分割比的相关概念，下面给出将一条线段进行黄金分割的数学定义。

　　定义 2.1（黄金分割）　设线段 AB 的上有一点 $C(AC > BC)$，若

$$\frac{AC}{AB} = \frac{\sqrt{5}-1}{2}$$

则称点 C 为线段 AB 的黄金分割点。

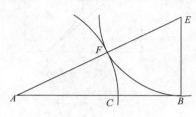

图 2-7 黄金分割点

寻找线段黄金分割点的过程可以用尺规作图来完成，过点 B 作 $BE \perp AB$，使 $BE = \frac{AB}{2}$，连接 AE，以点 E 为圆心，BE 为半径画弧，交 AE 于点 F，以点 A 为圆心，AF 为半径画弧，交 AB 于点 C，则点 C 为 AB 的黄金分割点，如图 2-7 所示。

证明：设 $AB = 2a$，则

$$EF = BE = a，\quad AE = \sqrt{a^2 + (2a)^2} = \sqrt{5}a，$$

$$AC = AF = AE - EF = (\sqrt{5}-1)\,a，\quad \frac{AC}{AB} = \frac{\sqrt{5}-1}{2}$$

其中的比例 $\frac{\sqrt{5}-1}{2}$ 称为黄金分割比，其近似值为 0.618。

1. 黄金矩形

黄金矩形是指短边与长边的比例为黄金分割比的矩形。这种矩形给人一种赏心悦目的感觉，如泰姬陵的建筑设计使用了黄金矩形，如图 2-8 所示。

图 2-8 黄金矩形的应用

2. 黄金三角形

黄金三角形分两种：一种是底边与腰之比是黄金分割比的等腰三角形；另一种是腰与底边之比是黄金分割比的等腰三角形，如图 2-9 所示。古埃及的金字塔，底面边长与高的比近似等于黄金分割比，形似黄金三角形。

3. 黄金椭圆

黄金椭圆是短轴与长轴之比为黄金分割比的椭圆，其面积与以其焦距为直径的圆的面积相等，其离心率的平方为黄金分割比，如图 2-10 所示。

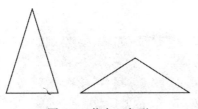

图 2-9　黄金三角形

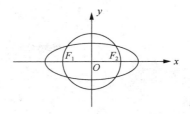

图 2-10　黄金椭圆

2.1.3　构图方法

构图对一幅画来说有着提纲挈领的作用。一些优美的构图方法是艺术家借助了一些数学概念，如透视构图来自射影几何的透视原理，而黄金构图则来自黄金分割。

1. 透视构图

透视构图是指 14 世纪文艺复兴以来，逐步确立的描绘物体、再现空间的构图方法。它是绘画者理性解释世界的产物，可以逼真地再现事物的真实关系，是绘画的重要基础。

图 2-11 中有两幅油画：第一幅是中世纪的油画，明显没有远近空间的感觉；第二幅是文艺复兴时期的油画，同样有船和建筑物，但远近分明，立体感非常明显，更加逼真地表现了绘画的主题。这种构图手法被称为透视构图。透视法又称"远近法"，其表现形式有：体积相同的物体，距离近时，视觉影像较大，距离远时，则较小；宽度相同的物体，距离较近时视觉影像较宽，距离远时，则较窄；物体影像的高度随着距离的变化也有相同的规律。可用一句话总结为：近大远小，近宽远窄，近高远低。

（a）中世纪油画　　　　　　　　　　　　（b）文艺复兴时期油画

图 2-11　中世纪与文艺复兴时期的油画

透视使画作更加逼真，是因为在现实生活中存在大量的透视现象，如人们站在列车的车厢一端，看另一端时，就会有如图 2-12 所示的感觉，可以明显地体会到存在消失点，车厢越长这种现象就越明显。目光消失的点被称为没影点。

文艺复兴时期意大利画家达·芬奇创作的《最后的晚餐》，如图 2-13 所示，该画作传神地使用了透视原理，表现了鲜明的立体感，用平面传递了空间的概念。在画作的草稿上可以看到画布上的放射虚线和没影点，这幅画的没影点恰好位于耶稣头部的中央。

图 2-12　列车车厢中的透视现象

图 2-13　《最后的晚餐》

2. 黄金构图

图 2-14　《蒙娜丽莎》

《蒙娜丽莎》是著名的油画，也由达·芬奇创作，现收藏于法国卢浮宫博物馆。这幅油画主要表现了女性的典雅和恬静的典型形象，塑造了资本主义上升时期一位城市有产阶级的妇女形象。这幅油画的创作过程中将黄金构图使用得淋漓尽致，整个画面格局呈现一种数学美，如图 2-14 所示。

2.1.4　精巧的设计

1. 平面镶嵌

平面镶嵌是用相同的平面几何图形无缝隙又不重叠地铺满整个画布。在数学中与此有关的镶嵌理论是一个饶有趣味的课题，由平面镶嵌所构造出的各种精美图画让人赏心悦目、心旷神怡，如图 2-15 所示。

图 2-15　精美的平面镶嵌

2. 皮亚诺曲线

1890 年，意大利数学家皮亚诺发明了一条能够填满正方形的曲线，称为皮亚诺曲线。在传统概念中，曲线的维数是一维，正方形的维数是二维。这说明人们对维数的认识是有缺陷的，有必要重新考查维数的定义。这就是第 1 章讲到的分形问题。图 2-16 所示为根据皮亚诺曲线设计的造型优美、充满艺术感的柜子。

图 2-16　具有皮亚诺曲线灵感的柜子

3. 默比乌斯带

1858 年，德国数学家默比乌斯和约翰·李斯丁发现：把一根纸条扭转 180° 后，两头再粘接起来做成的纸带圈，具有魔术般的性质。普通纸带具有两个面（双侧曲面），一个正面和一个反面，两个面可以涂成不同的颜色；而这样的纸带只有一个面（单侧曲面），一只小虫可以爬遍整个曲面而不必跨过它的边缘。这种纸带被称为默比乌斯带，如图 2-17 所示。

可以用参数方程刻画默比乌斯带

$$\begin{cases} x(u,v) = \left(1 + \dfrac{v}{2}\cos\dfrac{u}{2}\right)\cos u \\[2mm] y(u,v) = \left(1 + \dfrac{v}{2}\cos\dfrac{u}{2}\right)\sin u \qquad (0 \leqslant u \leqslant 2\pi, -1 \leqslant u \leqslant 1) \\[2mm] z(u,v) = \dfrac{v}{2}\sin\dfrac{u}{2} \end{cases}$$

如图 2-18 所示，凤凰国际传媒中心造型就取意于默比乌斯带，这一造型与不规则的道路方向、转角及朝阳公园形成和谐的关系。

图 2-17　默比乌斯带

图 2-18　凤凰国际传媒中心

4. 分形

20 世纪 70 年代以来，科学家开始跨入"无序"的大门。数学家、物理学家、生物学家纷纷探索不规则现象：无序与混沌。海岸线的测量、闪电的路径、人体血管的结构等不规则图形已经无法用欧氏几何来刻画。这就需要新的几何语言来描述。于是，数学家芒德布罗创立了分形几何学。

图 2-19 所示的分形树就是根据分形几何原理描绘出来的树的造型。分形中重要的数学概念是迭代和递归等算法，图 2-19（a）～（f）就是运用迭代将简单的图形衍变为复杂的分形树。

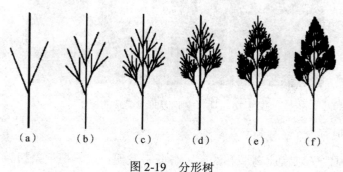

（a）　　（b）　　（c）　　（d）　　（e）　　（f）

图 2-19　分形树

2.2　数字与艺术

著名的天文学家、物理学家、数学家开普勒说"数学是一切学科的基础"。数学在很多学科的发展中起到了重要的作用，艺术也不例外。然而，数学本身就是一门艺术，数学中的线性代数也许是最好的证明，而矩阵无疑是线性代数中最为"艺术"的元素。

图 2-20　3 阶幻方图

2.2.1　幻方

幻方是一种将数字安排在正方形格子中，使每行、每列及每条对角线上的数字和都相等的数学游戏。

在一个由若干个排列整齐的数组成的正方形中，任意一横行、一纵行及对角线的几个数之和都相等，具有这种性质的图表，称为幻方，图 2-20 所示为 3 阶幻方，其中点的个数代表数字的大小。3 阶幻方是由 1, 2, …, 9 排成 3 行 3 列的数表，其每行、每列及每条对角线上的数字和都等于 15，即

$$1+5+9=15$$
$$1+6+8=15$$
$$2+4+9=15$$
$$2+5+8=15$$
$$2+6+7=15$$
$$3+4+8=15$$
$$3+5+7=15$$
$$4+5+6=15$$

于是，可以排成 3 行 3 列的幻方，如下：

2	9	4
7	5	3
6	1	8

事实上

$$1+2+\cdots+9=\frac{9\times(1+9)}{2}=45$$

因此每行、每列及每条对角线上的数字和为 $\frac{45}{3}=15$。

除此之外，还有 4 阶，5 阶，$\cdots$，n 阶幻方。一般的幻方都是由自然数组成的一个正方形的数表，其每行、每列及每条对角线的数字和相等。

又如，由自然数 1～16 按照如下顺序排列成的 4 阶幻方，每行、每列及每条对角线上的数字和都等于 34，具体形式如下：

1	15	14	4
12	6	7	9
8	10	11	5
13	3	2	16

2.2.2　矩阵的历史渊源

幻方是特殊的矩阵。事实上，在数学中矩阵是一个按照长方形阵列排列的复数或实数集合，最早来自方程组的系数及常数所构成的一个数表。矩阵这一概念由 19 世纪英国数学家凯利首先提出。但矩阵的萌芽要归功于中国古代对于线性方程组的研究。

中国古代数学家张苍和耿寿昌的专著《九章算术》中描述了矩阵的萌芽过程，从数目语言到符号语言经过了漫长的年代积累，凝结了丰富的数学思想与方法。矩阵的萌芽，具有中国传统数学的文化底蕴，对推动中国社会政治、经济的发展起着基础性的作用，在世界数学发展史上占有重要的地位。

2.2.3　线性方程组与矩阵

线性方程组是各个方程关于未知量均为一次的方程组（如二元一次方程组）。对线性方程组的研究，中国比欧洲至少早 1500 年，记载在公元初《九章算术》的"方程"章中。线性方程组有广泛应用，如线性规划问题就是讨论对带有约束条件的线性方程组的问题。下面介绍线性方程组与矩阵之间的关系。

考虑一个化学方程式
$$(x_1)CO+(x_2)CO_2+(x_3)H_2 = (x_4)CH_4+(x_5)H_2O$$
根据元素守恒的原理，对每一种元素可以得到一个方程

C 元素：
$$x_1+x_2=x_4$$

O 元素：　　　　　　　　　　　　$x_1 + 2x_2 = x_5$
H 元素：　　　　　　　　　　　　$2x_3 = 4x_4 + 2x_5$

这就产生了一个具有 3 个方程的线性方程组

$$\begin{cases} x_1 + x_2 - x_4 = 0 \\ x_1 + 2x_2 - x_5 = 0 \\ 2x_3 - 4x_4 - 2x_5 = 0 \end{cases}$$

该方程组称为齐次线性方程组，通过恒等变形可变为

$$\begin{cases} x_1 + x_2 + 0x_3 - x_4 + 0x_5 = 0 \\ x_1 + 2x_2 + 0x_3 + 0x_4 - x_5 = 0 \\ 0x_1 + 0x_2 + 2x_3 - 4x_4 - 2x_5 = 0 \end{cases}$$

其中的数字组成的矩阵

$$\begin{pmatrix} 1 & 1 & 0 & -1 & 0 & 0 \\ 1 & 2 & 0 & 0 & -1 & 0 \\ 0 & 0 & 2 & -4 & -2 & 0 \end{pmatrix} 和 \begin{pmatrix} 1 & 1 & 0 & -1 & 0 \\ 1 & 2 & 0 & 0 & -1 \\ 0 & 0 & 2 & -4 & -2 \end{pmatrix}$$

称为上述线性方程组的增广矩阵和系数矩阵。

下面给出矩阵的一般定义。

定义 2.2（矩阵）　由 $m \times n$ 个数 a_{ij} 排成的 m 行 n 列的数表，称为 m 行 n 列的矩阵，简称 $m \times n$ 矩阵，记作

$$A = \begin{pmatrix} a_{11} & \cdots & a_{1n} \\ \vdots & & \vdots \\ a_{m1} & \cdots & a_{mn} \end{pmatrix}$$

这 $m \times n$ 个数称为矩阵 A 的元素，数 a_{ij} 位于矩阵 A 的第 i 行第 j 列，以数 a_{ij} 为元素的矩阵可记为 (a_{ij}) 或 $(a_{ij})_{m \times n}$。元素是实数的矩阵称为实矩阵，元素是复数的矩阵称为复矩阵。而行数与列数相等的矩阵称为 n 阶矩阵或 n 阶方阵。

矩阵是线性代数中最基本的元素，也是其中最重要的概念。而矩阵与图像也有着不可分割的关系，所有的电子图像在数学家眼中都是由矩阵构成的，对图像的处理其实是对矩阵的处理。

2.2.4　图像与矩阵

对于图像，人们往往比较关注其清晰度，而一幅图像的清晰度由其分辨率决定。图像分辨率的表达方式为"水平像素数×垂直像素数"。而显示分辨率（屏幕分辨率）是屏幕图像的精密度，是指显示器所能显示的像素有多少。分辨率，又称解析度、解像度，可以从显示分辨率与图像分辨率两个方向来分类。这些都与矩阵有着密切的关系，水平像素和竖直像素分别对应了矩阵的列数与行数。

一般而言，图片是一个标准的矩形，有着宽度和高度。而矩阵有着行和列，矩阵的操作在数学和计算机中的处理很常见且成熟，于是很自然地就把图片视为矩阵，把对图片的操作转换成对矩阵的操作。实际上，对图片的处理是利用矩阵变换来实现的。

1. 图像的读取与写入

一般情况下，一幅数字图像是使用有限数量的点对一幅 2D 图像的表达，这些点称为图

像单元，即像素。每一个像素用一个或多个数值表示：对单色（灰度）图像，用一个位于 0～255 之间的数值表示像素就足够了；对于彩色图像，常需要使用 3 个分别代表红（R）、绿（G）、蓝（B）的量的数值来表示。

在 MATLAB 软件中使用 imread( ) 函数就可以读取一张图片中的数据，而这些数据就是以矩阵的形式存储的，返回的结果为 3 个同型矩阵，行数与列数分别是图像的竖直像素和水平像素，3 个矩阵中存放的是 RGB 值，RGB 是 3 个通道，相当于 3 个相片叠加起来成为的彩色图片。

而在 MATLAB 软件中使用 imshow( ) 和 imwrite( ) 函数又可以将数据（3 个矩阵）以图片的形式显示和输出（写入）为图像。

2. 数字图像处理

数字图像处理是通过计算机使用数学方法改变数字图像的方法和技术。图像中发生的变化都要依赖于所设计的算法，这比利用一些图像处理软件对图像进行手工处理要更加快捷、方便和精确，这是因为手工处理严重依赖人的能力和灵巧度。图像处理是一个涉及多学科的领域，是数学、物理、计算机和艺术的高度融合。常规的图像处理包括加噪声与消噪声（图 2-21）、锐化（图 2-22）、模糊与去模糊（图 2-23）处理等。

（a）原始图像　　　　　　　　（b）灰度处理图像

（c）加噪声图像　　　　　　　（d）消噪声图像

图 2-21　图像的加噪声与消噪声处理

（a）原始图像　　　　　　　　（b）锐化图像

图 2-22　图像的锐化处理

（a）原始图像　　　　（b）模糊处理图像　　　　（c）去模糊图像

图 2-23　图像的模糊与去模糊处理

以上这些只是一些简单的图像处理，除此之外，还有图像的集合操作、灰度变换、领域处理、频域滤波和图像恢复等，这一领域的研究已取得了丰硕的成果，有兴趣的读者可以继续追踪相关资料。

2.3　数学与音乐

数学与音乐在很多方面有紧密的关系，数学的计算决定了音乐中的音律，从五音音律发展到了七音音律，并且一直沿用至今。乐器的制作离不开数学中的平行公理：经过直线外一点，有且只有一条直线与已知直线平行。这个公理可适用于各种弦乐器的测音。20 世纪下半叶，美国音乐理论家大卫·列文以数学领域中的"集合理论"和"群理论"为基础，逐步创立了"广义音程与变换"理论。他着眼于音乐元素家族中音高、音级、时值、时间点、音色等及其联合组成的"空间"，承前启后，成为研究音乐中数学问题的典范。古往今来，音乐中的数学奥秘一直激发着人类的好奇心与探索力。

2.3.1　数学与音律

1. 十二平均律

乐音的基本特征可以用基波频率、谐波频率和包络波形三个方面来描述，用大写英文字母 C、D、E、F、G、A、B 表示每个音的"音名"（或称为"音调"），每一个音名都对应固定的基波信号频率。图 2-24 表示钢琴的键盘结构，并注明了每个琴键对应的音名和基波频率值，这些频率值是按十二平均律计算得到的。十二平均律是中国明代著名律学家朱载堉运用等比数列，使用算盘进行开平方和开立方计算所创制的定音乐器律准和律管，其中提出了系统的管口校正方法和计算公式。朱载堉一生完成了《乐律全书》《进历书奏疏》等 20 多部著作，他是世界上将数学与音乐完美结合的第一人，被西方学者称颂为"东方文艺复兴式的圣人"。

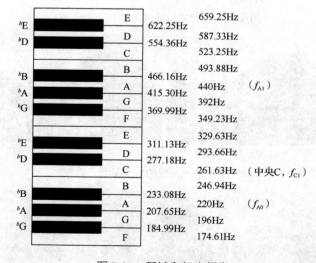

图 2-24　琴键和相应频率

2. 音律中的黄金分割

从古到今，数学始终和音乐紧密联系在一起。中世纪，欧美国家的教育科目就分为算术、地理、天文和音乐。乐谱是音乐与数学关系最为密切的要素。在乐谱上，可以看到有用数字表示的节拍，如 4/4 拍、3/4 拍等，全音符、半音符、四分音符、八分音符、十六分音符等。谱曲就是用节拍表示单位长度的旋律和音阶，不同长度的节拍一定要符合固定的音韵。而作曲家们创造的音乐是如此完美地组合在一起，形成和谐的结构。音乐创作完成后，可以随心所欲地分解成特定的节拍数来代表不同的音长。

音乐的优美离不开数学，如《义勇军进行曲》的呐喊声的最高点位于全曲的黄金分割点处，《命运》《蓝色多瑙河》等著名的乐谱都有着相同规律。著名音乐学家贝多芬的《月光》第 1~2 乐章中，有着这样的规律：第 1 乐章共 69 小节，再现的主题从第 43 小节开始；第 2 乐章共 96 小节，再现的主题从第 61 小节开始，结果发现 $\dfrac{43}{69}$ 和 $\dfrac{61}{96}$ 都与黄金分割比非常接近。动听的音乐背后隐藏着数学。事实上，在数学家眼中这些就是几何变换，包括平移、对称、反射（也称镜像，包括横向反射与纵向反射）、旋转等（指五线谱，不适用简谱）。

3. 音律与函数

音乐与比率、指数曲线、周期性方程式等数学概念密切相关。就比率而言，毕达哥拉斯学派发现弹琴所发出的音乐取决于弦长，从而发现音乐的韵律和整数之间有关联。他们还发现，一组琴弦的长度成整数比，拉紧后能弹奏出和谐的乐声。事实上，每个能弹出和谐乐声的琴弦，其长度都可以表示成整数比。逐渐增加弦长，还可以得出完整的音阶。例如，从发 C 调的弦开始，其长度的 16/15 得出 B 调，其长度的 6/5 得出 A 调，4/3 是 G 调，3/2 是 F 调，8/5 是 E 调，16/9 是 D 调，2/1 是低音 C 调。实际上，很多乐器的形状和结构都与各种数学概念相关，如指数函数，可以描述成 $y=a^x, a>0, a\neq 1$。例如，图 2-25 所示的指数函数 $y=2^x$ 的曲线。

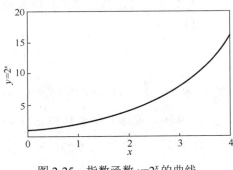

图 2-25　指数函数 $y=2^x$ 的曲线

2.3.2　数学与声乐

1. 谐音

声音的高低与发声物体（如管、弦乐器）的长度成反比，当两条弦长成正比时，乐器发出的声音听起来是和谐的，这是古人通过感官发现的规律。古人没有频率的概念，直到伽利略在做摆钟实验时将单位时间内振动的次数作为频率，才有了频率的概念。后来，英国数学家泰勒给出了振动频率公式

$$f=\frac{1}{2l}\sqrt{\frac{T}{\rho}}$$

其中，l 为弦长；T 为弦中的张力；ρ 为弦的密度。

实验证明，一根两端固定的弦的自由振动是一系列不同类型的振动的复合。全振动中除

了产生基音外，同时也产生泛音。$\dfrac{1}{2}$ 段弦振动产生第 1 泛音，$\dfrac{1}{3}$ 段弦振动产生第 2 泛音……

$\dfrac{1}{n}$ 段弦振动产生第 $n-1$ 泛音，弦的 n 分点是其节点。

第 n 泛音频率是基音频率的 $n+1$ 倍。基音和第 1 泛音、第 1 泛音和第 3 泛音的频率比是 1∶2，构成纯八度音程。第 1 泛音和第 2 泛音的频率比是 2∶3，构成纯五度音程。第 3 泛音和第 4 泛音的频率比是 4∶5，构成大三度音程。

基音和泛音统称为谐音，基音是第 1 谐音，第 n 泛音称为第 $n+1$ 谐音。数学中著名的调和级数 $\displaystyle\sum_{n=1}^{\infty}\dfrac{1}{n}$ 的定名就源于泛音序列。

2. 简谐振动

物体在一定位置的附近来回往复的运动，称为机械振动。设一个质点沿一条直线振动，如果以原点为平衡位置，以该直线为 x 轴，质点在时刻 t 的位移

$$x = A\cos(\omega x + \varphi)$$

则称这种振动为简谐振动，其中，A 为振幅，$\omega = \dfrac{2\pi}{T}$ 为圆频率，T 为周期，φ 为初相。

3. 音乐的结构

1822 年，法国数学家傅里叶发现一些函数可以表示为由三角函数组成的级数，称为傅里叶级数

$$f(x) = \dfrac{a_0}{2} + \sum_{n=1}^{\infty}(a_n\cos nx + b_n\sin nx)$$

其中，$a_n = \dfrac{1}{\pi}\displaystyle\int_{-\pi}^{\pi}f(x)\cos nx \mathrm{d}x, n = 0,1,2,\cdots$；$b_n = \dfrac{1}{\pi}\displaystyle\int_{-\pi}^{\pi}f(x)\sin nx \mathrm{d}x, n = 1,2,\cdots$

1829 年，德国数学家狄利克雷，给出了如下结论：

设 $f(x)$ 是以 T 为周期的函数，且在 $\left[-\dfrac{\pi}{2}, \dfrac{\pi}{2}\right]$ 上最多有有限多个第一类间断点和极值点，则 $f(x)$ 可展开为傅里叶级数

$$f(x) = \dfrac{a_0}{2} + \sum_{n=1}^{\infty}(a_n\cos n\omega x + b_n\sin n\omega x)$$

其中，$\omega = \dfrac{2\pi}{T}$；傅里叶系数为 $a_n = \dfrac{2}{T}\displaystyle\int_{-\frac{T}{2}}^{\frac{T}{2}}f(x)\cos nx \mathrm{d}x, n = 0,1,2,\cdots$；$b_n = \dfrac{2}{T}\displaystyle\int_{-\frac{T}{2}}^{\frac{T}{2}}f(x)\sin nx \mathrm{d}x,$
$n = 1,2,\cdots$

这就表明，各种复杂的振动，是由简谐振动合成的，各种复杂的波是由简谐波合成的。而对音乐而言，$a_0 = 0$，以 t 表示自变量时间，以 $y(t)$ 表示音乐，则

$$y(t) = \sum_{n=1}^{\infty}A_n\sin(n\omega x + \varphi_n)$$

其中，$A_n = \sqrt{a_n^2 + b_n^2}$；$\varphi_n = \arctan\dfrac{a_n}{b_n}$。

由此可见，任何一个音乐，都是一系列频率不同纯音的合成，$\sin n\omega t$ 的频率是基频的 n

倍。乐器演奏音乐的频谱图，可以认为是由若干条分立的谱线组成的。因此，人们可以使用数学工具从本质上研究音乐的变化规律。

2.3.3　MATLAB 软件与音乐

从图 2-24 可以看到，靠下边的 A 键称为小字组 A，它的频率值 f_{A0}=220Hz，而靠上面的另一个 A 键是小字一组 A，它的频率值是 f_{A1}=440Hz。两者为 2 倍频率关系，即 f_{A1} 相当于 f_{A0} 的二次谐波，也称为 8 度音或倍频程。

根据音乐的简谱和十二平均律计算出该小节每个乐音的频率，在 MATLAB 中生成幅度为 1，抽样特定频率的正弦信号表示这些乐音，用 sound( ) 函数播放合成的音乐即可。

这种初步合成的音乐音调符合曲谱，只能听出乐曲的旋律，但是每个乐音之间有一定的杂声，且无法分辨是由何种乐器演奏。这是由于相位不连续产生了高频分量，噪声严重影响合成音乐的质量，丧失了真实感，可以通过加包络的方法来消噪声。如果通过加谐波的方法得到的音乐起伏感不强，则又可以通过加谐波的方法来增强音乐的起伏感。这一领域已经成为一门成熟的交叉学科，读者如果有兴趣，可以继续追踪有关音乐工程和信号处理等方面的资料。

参 考 文 献

伯格，2007. 数学爵士乐[M]. 唐璐，付雪，译. 长沙：湖南科学技术出版社.

王本楠，2012. 数码艺术：彩色的数与数的色彩[M]. 北京：科学出版社.

易南轩，2004. 数学美拾趣[M]. 2 版. 北京：科学出版社.

周明儒，2015. 数学与音乐[M]. 北京：高等教育出版社.

MARQUES O，2013. 实用 MATLAB 图像和视频处理[M]. 章毓晋，译. 北京：清华大学出版社.

GILBERT STRANG, 1976. Linear algebra and its applications[M]. Pittsburgh: Academic Press.

第 3 章　概率与生活

17～18 世纪，数学获得了巨大的进步。随着人类的社会实践，人们需要了解各种不确定现象中隐含的必然性规律，并用数学方法研究各种结果出现的可能性，从而产生了概率论，并使之逐步发展成一门严谨的学科。概率论方法日益渗透到各个领域，并广泛应用于自然科学、经济学、医学、金融、保险及人文科学中。

概率论进入其他科学领域的趋势在不断发展。在物理方面，放射性衰变、粒子计数器、原子核照相乳胶中的径迹理论和原子核反应堆等研究，都要用到泊松过程和更新理论。在化学反应动力学方面，研究化学反应的时变率及影响时变率的因素，自动催化反应、单分子反应、双分子反应及一些连锁反应的动力学模型等，都要以生灭过程（马尔可夫过程）来描述。许多服务系统，如电话通信、机器损修、患者候诊、红绿灯交换、购货排队等，都可用一类概率模型来描述。在社会科学领域，特别是经济学中研究最优决策和经济的稳定增长等问题，也大量采用概率论方法。同时，它对各种应用数学如统计学、运筹学、生物学、经济学和心理学的数学化起着中心作用。

20 世纪以来，由于物理学、生物学、工程技术、农业技术和军事技术发展的推动，概率论飞速发展，理论课题不断扩大与深入，应用范围大大拓宽。在最近几十年中，概率论方法被引入各个工程技术学科和社会学科。为此，探讨概率论在生活中的应用很有必要。

3.1　概率论简介

如果追溯概率思想的产生，应该可以回到 2000 多年前的爱琴海岸，亚里士多德曾经表达过，现实世界中的一些现象总是这样就发生了，另一些现象发生的原因是不确定的，而这不确定性正是概率存在和发展的前提。但是在那个年代，这种不确定性更多地成了"神"的领地、人类的禁区，没有人知道应当如何去面对这种不确定性。有意思的是，虽然有这种不确定性，古希腊人也用抽签决定一些争端，但是不知道隐含在等概率条件下的公平在他们的脑海中是怎样的形象。

真正开始引起人们对这种不确定性的认识，是从赌博开始的。17 世纪中叶，法国出现了对赌博问题的研究，也正是对这个问题的研究，推动了数学的发展，使一门崭新的学科——概率论诞生。1654 年法国著名数学家帕斯卡（Pascal，1623—1662）给费马（Fermat，1601—1665）写信，商量如何解决其好友德梅雷（de Mere，1610—1684）提出的关于赌金分配等概率问题。17 世纪中叶，荷兰数学家惠更斯（C. Huygens，1629—1695）也试图解决帕斯卡与费马通信中所提出的问题，撰写了《论赌博中的计算》一书，建立了概率和数学期望等重要概念，揭示了它们的性质和演算方法，这是最早的概率论著作。这些数学家的著述中所出现的第一批概率论概念与定理，标志着概率论的诞生。

到 18 世纪，有不少数学家从事概率的研究。瑞士著名数学家雅科布·伯努利（J. Bernoulli，1654—1705）的巨著《精度术》是一项重大的成就。在这部著作中，伯努利提出了新的概念和定理，尤其是论证了概率论的重要定律之一的"大数定理"，使建立在经验之上的频率稳定性推测进一步理论化。从此，由对特殊问题的求解，发展到了一般理论概括，为概率论这门学科的成熟奠定了基础。继伯努利之后，法国数学家棣莫弗（de Moivre，1667—1754）在其著作《机会的学说》（*The doctrine of chances*，1718，伦敦出版）中提出了概率乘法法则，以及"正态分布"和"非正态分布"的概念，为概率论的"中心极限定理"的建立奠定了基础。

19 世纪初期，法国数学家拉普拉斯（Laplace，1749—1827）的经典著作《概率论的解析理论》总结了这一时代的研究，这部巨作明确表述了概率的基本定义和定理，严格地证明了棣莫弗-拉普拉斯定理，建立了误差理论和最小二乘法，研究了广泛的统计问题。后来德国数学家高斯（Gauss，1777—1855）和法国数学家泊松（Poisson，1781—1840）等人进一步发展了概率论，高斯确立了最小二乘法的误差论的基础，泊松推广了大数定理引入十分重要的"泊松分布"。19 世纪后期，极限理论成为概率论研究的核心课题，俄国著名数学家切比雪夫（Chebyshev，1821—1894）在此方面做出了重大贡献。他建立的大数定律，推广了棣莫弗-拉普拉斯极限定理。19 世纪末，一方面，概率论在统计物理等领域的应用提出了对概率论基本概念与原理进行解释的需要；另一方面，科学家们在这一时期发现的一些概率论悖论也揭示出古典概率论中基本概念存在的矛盾与含糊之处。

概率论的创立与发展极大地推动了数学思想和方法的发展，尤其是形成了独具特色的概率论的思想和方法，推进概率论的应用和生活中概率问题的解决方法。

3.2　生活中的概率

概率论这一来自生活的典型问题，经过几代数学家们的努力，不但将其理论发展到一个空前的规模，更将它应用到了生活中的方方面面。

3.2.1　古典概型及其应用

古典概型也称传统概率，其定义是由法国数学家拉普拉斯提出的。如果一个随机试验所包含的基本事件是有限的，且每个基本事件发生的可能性均相等，这个随机试验称为拉普拉斯试验，这种条件下的概率模型称为古典概型。

如果一次试验中可能出现的结果有 n 个，而且所有结果出现的可能性都相等，那么每一个基本事件的概率都是 $\frac{1}{n}$；如果某个事件 A 包含的基本事件有 m 个，那么事件 A 的概率为

$$P(A) = \frac{m}{n} = \frac{A\,包含的基本事件的个数m}{基本事件的总数n}$$

1. 福利彩票"双色球"问题

中国福利彩票"双色球"游戏规则：双色球投注区分为红色球号码区和蓝色球号码区，红色球号码区由 1～33 共三十三个号码组成，蓝色球号码区由 1～16 共十六个号码组成。投注时选择 6 个红色球号码和 1 个蓝色球号码组成一注进行单式投注，每注金额人民币 2 元。奖级、中奖条件和单注奖金见表 3-1。

表 3-1　中国福利彩票"双色球"奖级、中奖条件和单注奖金

奖级	中奖条件	单注奖金
一等奖	投注号码与当期开奖号码全部相同（顺序不限，下同）	当奖池资金低于 1 亿元时，奖金总额为当期高奖级奖金的 75%与奖池中累积的资金之和，单注奖金按注均分，单注最高限额封顶 500 万元。当奖池资金高于 1 亿元（含）时，奖金总额包括两部分：一部分为当期高奖级奖金的 55%与奖池中累积的资金之和，单注奖金按注均分，单注最高限额封顶 500 万元；另一部分为当期高奖级奖金的 20%，单注奖金按注均分，单注最高限额封顶 500 万元
二等奖	投注号码与当期开奖号码中的 6 个红色球号码相同	奖金总额为当期高奖级奖金的 25%，单注奖金按注均分，单注最高限额封顶 500 万元
三等奖	投注号码与当期开奖号码中的任意 5 个红色球号码和1个蓝色球号码相同	单注奖金固定为3000 元
四等奖	投注号码与当期开奖号码中的任意 5 个红色球号码相同，或与任意 4 个红色球号码和1个蓝色球号码相同	单注奖金固定为200 元
五等奖	投注号码与当期开奖号码中的任意 4 个红色球号码相同，或与任意 3 个红色球号码和1个蓝色球号码相同	单注奖金固定为10 元
六等奖	投注号码与当期开奖号码中的 1 个蓝色球号码相同	单注奖金固定为5 元

解： 此问题的概率模型属于古典概型，"双色球"全部组合为

$$C_{33}^6 C_{16}^1 = \frac{33 \times 32 \times 31 \times 30 \times 29 \times 28}{1 \times 2 \times 3 \times 4 \times 5 \times 6} \times 16 = 17721088 \text{ （种）}$$

中一等奖的组合共有 $C_6^6 C_1^1 = 1$ 种，中一等奖的概率为

$$P_1 = \frac{1}{17721088} \approx 0.0000000564$$

中二等奖的组合共有 $C_6^6 C_{15}^1 = 15$ 种，中二等奖的概率为

$$P_2 = \frac{15}{17721088} \approx 0.000000846$$

中三等奖的组合共有 $C_6^5 C_{27}^1 C_1^1 = 162$ 种，中三等奖的概率为

$$P_3 = \frac{162}{17721088} \approx 0.00000914$$

中四等奖的组合共有 $C_6^5 C_{27}^1 C_{15}^1 + C_6^4 C_{27}^2 C_1^1 = 7695$ 种，中四等奖的概率为

$$P_4 = \frac{7695}{17721088} \approx 0.000434$$

中五等奖的组合共有 $C_6^4 C_{27}^2 C_{15}^1 + C_6^3 C_{27}^3 C_1^1 = 137475$ 种，中五等奖的概率为

$$P_5 = \frac{137475}{17721088} \approx 0.00776$$

中六等奖的组合共有 $C_6^2 C_{27}^4 C_1^1 + C_6^1 C_{27}^5 C_1^1 + C_{27}^6 C_1^1 = 1043640$ （种），中六等奖的概率为

$$P_6 = \frac{1043640}{17721088} \approx 0.0589$$

且中奖的组合共有1188988种，中奖概率为

$$P = \frac{1188988}{17721088} = 6.709\%$$

通过对本问题的研究，我们可以了解到，每 10000 注彩票，约有 671 注彩票（包括高等奖到低等奖）中奖，另外约有 9329 注彩票未能得到回报。假如每期都买 1 注（一个星期开奖 3 次），那么一年共买约 156 注，按照科学计算，若要中一等奖平均需要购买多少年呢？17721088÷156≈113597（年）！平均需购买 113597 年才能中一等奖。如果一次把"双色球"所有种类全部买完呢？则需要 17721088×2 元=35442176 元！3500 多万元才能中一个一等奖，最多也就能得到 1000 万元，就算加上所有的二、三、四、五、六等奖所有奖金也就 1400 万～2300 万元，损失 1200 万～2100 万元，而且还是税前的。明白"双色球"中奖有多难了吧。

由此可见，通过博彩来赚钱绝对是不划算的，从纯数学的角度来讲，当概率低于 1/1000 时，我们就可以忽略不计。在实际生活上，也只有极少数人中奖，购买者应保持平常心，决不能将它当作一种纯粹的投资，也不能把它视为纯粹的赌博。只能将其作为一种娱乐，也可以将此视为公益事业。作贡献、献爱心，达到"济困、助残、扶老、救孤"的目的，从而在购买彩票的活动中更具有理性。

2. 生日问题

对于很多概率问题（即使是非常简单的日常问题），人们也很难迅速得出正确的答案，这也是概率问题不同于其他日常数学问题之处。例如，如果需要保证至少两个人的生日为同一天的概率不小于 50%，最少需要多少人呢？

让我们先做一个小小的假设，来看看这个问题是如何解决的。首先假设一年有 365 天（将 2 月 29 日排除），接着假设所有随机选择的人在每一天出生的概率都是等可能的。先计算每个人都不在同一天出生的概率，然后用 1 减去这个数字得到所需概率。

先看看只有两个人的情况，第一个人可以是任意一天生日，第二个人只需要避开这一天生日就可以，概率是 $\frac{364}{365}$，所以两个人在同一天出生的概率为

$$P_2 = 1 - \frac{364}{365} = \frac{1}{365} \approx 0.003$$

然后再加一个人，其生日必须避开前面两个人的生日，概率变为 $\frac{363}{365}$，那么这三个人中有人在同一天生日的概率为

$$P_3 = 1 - \frac{364}{365} \times \frac{363}{365} \approx 0.01$$

通过这种方法我们计算 n 个人中有人是同一天生日的概率为

$$P_n = 1 - \frac{364}{365} \times \frac{363}{365} \times \cdots \times \frac{366-n}{365}$$

随着 n 的值不断变大，这个数字也迅速地变大（表 3-2）。当 n 分别等于 4、5、6、7 时，概率分别约为 0.02、0.03、0.04 和 0.06；当有 10 个人时，概率已经超过 0.1 了；当 n 等于 22 时，概率约为 0.48；当 n 等于 23 时，有人是同一天生日的概率约为 0.51。因此仅仅需要 23 个人就可以保证有人是同一天生日的事件发生的概率不少于 50%。

表 3-2 n 个人中有人是同一天生日的概率

人数 n/个	10	20	23	30	40	50	60	70
P_n/%	11.7	41.1	50.7	70.6	89.1	97.0	99.4	99.9

想象一下，我手边有 10 个班的花名册，每个班有 20~25 个学生。我需要核对有多少个班中有孩子跟我是同一天生日的。根据上面计算出来的结果，大概有 5 个班左右符合要求，但是事实出乎我的意料，一个班也没有。难道是我的运气太差了吗？

不是的，这个结果也应当在预料之中，计算一个人与另外一个人的生日相同的概率与计算某一个人是特定某一天生日的概率是完全不同的。计算 23 个人（不包括我）中有人与我是同一天生日的概率为

$$P(有人与我是同一天生日) = 1 - P(没人与我是同一天生日) = 1 - \left(\frac{364}{365}\right)^{23} \approx 0.06$$

得出来的结果与 0.51 相差甚远。那么至少要有多少人才能保证其中有人与我的生日是同一天的概率超过 0.5 呢？用 252 来代替 23 这个指数，计算出来的结果比 0.5 略小一些；用 253 来代替则结果刚好超过 0.5。因此，需要 253 个人才能保证其中有人和我的生日是同一天的概率超过 0.5，这个数字远远大于 23。

人们只注意到 23 和 253 都与 183 相去甚远，却没有注意到它们之间存在着有意思的联系，即

$$C_{23}^2 = 253$$

23 个人可以形成 253 个生日对，其中至少两人在同一天出生的概率约为 0.5。

3.2.2   条件概率及其应用

条件概率是指事件 A 在事件 B 发生的条件下发生的概率。条件概率表示为：$P(A|B)$，读作 "A 在 B 发生的条件下发生的概率"。若只有两个事件 A、B，那么

$$P(A|B) = \frac{P(AB)}{P(B)}$$

由此可得到乘法公式

$$P(AB) = P(A|B) \cdot P(B)$$

全概率公式：设事件组 $\{B_i\}$ 是样本空间 Ω 的一个划分，且 $P(B_i) > 0 (i = 1, 2, \cdots, n)$，则对任一事件 A，有

$$P(A) = \sum_{i=1}^{n} P(B_i) P(A|B_i)$$

贝叶斯公式：设事件组 $\{B_i\}$ 是样本空间 Ω 的一个划分，且 $P(B_i) > 0 (i = 1, 2, \cdots, n)$，则

$$P(B_i|A) = \frac{P(AB_i)}{P(A)} = \frac{P(B_i) \cdot P(A|B_i)}{\sum_{i=1}^{n} P(B_i) \cdot P(A|B_i)}$$

1. 抽签的公平性问题

在生活中，我们经常用抽签的方式来解决某些问题，如在进行某些演出活动时，组织者

安排每个节目的出场顺序，有时是用抽签的方式来确定的。有些公司在节日期间举行促销活动，为了吸引更多顾客参与，通常要安排抽奖活动。还有大家熟知的国际足联世界杯分组时也是采用抽签来决定的。试问，在这些活动中抽签对各（组）人来说是否公平合理呢？一般人认为，先抽占优势后抽吃亏，是这样吗？下面用概率知识来讨论这个问题。

让我们从一个"抽奖问题"说起：在 5 张外观完全相同的奖券中，有 1 张是中奖券，现有 5 人按照先后顺序从中各抽 1 张，请问这 5 人抽到中奖券的概率相同吗？这种抽奖方式是否合理？一般来说，我们会认为先抽的人比后抽的人占优势，所以都不愿意后抽。原因是大家误认为，第一个人抽到中奖券的概率是 1/5，如果第一个人抽到中奖券，那么后面四个人抽到中奖券的概率为 0。如果第二个人抽到中奖券，那么后面三个人抽到中奖券的概率为 0。相反，如果第一个人抽不到中奖券，那么第二个人抽到中奖券的概率是 1/4。如果第一、第二个人都没有抽到中奖券，那么第三个人抽到中奖券的概率是 1/3，如此下去，每个人抽到中奖券的概率不一样，顺序靠后的人就会觉得这种抽奖方式很不公平。

事实上不是这样，对于这五个人先后抽奖是否合理，让我们用概率知识来正确分析一下。因为第一个人是从 5 张奖券中去抽一张，且 5 张奖券中有一张是中奖券，所以第一个人抽到中奖券的概率显然是 1/5。

对于第二个人抽到中奖券的概率，则要把前面二人抽奖情况看作一个整体来分析，由独立事件的概率可知，在第一个人未抽到中奖券的情况下，第二个人抽到中奖券的概率应等于第一个人未抽到的概率 4/5 乘以第二个人抽到的概率 1/4，即第二个人抽到中奖券的概率是 1/5。

而对于第三个人抽到中奖券的概率，则要把前三个人看作一个整体来分析，还是由独立事件的概率可知，在第一、第二个人未抽到中奖券的情况下，第三个人抽到中奖券的概率等于第一个人未抽到的概率 4/5 乘以第二个人未抽到的概率 3/4 再乘以第三个人抽到的概率 1/3，结果还是 1/5。

通过类似分析，第四、第五个人抽到中奖券的概率均为 1/5，这说明 5 个人抽到中奖券的概率不论先后都是 1/5。由此我们说，这种抽奖方式对于先抽奖的人和后抽奖的人都一样，是合理的。

实际上，对上述问题也可以这样理解：我们把 5 张外观完全一样的奖券放入一个盒子中摇匀，让 5 个人依次去抽取，由于其中的一张中奖券被排在 5 个位置上的可能性是相同的，因此不管哪个位置抽到中奖券的可能性都是相等的，概率都是 1/5，即不论先抽、后抽，每个人抽到中奖券的概率都是相等的。

下面让我们再看一个摸球问题：有 1 个黑球和 9 个白球，它们除颜色不同外，形状大小都一样，把这 10 个球放入一个盒子中摇匀，由 10 个人依次摸出 1 个球，问每个人摸出黑球的概率是多少？对于这个问题，由等可能性事件的概率可知，在盒子中的这个黑球被排在 10 个位置中的每一个位置上的可能性是相同的，也就是说每个人不管排在什么顺序去摸球都有可能摸到黑球，每个人摸到黑球的概率都是 1/10，即每个人摸到黑球的概率相等。

我们学过抽样方法，由其中的抽签法可知从 n 个总体中抽取 m 个样本，每个个体被抽到的概率都是 $\dfrac{m}{n}$。抽奖也是同样道理，当 n 张奖票中有 m 张中奖票时，每个抽奖者抽到每张中奖票的概率都是 $\dfrac{m}{n}$。

事实说明，在生活中遇到的抽签、抽奖活动，只要组织者的操作过程是真实公平的，那么这个活动对于每个参与者来说都是公平合理的。

2. 疾病预测问题

应用各种实验室器材、医疗仪器对患者进行检查，目的是对疾病作出诊断或者用于疾病筛检的试验，称为诊断试验。贝叶斯公式可以进一步延伸应用于多项不同的试验（或研究）资料，对具有某些特征（如年龄、性别、症状、某种特殊检查的变量值等）的人预测其有无某病的概率，从而有助于临床医生提高诊断水平。

资料显示，某项艾滋病血液检测的灵敏度（有病的人检查为阳性）为95%，而对于没有得病的人，这种检测的准确率（没有病的人检查为阴性）为99%。某国是一个艾滋病比较流行的国家，估计大约一千个人中有一个人患有此病。为了能有效地控制、减缓艾滋病的传播，几年前有人建议对申请婚姻登记的新婚夫妇进行艾滋病血液检查。该计划提出后，在征询专家意见时，遭到专家的强烈反对，计划没有被通过。

我们用贝叶斯公式分析专家为何反对这项计划。设 $A=\{$检查为阳性$\}$，$B=\{$一个人患有艾滋病$\}$，据上文叙述可知

$$P(B) = 0.001, \quad P(A|B) = 0.95,$$
$$P(\bar{B}) = 1 - 0.001 = 0.999,$$
$$P(A|\bar{B}) = 1 - 0.99 = 0.01$$

根据贝叶斯公式，有

$$P(B|A) = \frac{P(AB)}{P(A)} = \frac{P(B)P(A|B)}{P(B)P(A|B) + P(\bar{B})P(A|\bar{B})}$$
$$= \frac{0.001 \times 0.95}{0.001 \times 0.95 + 0.999 \times 0.01} \approx 0.087$$

也就是说，被检测患有艾滋病而此人确实患有该病的概率大约为 0.087。这个结果使人难以相信，好像与实际不符。从资料显示来看，这种检测的精确性似乎很高。因此，一般人可能猜测，如果一个人检测为阳性，他患有艾滋病的可能性很大，应在 90% 左右，然而计算结果却仅为 8.7%。如果通过这项计划，势必给申请登记的新婚夫妇带来不必要的恐慌。因为约有 91.3% 的人并没有患艾滋病。为什么会出现与直觉如此相悖的结果呢？这是因为人们忽略了一些基础信息，就是患有艾滋病的概率很低，仅为 1‰。因此，在检测出呈阳性的人中大部分是没有患艾滋病的。具体地说，若从该地随机抽取 1000 个居民，则根据经验概率的含义，这 1000 个居民中大约有 1 人患有艾滋病，999 人未患艾滋病。检查后，大约有 $1 \times 0.95 + 999 \times 0.01 = 10.94$ 个人检查为阳性，而在这个群体中真正患有艾滋病的仅有 1 人，因此有必要进行进一步的检测。

但是，我们也应该注意到，这项检测还是提供了一些新的信息。计算结果表明，一个检测结果呈阳性的人患有艾滋病的概率从最初的 0.001 增加到了 0.087，这是原来患有艾滋病概率的 87 倍。

进一步计算，得到检查呈阴性而患艾滋病的概率为

$$P(B|\bar{A}) = \frac{P(\bar{A}B)}{P(\bar{A})} = \frac{P(B)P(\bar{A}|B)}{P(B)P(\bar{A}|B) + P(\bar{B})P(\bar{A}|\bar{B})}$$

$$= \frac{0.001 \times 0.05}{0.001 \times 0.05 + 0.999 \times 0.99} \approx 0.000051$$

因此，通过这项检测，检查呈阴性的人大可放宽心，他患有艾滋病的概率已从 1‰降低到 0.051‰。

3.2.3　数学期望与方差及其应用

1654 年，有一个法国赌徒德梅雷遇到了一个难解的问题：德梅雷和他的一个朋友每人出 30 个金币，两人谁先赢满 3 局谁就得到全部赌注。在游戏进行了一会儿后，德梅雷赢了 2 局，他的朋友赢了 1 局。这时候，由于一个紧急事情游戏不得不停止。他们该如何分配赌桌上的 60 个金币的赌注呢？

德梅雷的朋友认为，既然他接下来赢的机会是德梅雷的一半，那么他该拿到德梅雷所得的一半，即他拿 20 个金币，德梅雷拿 40 个金币。然而德梅雷争执道：再掷一次骰子，即使他输了，游戏是平局，他最少也能得到全部赌注的一半——30 个金币；但如果他赢了，就可拿走全部的 60 个金币。在下一次掷骰子之前，他实际上已经拥有了 30 个金币，他还有 50%的机会赢得另外 30 个金币，所以，他应分得 45 个金币。赌注究竟如何分配才合理呢？

后来德梅雷把这个问题告诉了当时法国著名的数学家帕斯卡，这居然也难住了帕斯卡，因为当时并没有相关知识来解决此类问题，而且两人说的似乎都有道理。帕斯卡又写信告诉了另一个著名的数学家费马，于是在这两位伟大的法国数学家之间开始了具有划时代意义的通信，在通信中，他们最终正确地解决了这个问题。他们设想：如果继续赌下去，德梅雷（设为甲）和他朋友（设为乙）最终获胜的机会如何呢？他们俩至多再赌 2 局即可分出胜负，这 2 局有 4 种可能结果：甲甲、甲乙、乙甲、乙乙。前三种情况都是甲最后取胜，只有最后一种情况才是乙取胜，可见，虽然不能再进行比赛，但依据上述可能性推断，甲、乙双方最终胜利的客观期望分别为 75%和 25%，因此甲应分得奖金的 $60 \times 75\% = 45$ 个金币，乙应分得奖金的 $60 \times 25\% = 15$ 个金币（虽然德梅雷的计算方式不一样，但他的分配方法是对的）。这个故事里出现了"期望"这个词，数学期望由此而来。

1. 数学期望与方差

设离散型随机变量 X 的分布律为

$$P\{X = x_i\} = p_i, i = 1, 2, \cdots$$

若级数

$$\sum_{i=0}^{\infty} x_i p_i$$

绝对收敛，则称此级数为X的数学期望，记作$E(X)$，即

$$E(X) = \sum_{i=0}^{\infty} x_i p_i$$

所以，随机变量X的数学期望等于X所有取值与其概率乘积之和。

设 X 为一随机变量，如果 $E\{[X - E(X)]^2\}$ 存在，则称为 X 的方差，记作 $D(X)$，即

$$D(X) = E\{[X - E(X)]^2\}$$

并称 $\sqrt{D(X)}$ 为 X 的标准差和均方差。

2. 老王的选择

老王现在有 10 万元闲置现金，准备存到银行，银行的利息为 1750 元/年，这时小刘给他介绍了三种理财产品，三种理财产品的年收益情况如图 3-1 所示。

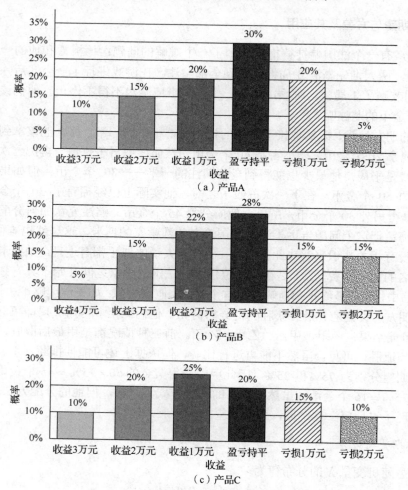

图 3-1 不同理财产品的年收益情况

试想：如果老王的选择标准是"高收益"或"低风险"或"高收益与低风险"，应该选择哪个理财产品？

首先，用数学期望来量化预期收益，对于理财产品 A，收益 X 的概率分布为

X/万元	3	2	1	0	−1	−2
P	0.10	0.15	0.20	0.30	0.20	0.05

$$E(X) = 3 \times 0.10 + 2 \times 0.15 + 1 \times 0.20 + 0 \times 0.30 + (-1) \times 0.20$$
$$+ (-2) \times 0.05 = 0.50 \text{（万元）}$$

对于理财产品 B，收益 Y 的概率分布为

Y/万元	4	3	2	0	−1	−2
P	0.05	0.15	0.22	0.28	0.15	0.15

$$E(Y) = 4 \times 0.05 + 3 \times 0.15 + 2 \times 0.22 + 0 \times 0.28 + (-1) \times 0.15$$
$$+ (-2) \times 0.15 = 0.64 \text{（万元）}$$

对于理财产品 C，收益 Z 的概率分布为

Z/万元	3	2	1	0	-1	-2
P	0.10	0.20	0.25	0.20	0.15	0.10

$$E(Z) = 3 \times 0.10 + 2 \times 0.20 + 1 \times 0.25 + 0 \times 0.20$$
$$+ (-1) \times 0.15 + (-2) \times 0.10 = 0.60 \text{（万元）}$$

为追求"高收益"，应选 B 产品。

其次，用方差评估风险，对于理财产品 A，有

$$D(X) = (3 - 0.5)^2 \times 0.10 + (2 - 0.5)^2 \times 0.15 + (1 - 0.5)^2 \times 0.20 + (0 - 0.5)^2$$
$$\times 0.30 + (-1 - 0.5)^2 \times 0.20 + (-2 - 0.5)^2 \times 0.05 = 1.85$$

对于理财产品 B，有

$$D(Y) = (4 - 0.64)^2 \times 0.05 + (3 - 0.64)^2 \times 0.15 + (2 - 0.64)^2 \times 0.22 + (0 - 0.64)^2$$
$$\times 0.28 + (-1 - 0.64)^2 \times 0.15 + (-2 - 0.64)^2 \times 0.15 = 3.37$$

对于理财产品 C，有

$$D(Z) = (3 - 0.60)^2 \times 0.10 + (2 - 0.60)^2 \times 0.20 + (1 - 0.60)^2 \times 0.25 + (0 - 0.60)^2$$
$$\times 0.20 + (-1 - 0.60)^2 \times 0.15 + (-2 - 0.60)^2 \times 0.10 = 2.14$$

为追求"低风险"，应选 A 产品。

最后，用收益增幅/风险增幅来综合决策。与产品 A 比较，产品 B 收益增幅为 28%，风险（标准差）增幅为 35.3%，收益增幅与风险增幅之比约为 0.8；产品 C 收益增幅为 20%，风险（标准差）增幅为 7.4%，收益增幅与风险增幅之比约为 2.7（表 3-3）。为追求"高收益与低风险"，应选 C 产品。

表 3-3　不同理财产品收益增幅/风险增幅情况

产品	收益（数学期望）/万元	风险（方差）	风险（标准差）
A	0.50	1.85	1.36
B	0.64	3.37	1.84
C	0.60	2.14	1.46

3.2.4　37%法则在生活中的应用

先说一个哲学家苏格拉底和柏拉图的故事。有一天，柏拉图来问老师，什么是爱情？苏格拉底没有回答，以一个哲人独有的狡黠给柏拉图布置了一个任务，看到那片麦田了吗？从里面摘出一个最大最好的麦穗。但只能摘一次，而且不能回头。柏拉图第一次走进麦田，他发现很多很好的麦穗，他摘下了他看到的第一个比较大的麦穗，然后继续往前走，却沮丧地发现自己越走越失望，前面还有不少更好的，但是他却不能再摘了。走出麦田，苏格拉底告诉他，这种选择叫作"后悔"。柏拉图第二次走进麦田，他依然发现很多很好的麦穗，但是这一次他吸取教训——前面一定有更好的。他一直向前走，直到发现自己差不多走出了麦田。按照规则，他回不去了，而他刚刚错过了最好的麦穗。柏拉图走出麦田，看到不怀好意的苏格拉底对他笑。苏格拉底早就知道自己会这么干，他对随便摘下一个麦穗的柏拉图说，这种选择叫作"错过"。柏拉图第三次走入麦田，这一次他该如何做选择呢？

　　柏拉图的问题，其实就是我们面临的选择问题。面对职业、爱情和机会，往往第一次"后悔"，第二次"错过"，但是永远不能后退。如果既不想后悔，又不想错过，那么什么样的心智模式能够帮助我们做最出好的选择呢？

　　假设你是一个公主，有 100 位王子远道而来向你求亲。每一个王子都带来了一箱彩礼。他们只会与你见一次面，打开他们的箱子，展示他们丰富的彩礼。而你需要马上回答，是否愿意，否则他们就会离开再也不回来。假设你这个公主是个大财迷，加上王子都蒙着脸，无法分辨。所以你完全不考虑外貌，只希望收到最多的礼金，这个情况下，你的决策模式是什么样的呢？

　　与苏格拉底故事类似，如果你一开始就选择，那么很容易陷入后悔模式，后面的王子也许更有钱呢？如果你一开始就观察，那么就很容易错过最好的王子。他们可能再也不回来了！

　　可以先试试前面几个王子的彩礼，大致摸清王子们的底细后，再开始认真考虑，选择第一个比之前所有王子彩礼都要多的王子。从数学模型上说，就是先拒掉前面 k 个人，不管这些人有多少彩礼；然后从第 $k+1$ 个人开始，一旦看到比之前所有王子彩礼都要多的王子，就毫不犹豫地选择他。不难看出，k 的取值很讲究，太小了达不到试的效果，太大了又会导致真正可选的余地不多了。这就变成了一个纯数学问题：在王子总数 n 已知的情况下，当 k 等于何值时，按照上述策略选中最佳王子的概率最大？

　　对于某个固定的 k，如果最适合的人出现在了第 i 个位置（$k<i\leq n$），要想让他有幸正好被公主选中，就必须得满足前 $i-1$ 个人中的最好的王子在前 k 个人里，这有 $\dfrac{k}{i-1}$ 的可能。考虑所有可能的 i，我们便得到了试探前 k 个王子之后能选中最佳王子的总概率 $P(k)$。

$$P(k) = \sum_{i=k+1}^{n} \frac{1}{n}\frac{k}{i-1} = \frac{k}{n}\sum_{i=k+1}^{n}\frac{1}{i-1}$$

用 x 来表示 $\dfrac{k}{n}$ 的值，并且假设 n 充分大，则上式可以写成

$$P(k) = x\int_{x}^{1}\frac{1}{t}\mathrm{d}t = -x\ln x$$

　　对 $-x\ln x$ 求导，并令这个导数为 0，可以解出 x 的最优值，它就是欧拉研究的神秘常数的倒数——$\dfrac{1}{e}$。由于 $\dfrac{1}{e}$ 大约等于 37%，因此这条爱情法则也叫作 37% 法则。

　　现在，你知道了 37% 法则是你作为一个理性的人在这个不确定的世界中所能做的最佳策略，那么你可以没有那么多纠结和痛苦了。我们生活中的其他选择也是一样。打破"后来"模式的最好方法，就是在进入未知领域的时候，给自己一个不做选择、先进行观察的空间和底线，在这个之前，不要做抉择，一旦过了这个底线，那就大胆地开始选择。这就是最好的"选择"模式。

参 考 文 献

孙荣恒，2004. 趣味随机问题[M]. 北京：科学出版社.

PETER OLOFSSON，2014. 生活中的概率趣事[M]. 赵莹，译. 北京：机械工业出版社.

SHELDON M. ROSS，2018. 概率论基础教程[M]. 9 版. 童行伟，梁宝生，译. 北京：机械工业出版社.

WILLIAM FELLER，2006. 概率论及其应用[M]. 胡迪鹤，译. 北京：人民邮电出版社.

第 4 章　无处不在的电磁波

19 世纪之前，电学和磁学是两门独立的学科，电和磁之间互不关联。指南针作为中国古代四大发明之一，是我国古代磁学的主要成就。1821 年，奥斯特发现了电流的磁效应。此后，人们逐渐认识到电与磁之间的联系，电磁学从此开始发展起来。英国物理学家麦克斯韦在前人的基础上，建立了统一的电磁场理论，并预言了电磁波的存在。1888 年，德国物理学家赫兹在实验中首次证实了这一预言。从 1895 年第一个实用的无线电报系统的建立开始，电磁波的应用得到了飞速的发展。目前，随着科学技术的进步，电磁波已在通信和遥感、军事、医学、基础科学研究等诸多领域得到了广泛的应用。

4.1　电和磁的一些现象

4.1.1　琥珀与磁石

自古以来，人们就知道许多电磁现象，如磁铁、琥珀具有吸引物体的能力。在我国西汉末年，《春秋纬•考异邮》中记载了"玳瑁吸裙（芥）"的现象。东汉时期，王充在《论衡•乱龙篇》中写道，"顿牟掇芥，磁石引针"。可见，汉代人已经发现琥珀经摩擦后会产生静电，吸引轻小的物体。

磁石吸铁早在春秋战国时期就已经被我们的祖先所认识，古人在探寻铁矿的时候经常遇到磁铁矿，即磁石（主要成分是 Fe_3O_4）。在《管子》中就有这样的记载："上有慈石者其下有铜金。"战国末期《吕氏春秋》中有 "慈招铁，或引之也" 的记载，更明确地指出磁石具有吸铁的性质。到了秦朝，磁石吸铁的性质得到了广泛的应用，如《三辅黄图》上记载，秦始皇统一中国后，屡次遭到政敌的谋刺，于是在建造阿房宫时，特别命工匠用磁石修筑北阙门，目的就是利用磁石吸铁的性质防备刺客暗藏铁器进宫行刺。

在汉代，人们进一步发现磁石不能吸引铁以外的物体。例如，《淮南子》中有："若以慈石能运铁也，而求其引瓦，则难矣。"还有："慈石能引铁，及其于铜，则不行也。"显然，这些知识是在科学实验的基础上获得的。汉代人还做了磁石相互吸引、排斥的有趣实验。《淮南万毕术》记载 "慈石提棋"，描述了磁石同性相斥、异性相吸的现象。指南针是中国古代的四大发明之一，它对人类科技和文明的发展起到了不可估量的作用，特别是对世界的航海事业做出了巨大的贡献。

虽然我国古代很早就对电和磁的现象有了一定的了解，但是没有进行系统的科学研究。直到 1600 年，英国人吉尔伯特在《论磁》一书中，清楚地区分了电现象和磁现象，指明琥珀、玻璃、宝石和石蜡等受到摩擦后产生的力是静电力，与磁石的磁力完全不同。从此，人们对电和磁的现象开始了更加科学系统的认识。

4.1.2　静电

绝大部分物质是由原子组成的，原子由质子、中子和电子组成。中子显电中性，而质子带正电，电子带负电。通常，一个原子的质子数量与电子数量是相同的，正电荷和负电荷平衡，所以整体表现出不带电的现象。但是受到外界作用会使原子的正负电荷不平衡，如摩擦。有些情况下，不摩擦也能产生静电，如感应起电。材料的绝缘性越好，越容易产生静电。

静电在日常生活中会给我们带来一些危害，这些危害大致可分为三类。第一类是带电体的静电互相作用。例如，在飞机机体与空气、水汽、灰尘等微粒摩擦时会导致飞机带电，若不采取措施，将严重干扰飞机上无线电设备的正常工作。在印刷厂里，纸页之间的静电会使纸页粘在一起，难以分开。第二类是静电吸附作用。空气中的灰尘容易因静电作用吸附在其他物体上，例如，在制药厂里，尘埃吸附到药品上，使药品达不到标准的纯度；灰尘吸附到电视屏幕上，降低图像的清晰度和亮度；灰尘吸附在混纺衣服上，难以洗涤。第三类是静电作用时产生的电火花，它的危害性更大，很可能因静电火花点燃某些易燃物体而发生爆炸。例如，尼龙、毛料衣服摩擦时发出火花和"啪啪"的响声，这在生活中对人体基本无害，但在手术台上，电火花会引起麻醉剂的爆炸，直接伤害医生和病人；在采煤作业中，则会引起瓦斯爆炸，导致工人死伤，矿井报废。

静电危害不容忽视，必须防患于未然。防止产生静电的措施中，最简单且最可靠的办法是用导线将设备接地，将电荷引入大地，避免静电累积。例如，在飞机的两侧翼尖及飞机的尾部都装有放电刷，飞机起落架通常使用特制的接地轮胎或接地线，目的是将飞机在空中所产生的静电荷引入大地，防止乘客下飞机时被电击。再如，油罐车的尾部常常拖着一条铁链，即车的接地线。另外，适当增加环境湿度，可有效地消除静电。科研人员研究的抗静电剂，也能很好地消除绝缘体内部的静电。

任何事物都具有两面性，静电也在我们的生活中得到了广泛的应用，并服务于人类。例如，静电印花、静电喷涂、静电除尘、淡化海水、喷洒农药、人工降雨、低温冷冻、宇宙飞船上的静电加料器等。

生物领域中蜘蛛的捕食也离不开静电作用。2013年7月，《科学报告》(*Scientific Reports*)中的一篇文章指出，蜘蛛具有神奇的捕猎能力，结出的蜘蛛网可以通过静电力来捕食猎物。一些昆虫（如蜜蜂）在拍打翅膀的时候会产生静电力，蜘蛛丝上的特殊功能可通过静电力把昆虫"吸"到网上，而后利用蜘蛛网的黏性将昆虫困住。

4.1.3　地磁场

地球周围存在着磁场，称为地磁场。地磁场的磁南极大致指向地球地理北极附近，磁北极大致指向地理南极附近。海龟、鲸鱼和很多鸟类都是基于磁场来辨别方向的。地磁场通常不会发生变化，但当太阳黑子活动剧烈的时候，会喷射出大量带电粒子，辐射到地球上形成强大的磁场，并且叠加到地磁场上，引起"磁暴"现象的发生。磁暴会引发地球上许多奇异的现象，如北极光的产生、指南针的摇摆不定、无线电短波广播的突然中断、鸽子的迷失方向等。地磁场可以保护生物免遭宇宙射线和高能带电粒子的辐射危害，是天然的保护伞。

4.2　电磁感应

4.2.1　电生磁

1820年4月，丹麦物理学家汉斯·奥斯特（Hans Orsted）在上课时，无意中让通电的导线靠近指南针，突然发现电流接通时，附近的小磁针转动了一下。这个现象并没有引起在场其他人的注意，但奥斯特是个细心人，他紧紧抓住这个现象，历经 3 个月，反复进行了 60 多次实验。结果发现，如果在直导线附近（导线需要南北放置）放置一枚小磁针，当导线中有电流通过时，磁针发生偏转；而当导线中无电流时，小磁针不发生偏转；电流所产生的磁力方向与电流方向相关。电流周围能够产生磁场，磁场对小磁针的作用力使小磁针发生转动，奥斯特发现的这一现象称作电流的磁效应。电流磁效应的发现，打破了长期以来人们认为电与磁不可能相互作用的观点，揭开了人们研究电与磁之间相互关系的序幕。

　　奥斯特的发现轰动了整个欧洲，对法国学术界的震动最大。法国物理学家阿拉果（Arago）在瑞士听到了奥斯特发现电流磁效应的消息，十分敏锐地感到这一成果的重要性。他于同年 9 月 11 日向法国科学院报告了奥斯特的这一最新发现，在法国科学界引起了很大反响。其中，法国物理学家安德烈·马利·安培（André Marie Ampère）对此做出了异乎寻常的反应，第二天即重复了奥斯特的实验，并加以发展，用短短一周时间就发现了磁针转动方向与电流方向服从右手定则。

　　奥斯特实验揭示了一个十分重要的本质：电流周围存在磁场，电流是电荷定向运动产生的，且磁场的方向与电流的方向有关，所以通电导线周围的磁场实质上来源于运动电荷，即变化的电场产生磁场。

4.2.2　磁生电

　　奥斯特的发现说明电流能够产生磁场，科学家推测磁场可能也会产生电流。许多人为此做了很多实验，但是磁的电流效应并未立即被发现，直到 10 年后，英国物理学家迈克尔·法拉第（Michael Faraday）和美国物理学家约瑟夫·亨利（Joseph Henry）完成了这一壮举。

　　1831 年 8 月 29 日，法拉第设计了一个实验，他在一个软铁环上绕了两段线圈，一段线圈与电池相连，另一段则与电流计相连。他发现，当电池接通时，电流计指针产生强烈的振荡，但不久就恢复到零位；当电池断开时，电流计又发生同样的现象。法拉第起初不明白这里的含义，9 月 24 日他将与电流计相连的线圈绕在一个铁圆筒上。发现当磁铁接近或离开圆筒时，电流计都有短暂的反应，这表明磁确实可以产生电，虽然只是短暂的。随后法拉第又做了多种实验，建立了电磁感应定律。

　　感应电流的发现有着重大的意义，意味着切割磁感线的运动导体可以不间断地获得电流，即变化的磁场产生电场。这一发现使人们制造发电机成为可能。据说法拉第在发现电磁感应定律之后不久，就做成了一个模型发电机。

　　其实，亨利比法拉第发现电磁感应现象要早一年。但是，当时世界科学的中心在欧洲，亨利正在集中精力制作更大的电磁铁，没有及时发表实验成果。因此，发现电磁感应现象的功劳就归于及时发表了成果的法拉第。亨利还为发明电报机、继电器等做出了很大贡献，人们没有忘记这些杰出的贡献，为了纪念亨利，用他的名字命名了自感系数和互感系数的单位，简称"亨"。

4.2.3　电磁感应的应用

1. 手摇发电机

　　1832 年，法国人毕克西发明了手摇式直流发电机，其原理是通过转动永磁体使穿过线圈的磁通量发生变化而在线圈中产生感应电动势，并把这种电动势以直流电压形式输出。手摇发电机可在野外作业、拯救行动、自然灾害、生存训练、应急通信、长期缺电、旅游、应急用电等情况下使用。它主要为小功率通信电台、对讲机、笔记本电脑、手机、摄像机、数码相机、便携移动电视、DVD、收音机、手电照明、各类灯具、电动工具、汽车、各类测量仪器等便携式产品供电或充电。

2. 磁悬浮列车

磁悬浮列车利用的是电磁感应原理，在列车的车身上安装超导电磁铁，为了实现磁铁之间的相互排斥，在轨道上也需要铺设磁铁，但是把磁铁铺满轨道的做法很不现实，因此人们想到用线圈代替磁铁铺设到轨道上。这些线圈并不需要通电。当列车处于悬浮状态的时候，如果车身下降，车载电磁铁的磁场也会同时下降，于是，穿过轨道上的线圈的磁通量就会增加，从而在这些线圈中诱发感应电流。根据楞次定律，感应电流的方向与车载电磁铁内电流的方向相反，所以在两个线圈之间出现排斥力，这些排斥力将托起列车。反过来，如果车身上升，在轨道上的线圈又会诱发与上述情形相反的感应电流，从而拉住列车。

综上所述，列车将始终保持在适当的高度上。电磁感应原理在磁悬浮技术中得到了精彩的应用。

3. 电磁炉

做饭的时候，人们常常用到木柴、煤气及电热器（电烤箱、电饭煲），它们利用的都是发热的原理。但是，在电磁炉中，我们却看不到火苗或加热器，这是什么原理呢？下面讨论一下台面并不发热却能加热食品的电磁炉的工作原理。

在电磁炉的内部安装着形状类似于盘状蚊香的线圈，线圈里通着 20000Hz 以上的交变电流，它的磁力线能够贯穿锅底，锅必须用铁或者不锈钢等能够吸引磁感线的铁磁体制成，而不能用铝。根据电磁感应原理，激烈变化的磁场在锅底内部感应出涡电流，流动于锅底内部的涡电流受到电阻的阻碍转变成焦耳热，从而加热锅体。

电磁炉是一种不排废气而且能量转换效率非常高的烹饪工具（同样是热效率，煤气为50%，电热器略高于50%，而电磁炉为80%）。

4. 动圈式话筒

在剧场，为了使观众能听清演员的声音，常常需要把声音放大。放大声音的装置主要包括话筒、扩音器和扬声器三部分。其中，话筒是把声音转变为电信号的装置。动圈式话筒的音质好，不需要电源供给。它的原理是，声波使连接金属膜片的线圈在永久磁铁的磁场里振动，产生感应电流（电信号），感应电流的大小和方向都变化，变化的振幅和频率由声波决定，这个信号电流经扩音器放大后传给扬声器，从扬声器中就发出放大的声音。

5. 磁带录音机

磁带录音机目前几乎已被淘汰，录音时，声音在话筒中产生感应电流（音频电流），音频电流会随声音而变化，经过电路放大后，进入录音磁头的线圈中，在磁头的缝隙处产生磁场，这个磁场会随音频电流变化而变化。磁带紧贴着磁头缝隙移动，磁带上的磁粉层会被磁化，在磁带上就会记录下声音的磁信号。放音时，磁带紧贴着放音磁头的缝隙通过，磁带上变化的磁场会使放音磁头线圈中产生感应电流，感应电流的变化与记录的磁信号相同，所以线圈中产生的是录音时候的音频电流，这个电流经放大电路放大后，传到扬声器，扬声器把音频电流还原成声音。

　　6. 变压器

　　变压器也是利用电磁感应现象制成的，可以将电能转换成高电压低电流形式，然后再转换回去，可大大减少电能在输送过程中的损失，使电能的经济输送距离达到更远。

4.3　电　磁　波

4.3.1　电磁波的发现

　　法拉第的创造性工作奠定了电磁学的物理基础，但是没有用精确的数学语言表达出来。当时，分析力学发展迅速，电磁学领域每取得一个突破性的定律，就有数学家将它用严密精确的数学公式数字化，库仑定律、安培定律和法拉第电磁感应定律都很快被表述成一般的数学形式。

　　英国物理学家、数学家詹姆斯·克拉克·麦克斯韦（James Clerk Maxwell）在前人的基础上，将电生磁和磁生电的理论统一起来。1864 年，麦克斯韦在哲学杂志上发表了一篇论文，给出了非常著名的"麦克斯韦方程组"，同时提出电磁波的概念。他认为变化的电场能够激发磁场，变化的磁场又能激发电场，这种变化着的电场和磁场共同构成了统一的电磁场，电磁场以横波的形式在空间中传播，形成了电磁波。

　　麦克斯韦不仅预言了电磁波的存在，还推算出了电磁波的传播速度，电磁波在真空中的传播速度约为 $3×10^8$m/s，与光速十分接近。他猜测光与电磁现象有着内在的联系，在建立了完整的电磁理论后，便提出了光的电磁理论。

　　电磁波的发现也离不开另一位科学家的贡献。1886 年，德国物理学家亨利希·鲁道夫·赫兹（Heinrich Rudolf Hertz）通过实验首次证明了麦克斯韦对电磁波预言的正确性，也为无线电波的利用开辟了道路。

4.3.2　电磁波谱

　　许多科学家通过实验发现，光是一种电磁波，而且存在多种形式。它们的本质完全相同，只是波长和频率存在较大的差异。将这些电磁波按照波长或频率的顺序排列起来，即电磁波谱。将电磁波按照每个波段的频率由低至高依次排列，分别是无线电波（包含微波）、红外线、可见光、紫外线、X 射线和 γ 射线。其中，X 射线和 γ 射线具有放射性。另外，电磁波属于横波。

　　无线电波的波长从 3000m 到 10^{-3}m，一般的电视、无线电广播、手机等使用的波段就是无线电波。微波的波长从 1m 到 0.1cm，多用于雷达。红外线的波长为 $10^{-3}\sim7.6×10^{-7}$m。可见光的波长为 $7.8×10^{-7}\sim3.8×10^{-7}$m。紫外线的波长为 $3.8×10^{-7}\sim1×10^{-8}$m。无论是可见光、红外线还是紫外线，它们都是由原子或分子等微观客体激发的。X 射线是原子的核外电子由一个能态跃迁到另一个能态，或电子在原子核电场内减速时所发出的，其波长为 $10^{-8}\sim10^{-11}$m。γ 射线领域是波长 $10^{-10}\sim10^{-14}$m 的电磁波。这种不可见的电磁波是从原子核内部发出的，放射性物质或原子核反应中常有这种辐射伴随着发出。γ 射线的穿透力很强，对生物的破坏力很大。随着科学技术的发展，电磁波的各个波段都已经冲破界限与其他相邻波段重叠起来。

4.4　电磁波的应用

4.4.1　无线电波

通常我们将频率低于 3×10^{11}Hz 的电磁波统称为无线电波。无线电波按波长的不同又分为长波、中波、短波、超短波、微波等波段，不同频率的电磁波段有不同的用途，见表 4-1。

表 4-1　无线电波的波段范围及用途

波段	波长/m	频段	频率/Hz	用途
长波	$>3\times10^3$	低频	$10\sim100$k	长距离通信、导航
中波	$3\times10^3\sim2\times10^2$	中频	$1.0\times10^2\sim1.5\times10^3$	无线电广播
中短波	$2\times10^2\sim50$	高频	1.5k~6M	电报、通信
短波	$50\sim10$	甚高频	$6\sim30$M	无线电广播
超短波（米波）	$10\sim1$	超高频	$30\sim0.3$G	调频广播、电视、导航
微波	$1\sim0.1$	分米波	$0.3\sim3$G	电视、雷达、导航、通信
	$0.1\sim0.01$	厘米波	$3\sim30$G	
	$0.01\sim0.001$	毫米波	$30\sim300$G	

1. 电话

1875 年 6 月，亚历山大·格雷厄姆·贝尔（Alexander Graham Bell）利用电磁感应原理试制出世界上第一部可用的电话机，由送话器（话筒）、传送电线、受话器三部分组成。首先，送话器将人声的声波振动转化成电流的振动，通过电线传送到接收端，受话器再将电流的振动转化成声波的振动。它的原理是话筒底部的金属膜片随声音而振动，从而带动一根磁性弹片随之振动，在电磁线圈中便产生了感应电流，电流经导线传至接收端，使受话器上的膜片相应地振动，将话音还原出来。

最早的电话是磁石式电话，需配备手摇发电机提供交流电，这种电话在电信博物馆或历史影视剧中可见到。随着电子技术的飞速发展，除传统电话外还出现了许多特种电话，如录音电话、电视电话、移动电话、数字电话、聋人电话等。手机就是移动电话，也称无线电话，由美国人马丁·库帕（Martin Cooper）在 1973 年 4 月发明。手机的诞生意味着一个新时代的开始——无线通信的诞生。

2. 无线电广播

1）传送无线电广播

广播传递的是声音信号，传真传递的是文字图像信号，而电视台传递的是图像、声音和文字信号，那么这些信号是如何通过发射无线电波被传送出去的呢？

在无线电技术中，把声音和图像的信号转变成电信号，但此电信号（称为调制波）的频率太低，不能直接用来发射无线电波，需将此电信号加到高频率的等幅振荡电流（载波）上，这个过程称为调制。常用的调制方法有调幅和调频两种（图 4-1）。调幅是使载波的振幅随调制信号而改变，经过调幅的电波称为调幅波，用 AM 表示。它保持着高频载波的频率特性，但包络线的形状则与信号波形相似，调幅波的振幅大小由调制信号的强度决定。调频是使载波的频率随调制信号而改变，已调波频率变化的大小由调制信号的大小决定，变化的周期由调制信号的频率决定。已调波的振幅保持不变，调频波的波形就像是被压缩得不均匀的弹簧，调频波用 FM 表示。

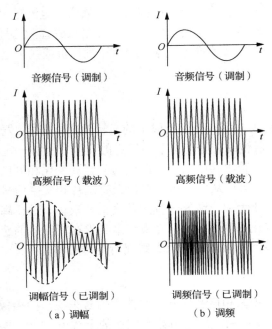

图 4-1　调幅和调频

广播节目的发送是在广播电台进行的，广播节目的声波经过电声器件转换成声频电信号，再由声频放大器放大，振荡器产生高频等幅振荡信号。调制器使高频等幅振荡信号被声频信号所调制，已调制的声频振荡信号经放大后送入发射天线转换成无线电波辐射出去。

在接收端有接收天线，当空间传播的无线电波遇到接收天线时，电磁场会使天线导体中产生与其频率相同的感应电流，如接收到的是调幅波，则感应电流的振幅变化情况与调制信号相同，因此只需把此信号从感应电流中分离出来，经过适当的放大后即可获得被传递的调制波信号，这种分离的过程称为检波或解调。

因为高频信号的幅度很容易被周围的环境所影响，所以调幅信号的传输并不十分可靠，在传输的过程中也很容易被窃听，现在已经较少被采用。但仍用在简单设备的通信中，如收音机中的 AM 波段就是调幅波，其音质和 FM 波段的调幅波的音质相比会比较差，原因就是它更容易被干扰。

2）选台

世界上的无线电波发射台不计其数，为了使多个电台的广播互不干扰，各电台经过调制后的电磁波不许重叠，占有频带宽度为 10kHz。在接收端，接收天线接收到的是所有电台发射的经过调制后的电磁波，这种将所需频率成分选出的过程称为选台，选台是通过调谐来实现的。

LC 调谐电路是由电感器 L 和电容器 C 构成的振荡电路。调节可变电容器 C 的电容量，当 LC 调谐电路的频率与所需接收的频率相同时，发生电谐振现象，此时该电台的信号激起很强的振荡电流，而其他电台的信号激起的振荡电流非常弱，从而实现了选台任务。因为选台是通过调节电路参数，使电路发生电谐振动现象而完成的，故称为调谐。

3）广播信号的接收

无线电广播的接收是由收音机实现的，收音机的接收天线收到空中的电波，调谐电路选中所需频率的信号。为了能使通过耳机或振荡器的音频信号电流足够大，通过调谐选出所需载波信号后先进行放大，然后通过检波器将高频信号还原成音频信号及解调。解调后得到的音频信号，再经过放大获得足够的推动功率，最后经过耳机或扬声器等电声转换器件还原出广播内容。

3. 传真

传真机通过光电管将由文字和图像反射出的光转换成电信号，发送信号时将图片贴于以一定转速转动的筒上，然后转动装置使位于转筒旁的光电管能按一定的顺序接收到从图片各部分反射的光，从而使光电管电路中出现与此光信号强弱变化相同的信号电流，这就是调制信号。此信号经调制后，就可以从发射机发射出载有图片和文字信号的无线电波。当接收机接收到此无线电波后，经放大和检波等过程把传真信号取出，送往辉光管。辉光管就会发出强弱变化与通过电流的变化相同的光束，光束汇聚到卷在转筒上的感光纸上。只要此转筒的转速与发射时的转动同步，即可在感光纸上重现所传送的图像。

4. 电视

电视传送的是活动的图像和声音信号。对图像信号来说，由摄像管摄取景物反射的光，并将其转换成电信号，经调制后就可发射载有图像的无线电波。当电视机接收到此无线电波后，经放大、检波等过程就能取出调制电信号，由显像管把电信号转化成画面，对声音信号来说，工作过程与收音机类似。

对彩色电视机来说，还涉及彩色图像的处理，情况要复杂得多。因为任何一个彩色图像都可以分解为红、绿、蓝三原色的图像，在摄像时分别转换成三种基色信号，在电视机接收的彩色显像管内也有三支电子枪，分别受这三种信号控制，打到能分别发出红、绿、蓝三色荧光粉小点上，合成彩色的图像。

4.4.2 微波

微波的频率为 300MHz～300GHz（3THz），波长为 1m（不含 1m）～0.1mm。微波频率通常也称为"超高频无线电波"。微波可以穿透一些物质，如玻璃、塑料和瓷器，也会被水等物质吸收，被金属类东西发射。微波具有不同于其他波段电磁波的重要特点，如穿透性强，可以对物质进行选择性加热，不破坏分子内部结构，升温速度快、频带宽、信息容量大等。因此，微波也得到了广泛的应用。

1. 雷达和通信

雷达和通信是微波最重要的应用。雷达在国防、导航、气象、大地测量、工业检测及交通管理等方面有广泛的应用，通信主要应用在现代的卫星通信和常规中继通信中。

不论白天还是黑夜，雷达都能探测远距离的目标，不受雾、云和雨的阻挡，可实现全天候、全天时的探测。因此，它是军事上必不可少的电子装备，同时也已经广泛应用在社会经济发展（如气象预报、资源探测和环境监测等）和科学研究（如天体研究、大气物理和电离层结构研究等）。以地面为目标的雷达可以探测地面的精确形状，其空间分辨率可达几米至几十米，且与距离无关。这样的雷达可以用来监测洪水和海冰，进行土壤湿度调查、森林资源清查及地质调查等。

2. 微波遥感

在星际探测和对地观测中使用的遥感都是以电磁波作为媒质的。采用可见光波段，可以取得目标的可见光图像，采用红外波段可以取得目标的红外图像，而微波波段可以用来获取目标的微波数据和图像。可见光和红外光波段的遥感器的优点是具有高空间分辨率，能获得与人目视一致性的图像。缺点是必须有日照（热红外除外），以及不能被云雾遮挡，图像的获取率较低，不能充分发挥遥感的实时动态监测功能。与可见光、红外遥感技术相比，微波遥感技术具有全天候昼夜工作的能力，能穿透云层，而且不易受气象条件和日照水平的影响；能穿透植被，具有探测地表下目标的能力；获取的微波图像有明显的立体感，能提供可见光照相和红外遥感以外的信息。微波遥感具有重大的军事意义和经济意义，日益受到重视。我国在雷达和微波遥感方面也取得了一定成果，如研制的机载合成孔径侧视雷达，已在防洪、铁路选线、地质和探矿等方面进行了应用研究。再如，研制的多个频段的机载（成像）微波辐射计，获取了典型地物、海面油膜、海冰、海岸带等的微波辐射图像和数据。

3. 微波加热

微波的频率为300MHz～300GHz，可以加热极性分子组成的物体。水分子是极性分子，在快速变化的高频电磁场（微波）的作用下，它的极性取向会随着外电场的变化而变化。这就造成水分子的自旋运动，此时微波场的场能转化为分子的热能，使物体温度升高，从而达到微波加热或干燥的目的，如微波炉加热食物、微波烘干药物等。

4. 微波杀菌

食品在生产、保存、运输和销售过程中极易污染变质。食品灭菌与保鲜的方法通常有高温、干燥、巴氏灭菌、冷冻，以及使用防腐剂等常规操作，但这些操作容易影响食品的原有风味和营养成分。采用微波技术灭菌可以使食品中的微生物体内的蛋白质和其他功能分子发生变异，从而导致微生物生长发育延缓和死亡，这样就达到食品灭菌和保鲜的目的。其中，微波的热效应与非热效应共同发挥了作用。

微波杀菌利用的是电磁场的热效应和生物效应的共同作用。电磁场的热效应使蛋白质产生变化，使细菌缺失营养，最终无法繁殖和生存。生物效应是指微波电场可以改变细胞膜上的电位分布，影响细胞膜周围的电子和离子浓度，改变细胞膜的通透性。这样细菌正常的新陈代谢就受到很大影响，其细胞的结构和功能发生紊乱，细菌的生长和发育就会受到抑制，最终死亡。另外，微波能使细菌的遗传基因发生突变，或引起染色体畸变等。

5. 微波萃取

在微波场中，不同的物质吸收微波的能力不同，物体的某些区域或者萃取体系中的某些组分被选择性加热，可以将被萃取物质从原来的体系中分离出来，进入微波吸收能力较差、介电常数更小的萃取剂中。微波萃取的原理是，细胞吸收微波后，内部的温度将迅速增大，使得细胞内部的压力超过细胞壁膨胀所能承受的能力，导致细胞膜破裂，内部的有效成分流出，在较低的温度下溶解至萃取剂中，再经过进一步的过滤和分离，就可以得到萃取物。同时，微波萃取可以最大限度地保证萃取物的质量。微波萃取主要应用在生化、食品、工业分析和天然产物提取等领域，具有设备简单、适用范围广、萃取效率高、重现性好、节省时间、节省试剂、污染小等特点。

微波虽然应用广泛，但是微波对生物体会产生一定的影响。微波对生物体的效应分为热效应和非热效应两种。微波对生物体的热效应是指由微波引起的生物组织或系统的温度升高而对生物体的正常生理活动产生影响。其中的机理是，生物体内的有极分子在微波高频电场的作用下会发生频繁、快速的取向转动，从而摩擦生热；另外，生物体内的离子在微波作用下将微波能转化为热量；其他分子也因吸收微波后导致热运动能量增加。在较大功率的微波条件下，生物组织吸收的微波能量多于生物体所能散发的能量，这就导致生物组织局部温度升高。而生物体局部温度的升高将产生一系列生理反应，如扩张局部血管、加速血液循环、增强组织代谢、增强白细胞的吞噬作用等。

微波对生物体产生的电效应、磁效应和化学效应等被称为微波的非热效应。生物体内的一些分子在微波电磁场的作用下会发生变形和振动，使细胞膜的功能受到影响，有可能影响中枢神经系统等。微波还会干扰生物电的节律，如心电、脑电、肌电、神经传导电位、细胞活动膜电位等，从而导致心脏活动、脑神经活动及内分泌活动等出现障碍。

4.4.3　红外线

红外线是波长为 1mm～760nm 的电磁波，介于微波与可见光之间，在通信、探测、医疗、军事等方面有广泛的用途。

1. 通信

红外线通信是一种利用红外线传输信息的通信方式，可传输语言、文字、数据、图像等信息。红外线具有容量大、保密性强、抗电磁干扰性能好、设备结构简单、体积小、重量轻、价格低，但在大气信道中传输时易受气候影响的特点。大气对红外线辐射传输的影响主要是吸收和散射。

红外线通信可用于沿海岛屿间的辅助通信、室内通信（如电视机红外遥控器）、近距离遥控、飞机内广播和航天飞机内宇航员间的通信等。

2. 探测

红外探测器是根据探测人体发射的红外线来进行工作的。探测器将外界的红外辐射收集并聚集到红外传感器上，当接收到红外辐射温度发生变化时就会向外释放电荷，经检测处理后产生报警。例如，红外线防盗报警器，在住宅内安装后，如果主人不在家，当有不速之客闯入时，红外传感器感应到外界环境的红外辐射温度发生变化，报警器马上发出警报，可以现场声光警告，同时也可以拨打主人的电话进行报警。

3. 医疗

在红外线区域中，对人体最有益的波段就是 4～14μm，在医术界被称为"生育光线"，因为这个红外线波段对生命的生长有促进作用，能活化细胞组织，促进血液循环，提高人体的免疫力，增强人体的新陈代谢。红外线能起到治疗作用源自它的温热效应。在红外线照射下，生物体的组织温度会升高，血流加快、代谢增强，组织细胞活力及再生能力得到提高。例如，用红外线治疗慢性炎症，有利于细胞吞噬功能的增加，帮助消除肿胀，促进炎症的消散。再如，在治疗慢性感染性伤口和慢性溃疡时，红外线有利于消除肉芽水肿，促进肉芽生长，加快伤口的愈合。红外线照射还经常被用于减轻术后粘连的理疗，帮助促进瘢痕软化、减轻瘢痕挛缩等。

4. 军事

在夜间作战时，常使用红外夜视镜来辅助观测。它的原理是一定温度的物体可辐射红外线，而目标和背景物体所辐射的红外线具有差异，这样就可以侦查和识别目标。红外夜视镜其实是一种红外热成像仪，这种成像不容易受到烟、雾及树木相关因素的干扰，可靠性高。这种红外热成像也可以应用在住宅中，如红外报警器。

任何事物都具有两面性，尽管红外线已在军事、人造卫星、工业、卫生和科研等方面得到了广泛的应用，但污染问题也随之而来。红外线可以对人体造成高温伤害，特别是眼睛。红外线会造成眼底视网膜的伤害，角膜的烧伤（混浊、白斑）及虹膜的伤害。长期暴露于红外线可能会引起白内障。

4.4.4　可见光

可见光辐射一般指太阳辐射光谱中 $0.38\sim0.76\mu m$ 波谱段的辐射，由紫、蓝、青、绿、黄、橙、红七色光组成，是绿色植物进行光合作用所必需的和有效的太阳辐射能。到达地球表面的可见光辐射随大气浑浊度、太阳高度、云量和天气状况而变化。可见光辐射占总辐射的 45%～50%。

1. 可见光遥感

航空摄影和彩色胶片在发展过程中都不同程度地应用到可见光谱段，并据此进行目标成像。自 20 世纪 50 年代开始，人造地球卫星被发射到太空，这对航天遥感技术的发展起到了促进作用，气象卫星、阿波罗飞船、航天飞机的出现，为探测地球打下了可靠的基础。此类设备上的传感器光谱覆盖了红外线和微波波段。而在航天遥感领域，应用比例最高的依然为可见光。此外，通过分析地表电磁波辐射特性也可以看出，光遥感仍是此方面的重点。

2. 可见光通信

可见光通信是利用 LED 灯来发送数据的无线通信手段，这种技术的特征表现为绿色低碳、能耗很低、绿色无辐射及不容易被窃听，可以应用在高速数据传输、电磁屏蔽场景下的无线通信覆盖、室内定位导航等方面。该技术已经悄然兴起，可以设想，未来实现大规模可见光通信后，每盏灯都可以作为高速网络热点，人们等车的时候在路灯下就可下载几部电影，在飞机、高铁上也可借助 LED 光源无线高速上网，人们的生活将会更加便捷。

4.4.5　紫外线

1. 灭菌作用

短波紫外线对微生物的破坏力特别强，当该波段的紫外线照射细菌体后，细菌细胞内的核蛋白和脱氧核糖核酸（deoxyribonucleic aid，DNA）会吸收紫外线的能量，使它们之间的链发生断裂，导致细菌的死亡，如用紫外线汞灯或金属卤化物灯对空气和食品进行灭菌。

2. 保健作用

波长为 280～320nm 的紫外线对人体具有保健作用。当人体被这个波段的紫外线照射后，能引起皮肤的光化学过程和光电反应，皮肤会产生许多活性物质，从而起到健康保健的作用。采用紫外线照射进行神经功能调节，这对改善睡眠、降低血压有很重要的意义。同时可有效地提高白血球的吞噬能力，在提高免疫力方面的效果很明显。

4.4.6　X 射线

德国研究者伦琴在进行阴极射线的研究过程中偶尔发现了 X 射线，并通过实验研究发现这种射线可穿透肌肉照出手骨轮廓。在一次实验过程中他告知夫人把手放在用黑纸包严的照相底片上，通过这种射线进行照射且显影后，底片上显示出他夫人的手骨像，结婚戒指也很明显地显示出来。因此，可借助 X 射线透视骨骼，获取骨骼相关的信息。后来，X 射线被广泛用于医疗诊断和治疗、工业探伤等方面。

1. 医学诊断和治疗

X 射线具有感光和穿透的作用，因此可应用于医学成像。当 X 射线穿透人体时，人体不同组织的吸收程度存在差异。骨骼对 X 射线的吸收强于肌肉，可有效地显示出身体不同部位密度相关的信息。在进行荧光检测时，可观察到对应的荧光作用强弱差异性，同时在荧光屏上进行适当的显影后，可以观察到不同密度的阴影。对比分析阴影浓淡和综合化验结果，就可判断分析出人体某一部分病变与否。例如，体检中的胸透、CT 检查，都是基于 X 射线成像的诊断技术。

X 射线也可以用于疾病治疗。X 射线具有一定生物效应，各能量的 X 射线在照射人体病灶区域细胞后，这些细胞结构被破坏而凋亡，在治疗癌症方面有较高的应用价值。

2. 工业探伤

这种技术主要是通过 X 射线可穿透金属材料的性能进行检测的，材料对射线的吸收强度存在差异性导致胶片的感光也是不同的，因而在底片上产生的黑影强度也不同，可以据此来检测材料内部的缺陷状况。在射线透过过程中遇到裂缝、洞孔等情况时，在底片上可观察到暗影区，可以在此基础上对材料缺陷进行准确、可靠的检测，还可以确定缺陷的形状、位置等各方面的信息，为材料损伤检测提供了可靠的支持。

X 射线具有电离辐射，长期接受 X 射线很容易损伤人体。有的患者会感到乏力、头昏、头痛、多汗，有的患者会出现牙痛、牙龈易出血的症状，有的患者则会感冒、腰痛。X 射线也会严重影响胎儿发育，可能会导致胎儿死亡或者畸形，对胎儿智力也会产生一定的损害。

4.4.7　γ 射线

在太空中的 γ 射线是由恒星核心的核聚变产生的，因为无法穿透地球大气层，所以无法到达地球的低层大气层，只能在太空中被探测到。太空中的 γ 射线是在 1967 年由一颗名为"维拉斯"的人造卫星首次观测到。根据卫星探测到的 γ 射线图，可获得一些天文信息。

不仅太空中存在 γ 射线，科学家发现放射性原子核在发生 α 衰变、β 衰变后产生的新核往往处于高能量级，要向低能级跃迁，辐射出 γ 光子，产生 γ 射线。γ 射线的穿透性很强，在 γ 射线照射机体后，其可穿透机体并使细胞电离，相应的蛋白质、核酸被破坏，从而影响机体活动，严重情况下还会使细胞死亡。

控制 γ 射线的辐射剂量，在工业中可用来探伤或流水线的自动控制；在医疗上可以通过放射治疗肿瘤，延长癌症患者的生存期。

4.5　电磁辐射对人体的危害

电磁辐射有广义和狭义之分，其中广义是针对电磁波频谱，而狭义则是各种电器设备所产生的辐射波，其一般是指红外线以下部分。电磁辐射对人体健康会产生一定的伤害，主要是基于热效应、非热效应等引发伤害的。

4.5.1　热效应

人体是一个导体，像所有导体一样，人体受到无线电流和微波辐射后，会产生电流，从而引起人体发热。一般来说，我们所处的空间中的无线电波和微波是比较弱的，引起的发热非常小，完全可以忽略不计。

太阳所发出的红外线和可见光是自然界中最强的电磁辐射，也是我们所处的环境中最强的电磁辐射源，红外线和可见光可以在人体的表层引起发热。

4.5.2　非热效应

人体的器官和组织中都有一定幅度的电磁场，不过正常情况下这些电磁场都很稳定，在受到外界刺激影响下，很容易破坏处于平衡状态的微弱电磁场，从而损害机体健康。

4.5.3　累积效应

太阳除了向外辐射红外线和可见光外，还会辐射大量的能量较高的紫外线，这些紫外线对人体也是有益的，但过强的紫外线会灼伤皮肤，还有可能诱发皮肤癌。X 射线、γ 射线属于高能电磁辐射，能够直接破坏人体内分子的分子结构，包括蛋白质、DNA 等的结构，从而引发人体病变，甚至会引起各种癌症。

机体自身在一定条件下可修复高能电磁辐射引发的损伤，不过在修复前若再次受到这种损伤，对应的伤害会累积，长时间受影响后很容易导致永久性病态，如果群体长时间接触高能电磁波辐射，在低频小功率条件下也会诱发相应的病变，因而应该对此予以重视。

长期接受电磁辐射，人的免疫力会受到明显的影响，且容易出现新陈代谢紊乱、提前衰老、听觉功能受损等相关的病变，严重情况下还会引发癌症。因此，我们必须要警惕电磁辐射的危害。但在日常生活中也不必恐慌，因为家用电器所产生的辐射很微弱，基本可忽略不计。

参 考 文 献

董子良，肖伟成，2011．关于电磁波的探讨[J]．中国新技术新产品（5）：12．

福岛肇，2006．电磁悬念[M]．王旭，译．北京：科学出版社．

葛世恒，2016．发明传奇电与磁的故事[M]．北京：科学出版社．

李开镇，2013．电磁波强场强区域对人体的影响与防护[J]．西部广播电视（5）：85-89．

汪俊兰，2012．医学和军校大学生防晒知识知晓及防晒品使用情况调查[D]．合肥：安徽医科大学．

杨新兴，李世莲，尉鹏，等，2014．环境中的电磁波污染及其危害[J]．前沿科学，8（1）：13-26．

于晓峰，2011．电磁辐射生物学效应实验研究[D]．郑州：郑州大学．

钟联东，2019．X光技术在医学中的应用[J]．科技风（24）：88．

第5章 超声波与应用

声学是一门渗透性很强的学科，在众多领域有广泛的应用。特别是超声技术，是声学领域发展最迅速、应用最广泛的现代声学技术。超声波的传播能量大、方向性好，在介质界面上具有反射、透射特性。超声波检测具有轻便、灵活、高效等优点，因此可以在很多探测领域显示优势。

5.1 声 学

5.1.1 声学的发展

声学是物理学的重要分支。在自然界中声音是很普遍、直观的现象，与声音相关的研究很早就开始了，古希腊学者从不同角度对声音和声律现象进行了研究。我国商代已经积累了大量相关乐器的知识，在乐器制造、乐律学和建筑领域都不同程度地应用到这些知识，且在不断的应用过程中总结了大量关于声音的经验。公元前 500 年，古希腊学者毕达哥拉斯对音阶与和声问题开始进行研究。进入 17 世纪后西方学者伽利略开始研究单摆周期和物体振动相关性。而在牛顿力学的作用下声学现象和机械运动也开始结合，这对声学的发展起到很大的促进作用。19 世纪中期声学的基本理论开始形成和完善，在此过程中很多学者从不同角度进行了声音研究，并提出了重要的理论。1877 年英国学者瑞利在大量声音研究的基础上，出版了著作《声学理论》。这也标志着声学已经成为一门独立的分支学科，为现代声学的发展奠定了基础。

在现代物理学中声学也有重要的地位，且和其他多种学科密切结合，并在此基础上建立起独立的分支学科，如建筑声学、等离子体声学和地声学等。在物理学前沿研究领域，这些学科都发挥着重要的作用。关于声学的新分支在不断产生，涉及的领域也明显扩大，如生命科学和相关人文科学都牵涉其中。在物理学的其他学科中这种密切相关的现象并不普遍，这也说明声学的独特性。

在发展初期，声学主要为听觉服务。在理论研究领域主要是针对声的产生、传播和接收规律进行分析；而在应用领域，则侧重研究如何获得悦耳的音响效果，且避免噪声，以及如何有效地改善乐器和电声仪器的音质。目前，科学技术迅速发展，关于声波特性的研究也日益增加。有的声音虽然对听觉无影响，但是在科学研究领域却有较高的参考价值，如利用声的传播特性对材料和媒质的微观结构进行分析，且基于超声波作用而促进化学反应等。因此，在近代声学领域，为听觉服务的研究不断深入，且与此相关的理论模型不断出现，而在物理、化学相关领域的应用研究也大量出现。声的范围明显扩大，并非单纯地局限在听觉范围，对应的振动和声波范围明显增加，与机械振动基本趋同。

自然界中，不同类型的振动都与声音有关，如简单的机械运动和生命运动。此外，在工程应用领域，如生物学、日常生活和音乐等，都与声音存在密切的关系。

5.1.2　声学的分类

从频率上进行分析可知，最早被人认识的"可听声"频率区间为 20～20000Hz，与此相关的声音主要有语言、音乐、房间音质、噪声等，此外，还有人的听觉和生物发声，而与此类声音对应的学科如生理声学、心理声学等。频率高于 20000Hz，对应"超声学"；频率低于 20Hz，对应"次声学"。20Hz 和 20000Hz 并非确定的界限，如从属性看，频率较高的可听声波表现出一定的超声波特征。因而在超声研究方面，高频可听声波也是一项重要的研究内容。

超声波的频率高于 20000Hz，其特征表现为方向性好，穿透能力强，获取到的声能集中性高，且长时间传播而不会明显的衰减，在医学、军事、工业、日常等各方面具有重要的应用价值。

5.2　超　声　波

5.2.1　超声现象

音调的高低是声音的主要特征之一。音调高，声音的振动频率高，但当频率增加到 20000Hz 以上时，人反而听不到任何声音，人们把这种听不见的声音称为超声。

大约在 19 世纪 30 年代，人类发现超声以后，才知道自然界中的一些动物早已会"说"超声、"听"超声和利用超声了。例如，科学家发现白暨豚不仅可以发射超声，还可以发射普通的可听声。当白暨豚和它的同类通话时，采用的是人类所用的可听声，而在探路、觅食、避敌时却使用超声。

超声是人类无法听见的声音，只有用仪器才能检测出来。那么超声和普通声音有什么区别？为什么一种能听见，另一种听不见？这与声音的频率有关。人类发声的频率局限于一定的范围，人类不仅自身发不出频率特低或频率特高的声音，而且也听不见这些声音。频率低于 20Hz 的声音，人们听不见，称为次声；频率高于 20000Hz 的声音，人们也听不见，称为超声。介于两者之间的是人们能听到的声音频率范围，称为可听声。自然界的一些动物的听觉范围存在差异，如图 5-1 所示。

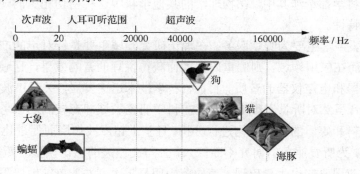

图 5-1　人类和部分动物的听觉范围

可见，超声并不特殊，只是它的频率比普通声音高一些。超声的高频率还有一些超常的本领，如容易形成窄小的声束，能够发出一束声，而且可以规定这束声的发射方向，根据判断回声的方向，来获得障碍物的方向信息。自然界中的蝙蝠、老鼠、蝗虫等动物都能发射和利用超声。其中，蝙蝠是利用超声技巧非常高超的动物，它的超声定位原理被广泛应用于现代雷达中。

5.2.2　超声的物理参数

振动的传播称为波动，简称波。上一章提到的电磁波是振动波的一类，而另一类是机械波。声波是声源产生的振动通过弹性介质传播的一种机械波。当声波传入人耳引起鼓膜振动时，人就能听到声音。超声具有如下几个重要物理参数。

1. 波长、声速、频率、周期

在一个振动周期内波动传播的距离，称为波长。传播超声波的媒介物质，称为介质。声波在介质中单位时间内传播的距离，称为声速，单位是 m/s 或 mm/μs。质点在单位时间内振动的次数，称为频率。声波向传播方向移动一个波长所需的时间，称为一个周期。在同一介质中声音的传播速度是固定的，因此频率与波长成反比，频率越高，波长越短。

2. 声压、声强

超声波在介质中传播，波的传播方向的垂直平面上每单位面积所承受的压力，称为声压，单位是 P。

单位时间内通过垂直于传播方向单位面积上的超声能量，称为声强。声强与声压的平方成正比，与介质密度和声速成反比。声强的单位是 W/cm² 或 μW/cm²。声强的物理意义是，单位时间内在介质中传递的超声能量。

3. 声特性阻抗

超声波在介质中传播时受到介质密度与硬度的影响，称为声特性阻抗，单位是瑞利（N·s/m³）。相同频率的超声波在不同介质中传播时，声速不同。不同的介质有不同的声特性阻抗（表 5-1）。

表 5-1　不同介质的密度、声速和声特性阻抗

介质名称	密度/（g/cm³）	声速/（m/s）	声特性阻抗/（1×10⁵ 瑞利）
空气/22℃	0.00118	344	0.0004
水/37℃	0.9934	1523	1.513
血液	1.055	1570	1.656
脑脊液	1.000	1522	1.522
羊水	1.013	1474	1.493
肝脏	1.050	1570	1.648
肾脏	1.038	1561	1.62
肌肉	1.074	1568	1.684
人体软组织（平均值）	1.016	1500	1.524
脂肪	0.955	1476	1.410
颅骨	1.038	1540	1.599

5.2.3　超声的传播特征

1. 反射、透射

超声在传播过程中，入射两种声特性阻抗不同的介质分界面时，传播方向会发生改变，一部分能量返回第一界面，称为反射；另一部分能量穿过界面进入深层介质，称为透射。界面两侧的声特性阻抗差越大，反射的能量越大。大界面的反射服从光反射定律，即入射声束和反射回声束在同一平面上；入射声束与反射声束在法线两侧；入射角与反射角相等。

2. 折射

人体各种组织、脏器中的声速不同，声束在透过组织界面时，前进方向发生改变，称为折射。折射效应可使测量及超声导向准确性产生误差。

3. 散射、绕射

超声波在传播过程中，遇到小于波长的微粒时，经相互作用后，大部分能量继续向前传播，小部分能量激发微粒振动，向各个空间方向分散辐射，称为散射。超声的散射无方向性，回声能量很低，但散射回声来自脏器内部的细小结构，是形成脏器内部图像的声学基础之一。

4. 超声衰减

超声波在介质中传播时，入射的声能随着传播距离增加而由强变弱的过程，称为声衰减。衰减的形式可分为扩散衰减、散射衰减和吸收衰减。扩散衰减是指声束轴周围扩散而引起的声能减少。散射衰减是指入射超声能量中的一部分向各空间方向分散辐射而引起的声能减少。吸收衰减主要由介质的黏滞性在声场中的"内摩擦"、弹性迟滞、热传导和弛豫吸收等产生。

5.3　超声效应

研究发现，超声波在介质传播过程中受到超声波与介质交互性影响，会产生明显的物化变化，导致很多力学、热学相关的超声效应。以下对常见的超声效应进行具体论述。

5.3.1　机械效应

在机械效应的影响下，液体、凝胶会产生明显的液化改变。当超声波在传播过程中产生驻波时，流体中悬浮的小颗粒会受机械影响而凝聚到波节处，在空间上会产生明显的规律性堆积。超声波在压电材料中传播时，受到超声波的机械作用影响，很容易产生明显的感生电极化和磁化现象，这主要与电介质的磁效应存在相关性。

5.3.2　空化效应

超声波在液体中传播很容易产生大量小气泡，其产生原因是液体内局部应力影响导致负压。在压强下降后溶于液体的气体过饱和，散出后会产生小气泡。在很强的拉应力作用下液体"撕开"而产生空洞，出现空化效应。空洞内为液体蒸汽，在一些特殊条件下也会产生真空。受到这种作用产生的小气泡在介质振动的影响下不断运动、长大，在超过一定临界状态后会破灭。破灭时周围液体进入气泡中产生很强的高温、高压和激波。在此过程中还会由于很强的内摩擦形成电荷，引发一定的放电现象而导致发光。在液体中进行超声处理利用的主要是超声波的空化作用。

当超声波能量达到较高水平后会产生"超声空化"变化，也就是液体中的微小气泡受到超声场的作用而不断地振动、生长，相应的能量也在持续地聚集，在能量高于阈值情况下，空化气泡急剧崩溃闭合。相关实验研究结果表明，超声作用主要是因为高能量导致，且很多是在液体出现声空化现象的情况下起作用。在超声不够强的情况下，这种空化效应也不显著。

关于声空化现象的研究，起初主要与其闪光现象关联，此现象被称为声致发光。20 世纪 90 年代以前，在论述声致发光现象时，主要是指多泡声致发光，而对其机理还不明确。其后很多学者从不同角度对此进行了相应的研究，且取得了重要的成果。目前，一般认为这种闪光是气泡内部气体物质反应。20 世纪 90 年代美国学者发现了单泡声致发光现象。通过超声波将一水槽中的微小气泡聚集在中心，进行周期性压缩刺激，结果检测到气泡发光脉冲，且脉冲的同步性也达到较高水平。单泡声致发光的时空定位准确度很高，受到广泛的关注，为声空化的研究打下了良好的基础。随后的研究结果也发现，单泡声致发光表现出高温、高压、高能量等各方面的特征。美国、俄罗斯等国家的学者在进行此方面研究时，将一个大烧杯所盛液体中微小气泡爆炸，且对其效应进行检测，发现其与核聚变的效果类似。

目前关于这种小气泡的研究有很多，但是其中的温度、压强、能量是多少还不清楚。一些学者在进行此方面研究时基于物理模型理论分析计算出其中的气压可能会超过几万个大气压，温度为几百摄氏度，这种高温高压与核聚变也有一定类似性，因而推断是否可通过这种简单的设备诱发受控热核聚变。声空化的研究有深远的价值，也是目前此领域的研究重点。

5.3.3　热效应

超声波频率高、能量大，在被吸收后会产生很强的热效应，这种热效应称为温热作用。超声波通过介质传播时，在介质的微粒间和分界面上的摩擦及介质的吸收等使超声能量转化为热能，从而引起生物体的某种变化。在医学中，超声热效应主要应用在超声加热治疗癌症等方面。

5.3.4　化学效应

超声波对某些化学反应可起到一定促进作用。例如，纯蒸馏水经超声波处理后会产生过氧化氢；溶有氮气的水经超声波处理后会产生亚硝酸；染料的水溶液经超声波处理后一般会出现褪色现象。这些现象与空化作用存在密切关系。此外，在超声波的作用下，相关物质的水解加速，对应的聚合过程也增强，而超声波也会明显地影响光化学和电化学过程。在水溶液中，氨基酸和有机物也会出现特征吸收光谱，根据此结果进行判断分析可知，在超声波的作用下，产生了一定的空化作用。

5.4　超声波应用

5.4.1　超声医疗

1. 超声诊断

超声诊断是超声波的主要应用领域之一，这一技术是将超声波通过人体，根据超声影像确定出人体的生理或组织结构改变情况，并据此进行疾病的诊断和检测。超声诊断的特征主要表现为无创、无痛，且有很强的直观性。目前，其应用领域在不断扩大，与 X 射线、CT 等一同成为医疗领域的重要技术。

由于超声诊断具有无损害、无痛苦、报告及时等优点，在医学界已广泛用于诊断肝、脾、胆、胰、肾、颅脑、甲状腺、心脏等各种组织脏器的疾病，与 X 射线透视、CT 等诊断互为补充，并正在发挥越来越大的作用。

人体组织和器官是一个复杂的超声传播介质，其声学性质各异，因此就有各自不同的声阻界面和固有的反射规律，一旦发生病变，如炎症、纤维化、肿瘤、积液等造成声阻改变时，即产生新的界面，从而改变了原有的反射规律。

对于正常的含液器官（如充盈的胆囊和膀胱、心脏及大血管等）和病理性液化病变器官（如体腔积液，组织器官的囊肿、血肿、脓肿等），如果液体是均匀的，则无声阻差，液体中则无界面反射，超声探查时，会出现一个无回声区。

正常实质脏器如肝、脾、肾等仅有少数反射界面，故仅显示少数反射波或反射光点。一旦这些脏器发生病变，就会改变原有的回声特点，即反射界面增多，显示为反射波或反射光点密集。

因为空气与组织的声阻相差 4000 倍，所以正常含气器官如肺、胃肠道可产生全反射或逐渐衰减的多次反射波形。当含气器官发生实质性病变时，则原来多重反射消失，被实质反射所代替。

炎症、充血和肿瘤等病变组织，由于组织肿大，增加了声路的长度，病变结构增加了反射界面及声能的过度分散、消耗，而使出射波明显衰减或消失。

2. 多普勒超声与血流速度测量

1）多普勒效应

19 世纪 40 年代，克里斯蒂安·多普勒在沿着铁路行走的过程中，发现火车由远而近时汽笛声变响、音调变尖，而在远离过程中对应的汽笛声变弱，他对此物理现象进行了深入的分析和研究，并最终发现这一现象主要与振源和观测者的相对运动有关。在这种条件下，人耳听到的声音频率和振源频率存在一定的差异性。此外，声源和观测者存在相对运动情况下，听到的声音会产生改变，具体表现为在声源离观测者远去时，声音的波长增加，音调也会降低，而在相反的运动条件下对应的音调就变高。这种变化与声源和观测者相对速度和声速的比值存在相关性。

准确来说，当波源、介质、观测者（接收装置）之间相对静止时，接收到的波的频率并没有发生变化。但在下面几种情况下：

（1）波源相对于介质、观测者之间；

（2）观测者相对于波源、介质之间；

（3）波源、观测者相对于介质之间有运动时。

观测者发觉波的频率发生变化，这种现象称为多普勒效应（Doppler effect），变化的频率（增减）称为多普勒频移。

2）多普勒超声的应用

20 世纪 50 年代，人们开始将多普勒效应应用于医学。超声多普勒在医学上的应用以多普勒超声测血流最为常见。为了检查心脏、血管状态，确定相应的血液流动速度，可利用超声波进行检测。具体分析可知，血管内的血液表现出一定的流动性，而超声波振源和血液间在一定的运动条件下会产生多普勒效应。在向着超声波振源运动的情况下，对应的反射波的波长被压缩，而远离过程中波长变长，这两种条件下对应的频率也会增加和降低。反射波频率改变量和对应的血液流动速度正相关，可据此确定超声波的频移量，从而确定出血流的速度。彩色多普勒超声中含有很多血流动力学信息，同时也表现出二维超声的优势，因而有较高的应用价值，目前被广泛应用，取得了很好的效果，又被称为"非创伤性血管造影"。

在人体中多普勒效应不只出现在血管或心脏的血流中，在任何运动着的器官中都存在。应用多普勒超声，可以研究心脏的运动、测量胎儿的心音等，以监护胎儿的健康成长。

3. 超声介入检查与治疗

超声介入检查与治疗作为超声医学的一个重要组成部分，在临床的诊断和治疗中发挥了不可替代的作用。超声介入检查与治疗不仅指在超声引导下的各种穿刺、引流的诊疗技术，实际上还包括术中超声、超声造影、经腔超声内窥镜技术、超声碎石机等。

以下以 B 超引导的羊水穿刺为例，对超声诊断情况进行介绍。在孕妇产前诊断时一般需要进行羊水穿刺检查，对中期妊娠者有较高的适用性。一般在产前 16 周进行穿刺抽取羊水检查，此条件下对应的胎儿小、羊水多，附近的羊水带也宽，在穿刺过程中可有效地避免刺伤胎儿，抽取 20mL 羊水不会导致子宫腔骤然变小而流产。此外，此阶段羊水中的活力细胞比例高，能更好地满足培养相关的要求，可为对应的制片、染色等提供支持，可很好地满足胎儿染色体核型分析和遗传病诊断要求，或者基于羊水细胞 DNA 来诊断。测定羊水中甲胎蛋白含量可确定出开放性神经管畸形相关的病变。妊娠晚期进行穿刺时，主要是针对血型、胆红素、卵磷脂相关的因素进行检查，可以在此检查基础上确定是否出现了母儿血型不合、溶血相关的异常，也可以据此来对胎盘功能进行检查等。

超声波在治疗领域也有重要的应用价值。例如，超声碎石技术，利用超声波的高频振动，可有效地粉碎肾结石、胆结石。再如，通过超声波来有效地击碎血栓，提高血流通畅性。超声波在声阻区域会产生明显的衰减，且转换而产生热能，在此效应基础上也促使相应的骨折部位的骨膜温度升高，为骨伤愈合起到促进作用，在治疗关节炎方面效果也很明显。此外，高频聚焦超声波，可用来治疗癌症。

另外，超声在治疗过程中还有独特的作用：一是可以将药物溶液雾化，做到雾化吸入，直接作用到病痛局部；二是使药物渗入体内；三是超声针灸。

4. 超声波美容

暗疮的形态有多种，较常见的有化脓性和粉刺性，但有种暗疮体形较大，红肿坚硬，碰之很痛，处理不当往往易形成坚硬瘢痕。超声波能冲击淋巴结，加速积压的血液和淋巴液循环消散，使炎性细胞在超声波的作用下改变形状，同时可以利用超声波将消炎药物导入，使肿形暗疮的充血现象得以改善，加强血液循环及新陈代谢，活化细胞，加速吸收，使色印更快褪去。

脸部皮肤色素异常，如蚊虫咬伤、曝晒、烫伤等原因引发的不正常高色素症，或黄褐斑、子宫斑等，可用超声波配合祛斑精华素和大剂量维生素 C 进行治疗，见效快，能彻底清除异常色素。

利用超声波的机械按摩作用，可调节皮下细胞的重新排列，加强血液循环和代谢功能，使缺水缺养分的皮肤得到补充，对皮肤起到抗衰老的作用。

5.4.2　超声对产品的质量检测

1. 超声探伤

利用超声波进行检测的仪器就是超声波探伤仪，这种仪器进行探伤时主要是基于超声的穿透功能进入材料深处，且在不同的界面传播过程中会产生折射，可以在此基础上检测材料的缺陷。超声波在金属内部遇到缺陷时，会产生反射波，形成对应的脉冲波形，基于波形的变化可以确定缺陷状况。

2. 超声测量厚度（距离）

超声波测量是指测量频率超过 20kHz 的弹性波在岩体中传播速度的方法。由于超声波的波长小，发射的定向性高，能精确地测量超声波传播速度，主要用于测试室内岩石试件，在测定范围小于 1m 时也可用来测定围岩破裂、松动范围等。

用同样的原理可以测量其他的距离，包括空气中的距离，如盲人可以靠超声来导盲，机器人也可靠超声来探查附近的障碍物并准确地定位。

有时人们需要知道容器内的液面高度、井深、河水和海水的深度等，应用脉冲回波或超声液位仪可以很容易地实现。其工作原理是以超声换能器发出超声脉冲信号，在被检测液体介质或其他借以测量的传声介质中传播到液面，经液面反射后，超声波脉冲信号被接收换能器接收后转换为电信号，测出从发射到接收的时间间隔，便可计算出探头到液面的距离，从而确定液位。

3. 超声对应力的测试

超声波对应力测试的原理是，如果金属或其他材料中存在应力，则当超声波在其中传播时，速度将会有很小的变化，精确测量应力引起的变化，即可检测应力情况。这种技术在航空航天领域应用较多。例如，卫星、飞机上的连接螺栓对应力有很高要求，若紧固应力不足，螺栓在使用过程中易松动，从而导致螺栓承受力下降并极易损坏；若紧固应力过大，又会导致疲劳损坏。在这种应力要求高的场合，一般用超声波对这些部件的应力情况进行检测或监测。

4. 超声波流量计

超声波流量计是一种利用超声脉冲测量液体流量速度的仪表，广泛应用于工业管道中测量工作物质的流速。其种类很多，常用的有多普勒式超声波流量计和时差式超声波流量计。多普勒式超声波流量计是利用超声的多普勒效应，测量原理类似于血管中血流速度的测量。

时差式超声波流量计是利用超声波在流体中顺流传播和逆流传播的时间差与流体流速成正比这一原理来测量流体流量的。此外，还有新型气体超声流量计，已用于我国西部天然气开发的西气东输工程项目中。

5.4.3　超声空化作用的应用

1. 超声乳化

超声可混合两种互不相溶的液体而形成乳浊液，这种处理技术是基于多气泡形成声空化的力学效应而进行不同类型液体的融合。油和水在正常情况下一般表现为明显分离，而在进行超声处理后则会导致二者乳化成为均匀的白色乳液。

在制药工业及日常用品工业部门，超声乳化常用于制造各种乳化液产品，如乳剂药品、化妆品及皮鞋油等。还可利用超声乳化方法制成油（汽油、柴油等）与水或煤粉的乳化燃烧物，以提高单位燃料的燃烧值。

在医学上超声乳化可用于治疗白内障。使用超声乳化仪，通过 3~5mm 大小的角膜或巩膜切口，应用超声波将晶状体核粉碎，使其呈乳糜状，然后连同皮质一起吸出。术毕保留晶状体后囊膜，可同时植入后房型人工晶状体。白内障超声乳化方法与传统白内障手术方法相比，具有更好的手术效果，已成为目前国际上公认的先进、可靠的白内障治疗方法。

已经工业化的超声乳化应用有很多，如用于食品工业中的软饮料、番茄酱、蛋黄酱、果酱、人造奶油、婴儿食品、巧克力、色拉油、油糖水及其他类混合食品的加工，并取得了提高产品质量和生产效率的效果。

2. 超声清洗

研究发现，在零件的表面一般会存在一定的凹凸不平，其中一些表面对清洁度要求很高，如钟表和精密机械的零件、电路板组件等，普通清洗的效果不好，因而需要进行超声清洗。超声清洗主要是通过超声波发生器相应的高频振荡信号进行能量转换后形成高频机械振荡，且在对应的清洗液中疏密相间而不断地辐射，在此影响下液体中会产生大量的微小气泡，这些气泡在负压区不断形成、生长，而在正压区则迅速闭合。在此"空化"效应传播期间，相应的气泡闭合对应的气压可达到数万个大气压，而对应的瞬间高压像小爆炸一样持续地冲击物件表面，从而促使表面和缝隙中的污垢大量剥落，这样可有效地实现清洗效果。

实际的应用结果表明，超声清洗的优势具体表现在：效果好、清洁度高，且清洗后各处的一致性高；清洗速度快，清洗效率也达到较高水平，同时安全性也明显提高，对深孔、细缝相关的区域可高效清洗；对工件表面无损伤、节省溶剂、操作很方便，有利于智能控制。

目前，超声波在医疗行业用于医疗器械的清洗、消毒、杀菌、实验器皿的清洗；在半导体行业用于半导体晶片的高清洁度清洗；在光学行业用于光学器件的除油、除汗、清灰等；在石油化工行业用于金属滤网的清洗疏通，化工容器、交换器的清洗等；在电子行业用于电子零件等的清洗。

3. 超声雾化和超声加湿

超声雾化多年来一直用于医学治疗。在液体中加入药物使之雾化，让患者吸入，用来治疗呼吸系统疾病。超声加湿器深受冬季空气干燥地区人们的欢迎，已走入千家万户。两者基本原理相同，即在液体（如水、药液）中放置一个平面超声换能器，让它的超声辐射面朝上，开动电发生器，使换能器向上发射强超声。在液体表面会形成一个喷泉，加大超声波的强度，喷泉的喷柱内会出现光区，当超声波足够强时，喷柱内会形成一个空化区，空化所产生的冲击波作用到喷柱表面，产生表面张力波，形成更多的悬浮液体雾粒。

4. 超声提取

超声提取主要是基于超声波的空化作用、机械效应而促使细胞中的有机物分解释放，对提高提取效率有重要的意义。在进行超声处理过程中，超声波作用于介质情况下，介质中会产生很多的小空穴，且瞬时闭合，而产生很高的压力，这样会导致出现空化现象。超声空化过程中大量的微小气泡爆裂后相应的压力也会达到很高水平，从而达到短时间内破坏细胞壁的目的，使破碎时间明显减少，且在此作用下产生很强的振动作用，使细胞内的物质释放、扩散。

5.5　其他声学技术

声学还有其他广泛应用，如声呐技术、声悬浮技术、声纹识别技术等。

5.5.1　声呐技术

声呐（超声波测距仪）是利用超声波原理的另一大发明。蝙蝠发出的超声波遇到障碍物就会被反射回来，迅速判断前方是什么物体，距离有多远，是食物、树干还是敌人，然后决定进攻或躲避。声呐采用相似的方式工作。它的工作原理是：利用声波在水下的传播特性，通过电声转换和信息处理，完成水下探测和通信任务。雷达主要在空中发挥其优势，而声呐则是水声学中应用最广泛的一种装置，是对水下目标进行探测、定位和通信的电子设备。

声呐技术至今已有超过 100 年历史，它是 1906 年由英国物理学家李维斯·理察森发明的。到第一次世界大战时被应用到战场上，用来侦测潜藏在水底的潜水艇，这时的声呐只能被动听音，属于被动声呐，或者称为"水听器"。1915 年，法国物理学家保罗·郎之万与俄国电气工程师合作发明了第一部用于侦测潜艇的主动式声呐设备。尽管后来压电式变换器取代了最初使用的静电变换器，但他们的工作成果仍然影响了未来的声呐设计。1916 年，加拿大物理学家罗伯特·玻意耳承揽了一个属于英国发明研究协会的声呐项目，在 1917 年制作了一个用于测试的主动声呐。1931 年美国研究了类似的装置，称为 SONAR（声呐）。

目前，声呐技术多用于海洋测绘、海流流速测量、海洋渔业和水下通信。例如，利用声呐技术制成的探鱼仪，可以大大提高捕鱼的产量和效率。海水养殖场利用声学屏障防止鲨鱼的入侵，阻止龙虾、鱼类的外逃。在水下，利用声呐系统可代替导线的连接，使用声束传递信息，实现舰艇之间的通信和交流。

声呐技术的应用，使大量海洋生物受到了威胁。由于中频声呐试验导致的鲸大量搁浅及死亡事件也多次出现。20 世纪 90 年代美军在北约的一次演习中，发现十几头剑吻鲸搁浅；三年后的一次百慕大海域演习中，一百多米的海岸上出现了三个种类共 16 头鲸搁浅现象，且其中有 6 头鲸已经死亡。科学家对这些搁浅的鲸进行检测，发现它们的眼睛、颅部出血，肺爆裂，根据此次事故也确凿地证明了声呐会影响海洋哺乳动物；2002 年美国马萨诸塞州海滩上有 60 多条鳕鱼集体自杀，事后进行原因分析发现也是声呐实验而导致；三年后夏威夷的美军声呐测试开始后，对应区域中大约有 200 头鲸鱼搁浅；2005 年北卡罗来纳州的声呐试验导致 30 多头虎鲸搁浅；美国"无瑕"号在南海巡行过程中打开声呐后，在其附近区域内的中国香港海岸边，一头 10 多米长的座头鲸搁浅。目前，国际呼吁在海洋哺乳动物的附近，要尽量避免使用声呐。

5.5.2 声悬浮技术

在高声强情况下，会产生声悬浮效应，其原理为通过声驻波与物体的相互作用而产生一定垂直方向的悬浮力，且引发对应的水平定位力，从而使物体固定在对应的位置上。

近年来，声悬浮技术还被广泛用于微剂量生物化学研究。它可以消除容器对分析物的吸附，保持细胞的自然生存环境，避免器壁对分析检测信号的干扰。

声悬浮技术是在重力或微重力空间利用强声场的辐射压力与物体重力相平衡，而使该物体稳定地悬浮在声场中或在空中移动的技术。声悬浮技术简单易行，没有明显的机械支撑，几乎对客体没有附加效应，从而为熔炼超高纯度固体材料、研究流体和生物体的力学性质提供了支持，在物体学、流体力学、生物学、航空领域有非常广阔的应用前景。

有人曾利用此项技术测定了液体的抗张强度，研究液体中声空化及声致发光的动力学性质，测定亚稳态液体（过热或过冷）及红细胞的力学性质；研究悬浮液滴的各种振动模式和液体的黏滞特性等。利用声悬浮及雾化技术可以将塑料或石蜡均匀地包敷在微玻璃球表面。美国国家航空航天局在航天飞机中利用此技术熔炼了高纯度的固体材料。

5.5.3 声纹识别技术

所谓声纹，是用电声学仪器显示的携带语言信息的声波频谱。声纹识别技术是基于每个人的声音特征（声纹图谱）都是唯一且几乎很少会发生变化的特性而进行个人身份识别的。从 20 世纪 60 年代开始，声纹识别技术被广泛地进行研究，并应用到电话查询、电话交易、个人身份证明乃至侦察技术等诸多领域。

例如，在传统的呼叫中心系统中，通过声纹识别技术进行用户身份识别，可以提高呼叫中心工作的效率；在通过电话进行交易的系统中，如电话银行系统、商品电话交易系统、证券交易电话委托系统，可采用声纹识别技术来进行交易者身份识别与确认。用户的声纹是唯一的，可以通过语音信息进行身份确认，提高了交易的安全性，大大降低了用户名和密码被猜中或者被窃取、被欺诈的可能性。声纹识别技术应用到个人电脑及手持式设备上，可以无须记忆密码，保护个人信息安全，大大提高了系统的安全性，方便用户使用。把含有某人声纹特征的芯片嵌入证件中，可用于信用卡，银行自动取款机，门、车的钥匙卡，授权使用的电脑，声纹锁及特殊通道口的防伪身份卡。与二维码技术相结合的防伪技术，在国外已广泛应用在国防、公安、交通运输、医疗保健、工业、商业、金融、海关及政府管理等领域。

参 考 文 献

褚洪光，2019. 超声波的特性及在医学诊断中的应用价值[J]. 中西医结合心血管病电子杂志，7（19）：83.

冯若，许坚毅，史群，等，1990. 超声空化与超声医学[J]. 中国超声医学杂志（S1）：7.

井晓燕，2013. 浅议超声治疗技术在生物医学上的应用[J]. 中国医药指南，11（16）：500-501.

林书玉，杨月花，2004. 医学超声治疗技术研究及其应用[J]. 陕西师范大学学报（自然科学版）（2）：117-122.

吕铭，陈雷，2017. 浅析医学超声治疗技术及其应用[J]. 中国医疗器械信息，23（13）：33-34.

谢银月，唐懿文，徐申婷，2019. 超声波的物理特性及医学应用[J]. 中国教育技术装备（2）：26-28.

赵卫星，2019. 超声波传感器及其应用[J]. 科技风（23）：8.

第6章 核能与核辐射应用

核物理的发展不仅为人类提供了新的能源——核能，还提供了种类繁多的核辐射技术。目前，核辐射已广泛应用于工业、农业、医学、资源、环境、公共安全、科研等诸多领域，并取得了显著的经济效益和社会效益。

6.1 核 能

核能是一种高效的能量，是通过核反应从原子核释放的能量，在进行核能分析时可基于 $E=mc^2$ 计算核能。各种物体都处于一定的不稳定状态，由一个原子分裂成两个原子，叫核裂变；而反方向的则为核聚变，太阳释放的能量就来源于核聚变。原子弹和核电站都是基于核裂变而释放的能量。核裂变过程中释放出的能量低于核聚变。在核电站中裂变堆的核燃料蕴藏极为有限，在运行过程中会产生一定的辐射，对机体产生伤害，此外在核裂变过程中产生的废料也不容易处理。而核聚变的辐射相对少，是未来核能研究领域的重点。

核能是人类历史上的一项伟大发现，从 19 世纪末英国物理学家汤姆孙发现电子开始，人类逐渐揭开了原子核的神秘面纱。19 世纪末期德国物理学家伦琴在一次实验研究过程中发现了 X 射线。其后贝可勒尔发现了放射性，并开始引起学术界的广泛关注，与此相关的研究不断地增加。其后几年居里夫人研究发现了放射性元素钋和镭。爱因斯坦在进行相对论研究过程中发现了质量与能量的转换关系，且提出了质能转换公式。而第一次世界大战期间卢瑟福通过实验对氢原子核进行检测，且在其中只发现一个正电荷单元，称为质子。20 世纪 30 年代查德威克进行此方面研究时发现了中子。奥托•哈恩发现了核裂变现象。其后的研究中，美国芝加哥大学建成第一座核反应堆，从此开辟了核能利用的新纪元。1945 年 8 月，日本的广岛和长崎被投掷原子弹。20 世纪 50 年代苏联建成了第一个商用核电站，这为核能的大规模应用打下了良好的基础。目前在军事、能源、工业相关的领域，核能都有广泛的应用，且各国也都加大了核能的研究和应用力度。

6.2 核能的利用

6.2.1 核能发电

核电站是利用核裂变能的持续均匀释放来发电的装置，是核能和平利用的主要途径。核反应堆是核电站的心脏。核反应堆有许多种类，按照引起核裂变的中子的能量来分类，可分为热中子反应堆和快中子增殖反应堆。热中子反应堆，是依靠速度大为减慢了的，而又处于在热运动情况下的热中子轰击铀-235 原子核，使其发生链式裂变反应。目前，世界上多数核电站用的反应堆都是热中子反应堆。快中子增殖反应堆是第二代新型先进反应堆，铀-235 一次裂变时可以产生两三个中子，而维持链式反应只需要一个快中子，其余的快中子可以被铀-238 吸收，使大部分铀-238 变成另一种核燃料钚-239。每发生一个铀-235 的裂变就可以产生一个以上的钚-239，所以核燃料得到了增殖。一座快中子增殖反应堆核电站在 5～15 年时间里，所增殖的核燃料就可以和起初投入的核燃料一样多。

　　我国已建成多座核电站，其中秦山核电站是中国自行设计、建造和运营管理的第一座 30 万 kW 压水堆核电站，地处浙江省嘉兴市海盐县，也是目前国内核电机组数量最多、装机最大的一座核电站。秦山核电站选择了压水堆，其技术很成熟，有较高的安全性，核岛内通过燃料包壳、压力壳进行安全屏蔽，因而在出现事故后，可有效地避免内压、高温引起的影响，减少热源伤害。

6.2.2　核动力

　　核动力在航海方面的应用主要有核潜艇、核动力航母等。常规动力潜艇在水下航行依靠化学电池作为动力，再高效率的电池容量总是有限的，所以它不可能长期待在水下，需不时升到水面来充电。这样其隐蔽性和安全性都会受到威胁。核潜艇一次装料可使用数年，无须为充电而浮出水面，且核潜艇的续航力强、隐蔽性好，可在水下连续滞留 60～90 昼夜，其功率大、航速高，动力装置不需要供氧，也不排烟，增加了水下活动的安全性。与常规航母相比，核动力航母功率大，机动性能好，核燃料换料周期长，如美国的尼米兹级航空母舰，装满燃料可连续绕地球航行 50 圈。除此之外，还有核动力巡洋舰、核动力破冰船等装置，与常规动力相比，最大的优势就是续航能力强。

　　核动力装置在航天与航海的应用方面有很大的差距，在航海方面的应用早已实现，而在航天方面更多存在于美好的想象。核动力比较成熟的方法是使用反应堆，但是它的体积大、质量重、有放射性。航天装置的特点是需要使用小型轻质的材料，不适合使用反应堆。

6.2.3　核武器

　　原子弹是核裂变而形成的，由中子轰击重核而促使其裂变并释放出一定的能量。氢弹是核裂变+核聚变而形成的，在原子核裂变过程中会释放很多的高能中子与氘化锂反应生成氚，氚和氘聚合后会释放出大量的能量。氢弹对环境破坏太严重，威力过度失去武器的意义。中子弹是一种特殊类型的小型氢弹，是核裂变和核聚变共同形成的，用中子源轰击重核产生裂变，裂变产生的高能中子和高温促使氘氚混合物聚变。它的特点是中子能量高、数量多、当量小。中子弹最适合杀灭坦克、碉堡、地下指挥部里的有生力量。按威力排序：氢弹最大，其次是原子弹、中子弹；按辐射排序：中子弹最强，其次是氢弹、原子弹；按污染排序：氢弹最严重，其次是原子弹、中子弹。

6.3　核辐射技术

　　核辐射技术是利用原子核发出的射线及加速器产生的粒子和射线，与物质相互作用来研究物质的一项现代科学技术，综合性强、应用面广。它具有高灵敏度、特异性、选择性、抗干扰性、穿透性等特点，是众多常规非核技术不可替代的。核技术包括放射性同位素示踪技术、核分析技术、核成像技术等，其应用领域在不断地扩大，且和其他学科交叉，而产生了一些新分支学科，如核农学、核医学等。

6.3.1 核技术的农业应用

1. 辐照育种

辐照育种相对于传统育种的优点是突变率比自然变异率高 $100\sim1000$ 倍；其方法简便，且育种周期短；由于利用中子、离子束、γ 射线等辐射，可引起生物体遗传器官的某些变异，如染色体或核酸分子的某种断裂，有可能使原品系遗传中的某些不良基因丢失，而保持原来的优良基因，从而达到高产、早熟、增强抗病能力、改善营养品质的目的；可改变作物的孕性，使自交不孕植株变为自交可孕的变异植株。我国用辐照育种技术已培育的良种有水稻、小麦、玉米、大豆等。其中，"鲁棉 1 号"棉花、"原丰早"水稻、"铁丰 18 号"大豆等项目获国家技术发明一等奖。

2. 农用同位素示踪和核分析技术

1）微量元素

农作物长期不断地从耕作土壤中摄取为植物生长、开花、结籽所必需的微量元素，由此导致土壤中的微量元素逐渐缺乏。由于大量使用化肥，元素的拮抗效应也造成微量元素亏损，其后果是农作物产量下降或其品质恶化。迄今为止，已发现 Zn、Cu、Fe、Mn、Co、Se、Cr、Mo、V、Ti 等微量元素是生物所必需的，在其代谢过程中起着重要的生理作用，能增加植物体内叶绿素的含量，提高光合作用效率和促进光合产物的转运，有利于增加农作物的结实率和干物重。以稀土为例，可使小麦产量提高 $7.8\%\sim8.5\%$；可使玉来增加双穗率、穗长和粒重，增产幅度为 $5\%\sim10.8\%$；可使甜菜增产 8%，含糖量增加 $0.36\sim0.52$ 度。相反，微量元素的缺乏会诱发植物不同病症，如玉米缺锌得白花病，小麦缺硼得不孕症等。

应用核分析技术、同位素示踪技术、可活化稳定核素技术、核径迹探测技术等，对农作物生长相关的微量元素背景值进行检测，确定出在农作物生长过程中，这些元素的分布、吸收、蓄积相关的状况，可为微量元素的生物效应研究提供支持，也为提高农业技术水平起到促进作用。

2）光合作用与生物固氮机理的研究

光合作用是自然界的最基本过程之一，是在生物体内实现物质和能量转化的基础。生物固氮作用是利用微生物固氮酶，将空气中的氮直接且高效地转化为植物可利用氮的过程。光合作用和固氮作用是当前两大科学前沿问题，既具有重要的科学意义，又对实现高效、优质农业有极大的推动作用。同位素示踪技术可用来研究光合作用的复杂过程，如用碳-14 标记的 $^{14}CO_2$ 研究农作物各部位的光合强度、环境因素（光入射方向、温度、水分、CO_2 浓度等）对光合作用的影响，以及测定绿色器官的光合强度及其对产量的贡献。在生物固氮方面，可利用 ^{15}N 示踪技术鉴定固氮菌种、测量固氮量、研究固氮规律和机理。

3）农业生物工程

农业现代化的一个重要标志是基因工程技术的水平。人类现可利用基因改造培育所需植物品系，发展优良性状，消除劣质因素。农业生物工程的实质是分子水平的遗传工程，关键在于 DNA 的重建和复制。同位素示踪技术可标记生物体的各种组分，如蛋白质、氨基酸、糖类、脂类、核苷、激素、DNA 和 RNA 等，甚至可标记染色体、细胞、抗体、病毒、噬菌体和微生物，因此在农业生物工程中有广泛用途，用于基因的表达、分离、剪切、重组和转运等，培育出具有优良基因的突变体，实现农作物的优质高产。

4）植物营养代谢及肥效研究

营养成分的吸收、输运、分布、再利用是植物生命活动的基本代谢过程，利用同位素示踪技术可揭示植物营养代谢的基本规律，提高肥料利用率，指导农业生产。例如，利用碳-14示踪法，发现植物根系能从土壤中吸收 CO_2，这个过程与植物叶片从空气中直接吸收 CO_2的过程完全一样。根系能从土壤中吸收碳素这一事实表明，施用有机肥料对于农作物生长具有不可忽视的作用。

同位素示踪技术还证实，有的植物的叶面和根部一样，也能吸收营养成分，这为改进施肥方式提供了科学依据。当植物生长发育到某一阶段，通常在结实阶段，可向植物的地上部分喷射或撒布肥料，提高植物对肥料的吸收。该法已用于棉花、土豆、甜菜等农作物生产，获得了不同程度的增产效果。

3. 食物辐照储藏和保鲜

粮食、果蔬、肉食等在制作、运输、储存与销售过程中，常常因病虫害侵蚀，发生腐败、霉烂、高温发芽等变质。在食品存储领域，常用的方法有干燥、腌制、冷藏、熏制和化学防腐等，其各有一定的适用性，相应的技术也已经很成熟。不过也存在不少问题，如能耗大、不易保鲜。而食物辐照保鲜技术具有很多优势，如节约能源、保鲜能力强、抑制发芽、可杀灭隐藏很深的病菌和害虫、无化学添加剂、无感生放射性、可改善食品品质等，且辐照技术操作简便，易于实现自动化。

4. 病虫害防治

昆虫辐射不育是一种采用核辐射防治病虫害的有效技术。与传统技术相比，昆虫辐射不育技术的特点是：无农药污染，有利于环境保护；杀虫选择性强，不会在杀灭害虫的同时祸及其他有益生物或害虫的天敌；不会像农药易使昆虫产生抗药性；防治效果持久。因此，它是目前唯一有可能灭绝一个昆虫种群的现代生物防治虫害的高新技术。

5. 低剂量辐射增产

一定剂量的辐射可促进生物体的生长发育，这种现象称为辐射刺激生长作用。一些作物的种子、鱼卵和蚕蛹经辐照处理后，具有早熟、抗病、增产等特点。运用这一核辐射技术可在相同的栽培或饲养条件下达到优质高产的目的。

6.3.2　核技术的工业应用

核技术已广泛应用于工业领域的各个方面。利用放射性同位素示踪法可呈现被检物的动态过程及效果，如在给水工程中应用示踪原子检漏，在水文地质勘探中利用放射性同位素作指示剂来确定地下水的运动方向和流速。同位素射线容易被物质吸收，将其作为信息源，可检测在反应期间相关非电参数等的变化情况。在此基础上研发出各类型的同位素监控仪表，常见的有料位计、密度计、核子秤等。在生产流程中，这些仪器已经被大量地应用，同时也促进检测方法不断地改变。另外，利用核射线的穿透性，可检查机械零件内部的缺陷，利用射线的电离能力可消除有害的静电积累等。

核技术在工业领域的另一个应用是辐射加工。它是利用电离辐射对物质和材料进行加工处理的技术，目前已在交联电缆、热缩材料、橡胶硫化、泡沫塑料、表面固化等方面取得显著成效。例如，用高分子材料制成的聚乙烯电缆，受到射线的照射后会产生明显的交联和接枝反应，这样可有效地改善材料的阻燃性、载流量，且可使绝缘性能也有一定幅度的提升，在机场等照明领域这种线缆已经得到应用。

6.3.3 核技术的医学诊断和治疗

核辐射技术在医学中的应用已构成了一门具有重大经济效益和社会效益且发展迅速的新兴学科——核医学。核医学当前的主要应用方向之一是用同位素和核辐射技术进行疾病的诊断和治疗，另一方向是用加速器产生的束流对癌症进行放射治疗。

1. 放射性药物

凡含有放射性核素的医用化合物制剂统称为放射性药物，可分为体内放射性药物和体外放射性药物两类。体内放射性药物主要用于诊断和治疗，体外放射性药物主要用于放射免疫分析和受体放射分析。

放射性药物进入体内后，按其生化行为通过体内新陈代谢过程，选择性地分布、蓄积在某些脏器或组织中。当在体外用核辐射探测器进行扫描分析时，可将放射性药物在体内的分布及代谢活动记录下来，实现静态甚至动态诊断目的。放射性药物有可能富集在患病部位（如癌组织），药物放出的辐射可破坏病理组织的细胞，起到局部且定向的辐射治疗作用。由于放射性核素种类繁多，且从理论上讲，可与任何有机化合物结合，因而可将放射性核素结合到易于和癌细胞亲和的化学物质和生物大分子（如抗体）上，从而被定向运送到癌组织上，杀死癌细胞。放射性药物的这种特性被称为"生物导弹"，是一个十分活跃的研究领域。

放射性药物在临床诊断上的应用主要是脏器显像和脏器功能检查。放射性药物由于具有方法简便、安全可靠、灵敏度高，能反映体内生理生化过程、反映组织器官动态功能的定量信息、应用范围广等特点，受到高度重视。

放射性药物的体外诊断在核医学中也占有重要位置。诊断内容主要有甲状腺、乙型肝炎、肿瘤、计划生育和优生优育医学指标、内分泌系统、心血管疾病等。核酸（DNA 和 RNA）探针是放射性药物体外诊断中的一种新技术，具有放射性同位素探测的高灵敏度，又具有重组 DNA 同源序列互补的高度选择性，可在分子水平上直接对遗传物质实现特效且快速的检测，特别适用于病毒与细菌感染的检测。目前，核酸探针已在肝炎病毒、人乳头瘤病毒及巨细胞病毒等诊断方面实现了药盒化。

2. 核医学成像技术

核医学成像技术的基本原理是，通过亲脏器的放射性核素及其标记化合物将放射性浓集于特定脏器，然后在体外应用放射性测量技术来显示脏器影像及放射性核素在脏器中的分布。目前，全身的主要脏器几乎都可以用核医学成像技术显示，再结合其他临床诊断技术来诊断脏器的疾病。例如，正电子断层扫描仪（PET）、核磁共振断层扫描仪（NMR-CT），以及正电子发射计算机断层显像（PET-CT）等已广泛应用于脑和心脏等领域重大疾病和肿瘤的早期发现和诊断。

3. 放射治疗

利用由放射性核素或各种加速器产生的核辐射来治疗疾病的手段，称为放射治疗，可分为外部放射治疗和内部放射治疗两类。

内部放射治疗最常用的放射源是碘-131，可用于治疗甲状腺功能亢进症，总有效率达90%以上。近年来，利用单克隆抗体的放射性标记化合物发展迅速，特别是在缓解癌症转移时的骨疼痛方面已取得突破。

外部放射治疗主要用于杀死癌细胞。在各种核辐射中，以快中子、质子、π 介子和重离子的治疗效果为好。因为与传统钴-60 产生的 γ 辐射相比，快中子、质子、π 介子等的线性能量转换率高，相对于生物学效应高、氧增比小，有利于杀伤缺氧癌细胞，所以研发各种可产生快中子、质子等束流的加速器是当前放射治疗的一个重要发展趋势。

6.3.4　核技术的环保应用

环境问题已成为当今世界各国关注的焦点。核辐射技术在环境污染治理和环境影响评价领域也有较高的应用价值。目前众多环境治理相关的全球合作项目已经大量开展，这为核辐射技术应用于环境治理打下良好的基础。

1. 环境质量监测

以中子活化分析为主的核技术常用来检测环境污染中的重金属元素，如汞、砷、铅、铬、镉等。例如，有机汞具有高毒性，可在人体内穿过血脑屏障，使人的脑组织及中枢神经系统受到不可逆的损伤。亲脂性的有机汞还可以穿过胎盘屏障，从母体进入胎儿，高度富集在新生婴儿体内，造成严重毒害。利用中子活化分析研究汞在母子体之间的转移规律具有重要意义。

中国科学院高能物理研究所的科研人员与兄弟单位合作，从 1970 年起，利用中子活化分析等核技术系统研究了我国北京、广州、西藏、新疆、江西、东北等地大面积土壤中的微量元素背景值，以及长江、天池、五大连池、洞庭湖水系、渤海湾、东海沿岸等河流、湖泊、海湾水体的污染情况，积累了大量数据和资料，为我国的区域环境质量评价做出了贡献。

2. 环境污染的辐射治理

在目前社会发展和工业化迅速推进的形势下，环境污染问题也明显地表现出来，这对治理"三废"问题也提出了更高的要求。核辐射技术在处理"三废"方面有明显的优势，效率高，且方便操作，因而与此相关的研究也在不断地增加。目前在小规模试验和半生产规模工程应用领域，核辐射技术已经开始应用，且积累了丰富的经验。

1）废气的核辐射处理

当前造成大气污染的一个主要原因是发电厂燃煤等化石燃料产生的氮和硫的氧化物。它们导致酸雨形成，破坏生态环境和建筑物，危害极大。

为了去除燃煤电厂废气中的二氧化硫，常可采用双碱法、碱淋洗法等非核手段。但是对于一氧化氮，目前除核辐射技术外，尚无一种行之有效的治理方法。为此，基于电子加速器的废气治理方法近年来有了长足进展，其原理是在电子束照射下，废气中的二氧化硫及氮的氧化物与氨发生辐射化学反应，形成硫铵与硝铵，达到同时脱硫脱硝效果，且制得农用肥料。据日本一套处理废气能力为 $3000 m^3/h$ 的大规模示范装置结果表明，脱硫率为 99%，脱硝率为 88%，而且在经济性分析上也处于有利地位。可以预见，电子束烟道废气处理技术到 21 世纪末可成为治理工业废气污染的主要方法。

2）废水的核辐射处理

来源不同的废水成分极为复杂，所含污染物种类也极为不同，通常有含氯有机物、洗涤剂、有机溶剂、苯酚、有机汞等化学毒物，以及细菌、病毒等。常规的废水处理方法（如紫外线消毒、加热灭菌、用氯气等化学试剂）消毒不彻底，有可能造成二次污染，能耗高、处理费用大。因此，世界上已有不少国家转向用核辐射技术处理废水，现已建立了近百座半生产性的废水辐射处理工厂。

辐射处理废水可显著降低生物耗氧量、化学耗氧量及有机总碳量；能彻底杀死废水中的细菌、病毒及其他有害微生物；可处理制革、电镀、纺织、印染、造纸、化学等工业废水，以及生活废水和养殖业废水；工艺过程简便，可连续运行。

3）废物的核辐射处理

废物包括污泥和固体垃圾，其中既含有大量化学毒物和细菌等，又含有不少可再生利用的工业原料和营养素。

常规的焚烧法、填埋法、化学分解法、巴氏消毒法等都有其局限性，且浪费了大量资源。目前，国际上普遍认为，辐射处理是一种很有前途的废物处理方法。美国、德国、日本等工业发达国家均建造了用铯-137作为辐射源的废物处理示范工厂，经辐射处理后的污泥还可用作肥料、土壤改良剂或家畜的辅助饲料，且处理成本大为降低，只有焚烧法的30%。

一些塑料废物、纤维素废物经辐射处理后，可作为工业原料再次利用，不仅治理了环境污染，而且节省了资源，实现物尽其用。

3. 氡的监测

随着生活水平的提高，人类对居住环境质量的要求也越来越高，其中一个重要环境指标，即室内的氡含量。已知氡是铀的放射性衰变子体，属于惰性元素，呈气态，易于被人吸入而沉积在肺部。现代医学资料证明，氡在呼吸器官的蓄积易诱发肺癌，是人类的无形杀手之一。为此，近年来世界各国（尤其是美国）利用固体核径迹探测技术、热释光片或测氡仪等核分析技术，定期对各种类型的居室中的氡水平做长期追踪检测。核分析技术操作简便，只要在居室内若干位置放置可记录氡产生的核辐射塑料小片，随后用相应的显微镜或普通核仪器，即可测出室内氡的积分通量，因此深受社会欢迎，且已实现了商业化。

氡的监测特别适用于地下室和半地下建筑设施，在地区上首先应考虑在花岗岩地区使用，如我国的华南地区。

6.3.5　核技术的基础科研应用

核辐射技术不仅在国民经济各领域中有重要的应用价值，而且由于它独特的核性质，在基础学科研究中的作用也令人瞩目。利用核辐射技术可以解决非核技术难以解决甚至根本无法解决的科学难题。核技术与天体化学、生物医学、考古学、地学、固体物理等学科的结合，已产生了多门充满活力的边缘交叉学科，同时，也培育了众多的诺贝尔奖获得者，如提出同位素稀释法和中子活化分析的赫维西（Hevesy）、用于考古和地质样品年代测定的碳-14法的奠基人贝利（Libby）、发现无共振反冲吸收现象的穆斯堡尔（Mössbauer）、发明医用 X-CT 成像技术的豪斯菲尔德（Housefield）和科马克（Cohmark）等。

1. 核天体化学

核技术在天体的灾变事件，太阳系的化学分馏及系外物质的寻找，宇宙尘埃、陨石成因和分类，陨击作用和成坑机制等方面，做出了重要贡献。例如，20 世纪 80 年代十大自然科学成果之一的地球演化史中撞击事件的研究。

由放射性衰变方法测得地球的年龄为 46 亿～47 亿年。据化石标本的研究，地球上最古老的生物遗迹可追溯到 35 亿年前。1980 年以诺贝尔奖获得者阿尔瓦雷斯为首的贝克莱小组，利用灵敏度高、准确度好的中子活化分析技术，测得意大利古比奥和丹麦斯特文斯克林两地的白垩纪和第三纪界线黏土层中的铱含量比背景值高 30～100 倍。这一异常结果，导致了恐龙绝灭的地外物质撞击说的迅速发展。

2. 核生物学

核辐射技术在生命科学基础研究中获得了广泛的应用，如对核酸结构的研究。没有放射性核素示踪技术，就不可能揭示 DNA 的结构，也不会有现在的生物遗传工程。目前，常用于测定核糖核酸一级结构的片段重叠法和直读法，均利用铍-32 放射性核素示踪，结合放射自显影法，即可阅读核苷酸顺序。另一个重要实例是美国加州大学的卡尔文小组，利用碳-14 放射性核素及放射自显影法，揭示了植物取得 CO_2，以及 CO_2 被还原为碳水化合物的途径。这是自然科学研究的一项重大成就，卡尔文因此获得了诺贝尔奖。

此外，核辐射技术在人体内营养素的吸收、分布、蓄积和排泄，以及动力学研究，尤其是在亚细胞或分子水平上研究物质的分布等方面，都已起到了重要作用。

3. 核地学

地学是一门十分古老的学科，早在 2000 多年前的古籍《管子》一书中就有关于地学研究的记载："山上有赭者其下有铁，上有铅者其下有银。一曰：'上有慈石者其下有铜金。'"古代人们的这种见解与现在的深部找铀矿的思路完全一致。

到了 19 世纪末期，在某种程度上正是由于铀矿物学的发展，导致了放射性的发现及核科学的诞生。其后，在核科学自身发展的进程中，又反过来对地学研究以极大的推动。例如，放射性衰变规律的发现马上被应用到地质样品的同位素衰变平衡年代测定中。根据大量实验结果，可推得宇宙年龄为 150 亿～200 亿年，银河系的年龄为 100 亿～120 亿年，重元素的年龄为 62 亿～77 亿年，太阳星云的凝聚年龄和地球年龄为 46 亿～47 亿年，并可估计出地球各个地质历史时期的年龄。用核技术还可验证地学中的一些重大基础问题，如板块学说、海底扩张说、地磁反转、高分辨地层划分标志等。

4. 核考古学

考古学的主要任务之一是年代测定，正是利用了各种先进的核技术，才使考古学从过去的定性鉴别上升到科学的定量判别。现在考古标本常用的测年方法是碳-14 法和热释光法，值得一提的是用加速器质谱法测碳-14 的纪年法。

常规的碳-14 法是用低水平 β 计数器测定碳-14 原子核的衰变数目。假定某一含碳的考古样品，年龄为 22000 年，则每克样品每分钟的碳-14 衰变数只有 0.88，这是因为碳-14 的半衰期长达 5730 年之故。为了克服放射性本底和提高测量精度，则需要大量的样品，并做很长时间的测量。显然这对珍贵的考古样品，是不现实的。加速器质谱法是计数碳-14 的原子数目，而不是它的衰变数，其灵敏度比传统方法高得多。仍以上述样品为例，在 1g 样品中的碳-14 原子数目高达 $3.6×10^9$ 个，所以加速器质谱法所需的样品量大为减少，一般只需几毫克至几十毫克，测量时间也可大大缩短，还可测定更古老的样品，从而拓宽了碳-14 纪年法的适用范围。

核技术在考古学中的另一应用方面是判别考古样品的产地。利用中子活化分析法、离子束分析等核技术，结合统计数学方法，对考古样品的产地做出科学判断。我国考古科学工作者和核技术专家已在中国古代陶器等产地探寻方面取得了重要成果。

此外，利用核技术还可以了解古代的工艺水平。一个典型实例是，复旦大学和中国科学院上海应用物理研究所利用离子束分析技术，研究了湖北省荆州市江陵县望山楚墓群一号墓出土的越王勾践剑。结果表明，约 2500 年前，我们的祖先在冶金和热处理方面已掌握了铬化等先进处理技术。

在核辐射技术的应用进程中，原有的核技术不断成熟，新的核技术不断诞生。例如，同步辐射技术、自由电子激光技术、冷中子技术、慢正电子束技术等。核辐射技术在 21 世纪将为国民经济发展和科学研究进步做出更大的贡献。

参 考 文 献

戴剑锋，李维学，王青，2005．物理发展与科技进步[M]．北京：化学工业出版社．

杜祥琬，2008．让核技术为国家可持续发展再创辉煌[J]．中国工程科学（1）：9-11．

方鹏，2017．核辐射技术在环境保护中的应用[J]．资源节约与环保（9）：71-72．

傅依备，许云书，黄玮，等，2008．核辐射技术及其在材料科学领域的应用[J]．中国工程科学（1）：12-22．

第7章 纳米材料

材料是人类用于制造物品、器件、构件、机器或其他产品的物质的总称，它是人类赖以生存和发展的物质基础。材料与国民经济建设、国防建设和人民生活密切相关。20世纪70年代，材料、信息和能源被誉为当代文明的三大支柱，80年代以高技术群为代表的新技术革命，又把新材料、信息技术和生物技术并列为新技术革命的重要标志。2010年9月8日，温家宝主持召开国务院常务会议，审议并原则通过《国务院关于加快培育和发展战略性新兴产业的决定》，会议将节能环保、新一代信息技术、生物、高端装备制造、新能源、新材料和新能源汽车7个产业确定为战略性新兴产业。

材料除了具有重要性以外，还具有多样性，它的分类没有一个统一标准。常见的分类方法是根据材料的性能特征，分为结构材料和功能材料。结构材料（structural materials）是以力学性能为基础，用于制造受力构件所用的材料，主要用于工程建筑、航空航天、机械装备等，如各种构件、连接件、运动件、紧固件、工具、模具等；功能材料（functional materials）是以材料的物理性能为基础，用于制造在光、电、磁、热、化学、生化等方面具有特定功能的材料，涉及面广，具体包括磁性材料、电子材料、信息记录材料、光学材料、敏感材料、能源材料等，以及阻尼材料、形状记忆材料、生物材料、薄膜材料等。这些功能材料应用于装备中，可制造具有独特功能的核心部件，在高新技术中占有重要地位。

纳米科学和技术作为一种最具有市场应用潜力的新兴科学技术，拥有潜在的应用价值，一些发达国家投入大量的资金进行研究。美国最早成立了纳米研究中心，日本文部科学省把纳米技术列为材料科学的四大重点研究开发项目之一。德国成立了以汉堡大学和美因茨大学为主导的纳米技术研究中心，政府每年出资6500万美元用于支持微系统的研究。国内许多科研院所、高等院校也组织科研力量，开展纳米技术的研究工作，并取得了一定的研究成果。

总之，纳米科学和技术正成为各国科技界所关注的焦点，正如钱学森院士指出的那样："纳米左右和纳米以下的结构将是下一阶段科技发展的特点，会是一次技术革命，从而将是21世纪的又一次产业革命。"

7.1 纳米材料与纳米科技

7.1.1 纳米材料

1. 纳米材料简介

纳米，是一个长度计量单位，是一米的十亿分之一，即 10^{-9}m，约为头发丝直径的万分之一。它的英文名为 nanometer，简称为 nm。词头"nano"来源于希腊文，本意是"矮子"或"侏儒（dwarf）"的意思。关于构成纳米颗粒尺寸范围的定义在文献上的说法不一，有的把纳米颗粒的尺寸定义为 1～10nm，有的把它定义为 1～50nm，还有的把它定义为 1～100nm。一般而言，在人体血液中的红细胞大小为 200～300nm，细菌（如大肠杆菌）的大小为 200～600nm，病毒的大小为 30～100nm，也就是说纳米颗粒的尺寸比红细胞和细菌还小许多，基本上相当于病毒的大小。当然，这样的大小对肉眼而言，是无法看见的，只能通过高分辨率的电子显微镜才能够进行观察。

关于什么是纳米材料，科学家进行了深入的研究和讨论。纳米材料又称为超微颗粒材料，由纳米粒子构成。纳米材料的分类有很多种，如果按照空间维度进行划分，可将其分为三类，包括：①零维材料，如纳米颗粒、原子团簇等；②一维材料，如纳米线（棒）、纳米管等；③二维材料，如超薄膜、超晶格等。如果按照传统材料学科体系进行划分，可将其分为纳米金属材料、纳米陶瓷材料、纳米高分子材料和纳米复合材料。如果按照应用领域进行划分，可将其分为纳米电子材料、纳米磁性材料、纳米隐身材料、纳米生物材料等。

无论纳米材料怎样划分，它都必须同时满足两个基本条件：①在三维空间中至少有一维处于纳米尺度（1～100nm）或者以它们作为"基本单元（building block）"构建的材料；②与"块体材料（bulk materials）"相比，能在性能上有突破或者大幅提高。这也就是说，不是所有的材料都可以称为纳米材料，即便是材料在尺寸上满足了条件，但是如果不具有因尺寸减小而产生的特殊性能，依旧不能称为纳米材料。2011年10月19日欧洲联盟（简称欧盟）委员会通过了对纳米材料的定义，之后又对这一定义进行了解释。根据欧盟委员会的定义，纳米材料是一种由基本颗粒组成的粉状或团块状天然或人工材料，这一基本颗粒的一个或多个三维尺寸为1～100nm，并且这一基本颗粒的总数量在整个材料的所有颗粒总数中占50%以上。由此可见，关于纳米材料的尺寸定义，公认的定义应该是介于1至100nm。

2. 纳米材料的发展历程

对于纳米材料制备方面的描述，可至少追溯到1000余年前。安徽徽墨，被视为人类最早使用的纳米材料之一。徽墨始于唐代末期，历经宋、元、明，到清朝达到鼎盛。徽墨制作工艺相当复杂，需要经过选料、练烟、漂洗、和胶、杵捣、成型、晾墨、挫边、洗水、描金和包装等程序。徽墨有落纸如漆、色泽黑润、经久不褪等特点。2006年5月，徽墨制作技艺经国务院批准列入第一批国家级非物质文化遗产名录。此外，中国古代的铜镜表面的防锈层，经现代分析检测证实也是由纳米氧化锡颗粒构成的一层薄膜。

1857年，法拉第首次将氯化金水溶液还原制备出红宝石色的金溶胶，这种溶胶所具有的奇异性质引起了众多科学家的广泛关注。胶体化学创始人——英国科学家托马斯·格雷姆（Thomas Graham，1805—1869）经过系统研究，于1861年首次提出了胶体的概念——胶体是一种微多相体系，由分散相和分散介质组成，分散相可以是气体、液体或固体。通常将分散相粒子线度介于10^{-9}～10^{-7}m间的多相体系称为胶体分散体系。由此，科学家们开始了对直径为1～100nm的粒子体系的研究。那个时候的化学家并未意识到这一尺寸范围是人们认识世界的一个全新领域，因此，他们只是从宏观的化学角度进行研究。

橡胶是具有可逆形变的高弹性高分子材料，因具有弹性、绝缘性、不透水和空气等优异的性能，被广泛应用于工业或生活各方面。早期的橡胶取自橡胶树、橡胶草等植物的胶乳，后期采用人工合成方法获得的合成橡胶则由各种单体经聚合反应而得。20世纪40年代初，科学家在橡胶中加入SiO_2纳米颗粒来提高橡胶的耐磨度。此后，SiO_2纳米颗粒被广泛应用于制备陶器、搪瓷、耐火材料、气凝胶毡等。

20世纪60年代，人们才从真正意义上有意识地用人工制造方法获得纳米粒子，并把纳米粒子作为专门的研究对象进行探索。1962年，日本物理学家久保亮五（R. Kubo）在研究金属离子理论时发现，在低温下金属超微粒子（当时久保亮五将粒径在100nm以下的粉末颗粒称为超微粒子）显示出与块体材料显著不同的物理性质。久保亮五据此提出了著名的"久保理论"，也就是超微粒子的量子限制理论或量子限域理论，从而推动了科学界向纳米尺度微粒的探索。

1984 年，德国萨尔大学的格莱特（Gleiter）用惰性气体蒸发原位加压法制备了具有三维块状结构的纳米晶体钯、铜、铁等，并提出了纳米材料界面结构模型。随后，他又发现 CaF_2 纳米粒子晶体和纳米陶瓷在室温下出现良好的韧性，这大大拓展了陶瓷增韧的技术途径。

1985 年，柯尔（Curl）、斯莫利（Smally）和克罗托（Kroto）三人采用激光加热石墨蒸发法在甲苯中制备了碳的团簇。经过检测，他们发现这个团簇含有 40～100 个偶数碳原子。当时化学界普遍认为碳元素的同素异形体是金刚石和石墨，但是他们的发现证实了碳元素有第三种存在形式——C_{60}（图 7-1），他们将之命名为"富勒烯"。这种独特结构的发现创立了一个崭新的化学分支。为此，柯尔、斯莫利和克罗托三人共同获得 1996 年诺贝尔化学奖。

1991 年，日本 NEC 公司基础研究实验室的电子显微镜专家饭岛澄男（Sumio Iijima）在用高分辨透射电子显微镜检验石墨电弧设备中产生的球状碳分子时，意外地发现了由管状的同轴纳米管组成的碳分子，这就是碳纳米管（图 7-2），又名巴基管。它是由石墨碳原子层弯曲而形成的碳管，直径为几纳米至几十纳米，管壁厚仅为几纳米。由于它径向尺寸为纳米量级，轴向尺寸为微米量级，所以碳纳米管被认为是典型的一维量子材料。它的质量是相同体积钢的六分之一，而强度却是钢的 10 倍。"纳米科技之父"、诺贝尔化学奖得主斯莫利认为，碳纳米管将是未来最佳纤维的首选材料，将被广泛应用于超微导线、超微开关及纳米级电子线路等研究中。

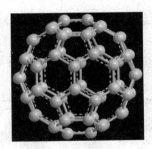

图 7-1 C_{60} 结构示意图

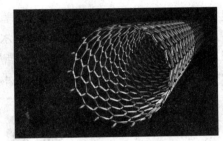

图 7-2 碳纳米管结构示意图

2000 年，美籍华裔物理学家王中林与他的同事利用高温固体气相法，在世界上首次成功地利用金属氧化物合成了 10～15nm 厚、30～300nm 宽的带状结构，俗称"纳米带"。纳米带具有很好的导电性和敏感性，而且制作成本不高，在纳米级传感器及光电器件的制作方面有很好的应用前景。这一发现与合成是继 1991 年发现多壁碳纳米管和 1993 年合成单壁碳纳米管以来，纳米材料合成领域的又一重大突破，引起了国际纳米科技界的极大关注。美国著名的学术期刊 *Science* 刊登了这一文章并评论说："该文章报道了振奋人心的纳米材料，从来没在科学文献中看到过这种材料。"

固体材料经历外力的反复作用而产生突然断裂或力学损伤被称为材料疲劳。它在材料学领域是一个普遍现象，也被认为是不可避免的事情。在生活中，当人们折叠曲别针时，经过多次折叠最终会导致其折断，这是由于材料疲劳所导致的。材料疲劳也会导致桥梁的突然倒塌、航行中的飞机突然解体等重大事故。2014 年，杨柳等人发现纳米材料具有全新的力学现象，即在高于屈服力的作用力下表面却完全没有损伤，就如在一定的作用力下可以将玻璃敲碎，但是当用更大的力去敲击时，玻璃反而完好无损。这大大提高了纳米材料力学性能，有望在多个领域得到更加广泛的应用。

众所周知，水滴落在荷叶上会形成近似圆球形的透明水珠，这些水珠滚来滚去而不浸润荷叶。荷叶不沾水的奥秘是什么呢？研究人员用扫描电子显微镜对荷叶表面进行了观察。他们发现，在荷叶的上表面布满很多微小的乳突，这种乳突结构通常被称为多重纳米和微米级的超微结构（图 7-3）。荷叶表面上这些大大小小的乳突犹如一个挨一个隆起的"小山包"，"小山包"之间的凹陷部分充满空气，这样就在紧贴叶面上形成一层只有纳米级厚度的空气层。水滴最小直径为 1～2mm，相比荷叶表面上的乳突要大得多，因此雨水落到叶面上后，不能浸润荷叶。水滴在自身的表面张力作用下形成球状体，水球在滚动中吸附灰尘，并滚出叶面，从而达到清洁叶面的效果。这种自洁叶面的现象被称作"荷叶效应"。

图 7-3　荷叶表面的小乳突

根据"荷叶效应"，2017 年，中国科学院江雷院士课题组制备出同样具有超浸润组合体系的铜片。超浸润组合体系使密度远大于水的铜片能够漂浮在水面上，同时还能够被牢牢地固定在水–气界面上。荷叶在水面摇动、强风吹拂及类似于瀑布的垂直水–气界面等环境下，依然能够保持很好的稳定性，如图 7-4 所示。

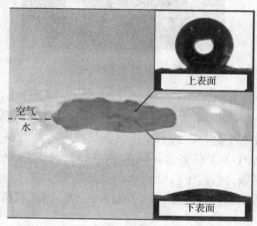

（a）漂浮在界面上的荷叶

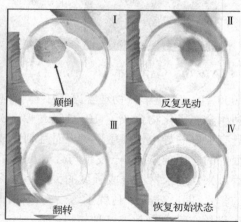

（b）反着放置的小片荷叶

图 7-4　荷叶在水面的稳定浮性和抗翻转特性

研究表明，这种具有自洁效应的表面超微纳米结构，不仅存在于荷叶中，也普遍存在于其他植物中。某些动物的皮毛中也存在这种结构。这种精细的超微纳米结构，不仅有利于自洁，还有利于防止大量飘浮在大气中的各种有害的细菌和真菌对植物的侵害。当今，仿生荷叶的技术已经渗透到了纺织、化工等诸多行业。很多企业开发了一些仿生荷叶的纳米材料和产品，如荷叶织物、荷叶防水漆、荷叶防水玻璃等。可以预见，将来会有越来越多的"荷叶效应"产品出现，更好地改善人们的生活。

近年来，纳米材料的合成领域得到了极大的拓展，它的性质和应用也得到了深入研究。具有良好尺寸、形状和成分的各种纳米材料已经被大量地合成出来，而且这些纳米材料也被广泛应用于各种领域，如电子学、光学、催化、能源和生物医学等。其中，不同晶相的纳米材料由于不同的原子排列及不同的电子结构，而表现出不同的物理化学性质，目前已成为一个研究热点。2019 年，凯撒（Kaiser）等人在 *Science* 上面报道了一种新的碳的同素异形体——C_{18}（图 7-5）。初步研究表明，这种全新的材料具有半导体的功能，在未来可能被用于制作分子级晶体管。

聚炔　　　　　　　连烯

图 7-5　C_{18} 的两种可能的结构

7.1.2　纳米科技

纳米科技是纳米科学技术的简称。纳米科技的基本内涵是在纳米尺寸范围（$10^{-9}\sim10^{-7}$m）认识和改造自然，它是用单个原子、分子制造物质的科学技术。它是以许多先进科学技术为基础的科学技术，是现代科学（包括混沌物理、量子力学、介观物理和分子生物学等）和现代技术（计算机技术、微电子技术、扫描隧道显微镜技术和核分析技术等）相结合的产物。该技术吸引了世界各国的许多优秀科学家参与研究。现今，纳米科技已发展成为一门前沿、交叉性学科，它的迅猛发展产生了许多新的科学技术。1993 年，在美国召开的第一届国际纳米大会上，纳米科技被划分为包括纳米物理学、纳米生物学、纳米化学、纳米电子学、纳米加工技术和纳米计量学在内的六大分支。

最早在纳米尺度上提出科学和技术问题的是美国著名物理学家、诺贝尔奖获得者理查德·费恩曼（Richard Feynman）。1959 年，费恩曼在一次题为《在底部还有很大空间》（*There is plenty of room at the bottom*）的著名演讲中提出："如果有一天能按人的意志安排一个个原子和分子，将会产生什么样的奇迹呢？"他预言："人类可以用新型的微型化仪器制造出更小的机器，最后人们可以按照自己的意愿从单个分子甚至单个原子开始组装，制造出最小的人工机器来。"在当时，费恩曼的这些想法，被人们认为是"科学幻想"，但是其后的几十年间，科学家通过不懈努力，将这种"科学幻想"变成了现实。

20 世纪 70 年代，科学家从不同的角度提出纳米科技的构想。1974 年，日本东京科技大学教授谷口纪男（Norio Taniguchi）最早提出使用"纳米技术"一词描述精密机械加工。

1981 年，宾尼希（G. Binnig）和罗雷尔（H. Rohrer）等人发明了费恩曼所期望的用于纳米科技研究的重要仪器——扫描隧道显微镜（scanning tunneling microscope，STM）。STM 不仅以极高的分辨率揭示出了"可见"的原子、分子微观世界，同时也为操纵原子、分子提供了有力工具，从而为人类进入纳米世界打开了一扇更加宽广的大门。STM 在表面科学、材料科学、生命科学等领域的研究中有着重大的意义和广泛的应用前景，被国际科学界公认为是 20 世纪 80 年代世界十大科技成就之一。为此，宾尼希和罗雷尔于 1986 年获得了诺贝尔物理学奖。

1990 年，美国 IBM 阿尔马登研究中心的科学家、IBM 院士艾格勒（D. M. Eigler）成为历史上第一个控制和移动单个原子的人。他和他的团队用自制的显微镜操控 35 个氙原子，拼写出了"I、B、M"三个字母（图 7-6），实现了费恩曼的另一个设想，即按照人的意愿排布一个个原子构建纳米器件。IBM 研究中心科学与技术部门副总裁、IBM 院士 T. C. Chen 评价说："时至今日，艾格勒的成就仍是纳米科学技术史上最重要的突破之一。"

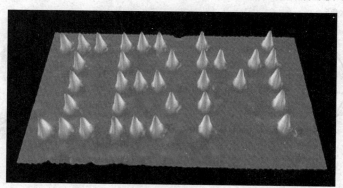

图 7-6　艾格勒利用 STM 技术拼出的 IBM 图标

1990 年，第一届国际纳米科学与技术会议在美国巴尔的摩召开。各国科学家在会上对纳米科技的前沿领域和发展趋势进行了讨论和展望。在这次会上，正式提出了纳米材料学、纳米生物学、纳米电子学和纳米机械学的概念，这标志着纳米科技的正式诞生。从此，纳米科技得到了全世界科技界的密切关注。

1994 年，中国科学院北京真空物理实验室庞世瑾教授及其研究小组开展的用 STM 进行原子操控的项目取得了突破性进展。他们在室温下，用 STM 探针把硅晶体表面的原子"拔出"，从而在硅的表面形成了"中国"等字样，这些沟槽的线宽平均为 2nm。这一成果是室温下人们在硅表面"写"出的最小汉字，这标志着我国开始在国际纳米科技领域占有一席之地。该成果在纳米电子器件、高密度信息存储和新材料组装等领域有广泛的潜在应用前景，因而也受到了学术界的广泛关注。诺贝尔奖得主宾尼希教授称该成果为世界级的成果，另一位诺贝尔奖获得者罗雷尔也祝贺他们取得了精美的实验结果。该成果被中国科学院和中国工程院两位院士评为 1994 年中国十大科技新闻之一。

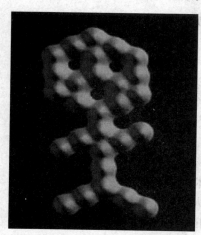

图 7-7　IMB 公司利用一氧化碳拼出的"分子人"

1991 年，IBM 公司利用 STM 把一氧化碳分子竖立在铂金属表面上，组成了只有 5nm 大小的"分子人"（图 7-7），在"分子人"中，分子间距约为 0.5nm，这是世界上最小的人形图案。

2002 年，中国科学院上海应用物理研究所、上海交通大学胡钧、李民乾两位研究员领衔的课题组与德国萨尔布吕肯大学合作，用原子力显微镜（atomic force microscope,

AFM）等纳米显微技术，将单个 DNA 分子长链完整地拉直，并对分子链进行切割、弯曲和修剪，成功地写出了"D""N""A"三个字母。

2006 年，王中林院士首次提出了"纳米发电机"的概念。这种发电机以氧化锌纳米线为材料，可在纳米范围内将机械能转化成电能，是世界上最小的发电机。纳米发电机于 2006 年被评为世界科学十大科技进展之一，2008 年被英国《物理世界》杂志评选为世界科技重大进展之一，2009 年被美国《麻省理工科技评论》杂志评选为十大创新技术之一，2012 年被英国《新科学家》杂志评为在未来可与手机的发明具有同等重要性和影响力的十大重要技术之一。2019 年，王中林院士凭借在微纳能源和自驱动系统领域的开创性成就，获得"阿尔伯特·爱因斯坦世界科学奖"，他也是首位获此殊荣的华裔科学家。

2018 年 8 月，华为公司在德国柏林国际电子消费品展览会上发布麒麟 980 芯片。相比于上一代基于 10nm 制造工艺的麒麟 970 芯片而言，它采用 7nm 工艺制造，集成 69 亿个晶体管以提高性能和能源效率。这使得它的 GPU 性能比麒麟 970 芯片提升了 46%，能效提升了 178%。2019 年，华为在德国柏林和北京同时发布最新一代旗舰芯片麒麟 990 系列，包括麒麟 990 和麒麟 990 5G 两款芯片。两款芯片在性能与能效、AI 智慧算力及 ISP 拍摄能力等方面进行了全方位升级。这标志着华为在 5G 和端侧 AI 两大领域同时实现了全球领先。

7.2 纳米材料的特殊性能

纳米材料具有颗粒尺寸小、比表面积大、表面能高、表面原子所占比例大的特点，因此呈现出小尺寸效应、量子尺寸效应、表面与界面效应和宏观量子隧道效应。

7.2.1 纳米材料的性质

1. 小尺寸效应

纳米材料的小尺寸效应是指由于颗粒尺寸变小而引起的材料物理或化学性质变化的现象。小尺寸效应使纳米材料在熔点、磁性、热阻、光学性能、电学性能、化学活性和催化活性等方面呈现出特殊的性能，主要表现：材料的强度与硬度提高、金属材料的电阻升高、宽频带强吸收、磁有序态向磁无序态转变、超导相向正常相转变、非导电性向导电性转变，以及磁性纳米颗粒呈现的高矫顽力等。

2. 量子尺寸效应

纳米材料的量子尺寸效应是指当粒子尺寸下降到接近或小于激子玻尔半径，费米能级附近的电子能级便出现了由准连续变为离散能级的现象。量子尺寸效应使纳米材料的电学性能和光学性能与宏观特性显著不同，主要表现：导体向绝缘体转变、吸收光谱蓝移，以及纳米颗粒发光等。

3. 表面与界面效应

纳米材料的表面与界面效应是指纳米颗粒的表面原子数与总原子数之比随粒径的变小而急剧增大后引起性质上的变化现象。纳米材料的表面与界面效应使纳米材料的化学活性显著增强，主要表现：表面化学反应活性增强、催化活性增强、材料的稳定性降低、熔点降低、陶瓷材料的烧结温度降低、晶化温度降低、超塑性和延展性增强，以及吸收光谱红移等。

4. 宏观量子隧道效应

纳米材料的宏观量子隧道效应是指材料颗粒的尺寸减小到纳米尺度后,纳米材料中的粒子穿过势垒的现象。纳米材料的宏观量子隧道效应使纳米材料的磁学性能发生显著变化,具体表现:铁磁性变为顺磁性或软磁性,磁化强度增强或降低等。

由于纳米材料具有上述四大特性,使纳米材料呈现出与同质的块体材料不同的物理和化学性质,特别是在光学、热学、磁学和力学等方面,均表现出很多"反常现象",这引起了各国科学家的广泛关注与研究。

7.2.2 纳米材料的性能

1. 纳米材料的光学性能

纳米颗粒的小尺寸效应使其具有与常规块体材料不同的特殊性质,如光学非吸收、光吸收、光反射等都与纳米颗粒的尺寸有很大的依赖关系。研究表明,利用纳米颗粒特殊的光学性能可制备成各种光学材料,这些材料在日常生活和高技术领域都得到广泛的应用。

1)紫外吸收

现今,由于地球臭氧层遭到破坏,导致紫外线对地球生物圈辐射量不断增加,过多的紫外线对人类健康造成的危害正在日益增加。澳大利亚癌症委员会在 2017 年对全国防晒情况进行了调查。结果显示:有 270 万澳大利亚人被晒伤,这些被晒伤的人面临患皮肤癌的风险。研究表明,纳米氧化锌、纳米氧化钛、纳米氧化硅、纳米氧化铝、纳米云母氧化铁都能够吸收紫外线。其中,氧化锌纳米颗粒的紫外辐射防护系数(ultraviolet protection factor,UPF)大于 20,不仅能吸收紫外长波(320~400nm),对紫外中波(280~320nm)也具有很强的吸收能力。它具有无毒、无刺激、不分解、不变质、热稳定性好等优点,被认为是一种很好的紫外屏蔽剂。利用氧化锌纳米颗粒的这些性质,人们把它添加进化妆品后,可以制造女士防晒品、儿童防晒品、老人防晒品等;把它加入纤维中,可以制造帐篷、防晒衣服、遮阳伞等;把它加入涂料中,可以制造对阳光耐久性更好的外墙涂料,提高外墙涂料的耐洗刷性;把它加入木器表面清漆中,可以使木器颜色持久鲜亮,还可以防止木器颜色变黑;把它加入塑料中,可以制成农用大棚膜及其辅助材料,以及高速公路隔音板、防雨棚、食品包装膜等,防止塑料在紫外线照射下发生降解、老化、变黄等。

此外,还可将纳米颗粒分散到树脂中制成薄膜,这种薄膜对紫外线的吸收能力依赖于纳米粒子的尺寸、树脂中纳米粒子的掺杂量和组分。目前,对紫外线吸收好的材料有:①30~40nm 的氧化钛纳米粒子树脂膜,它对波长 400nm 以下的紫外线具有极强的吸收能力;②氧化铁纳米微粒的聚固醇树脂膜,它对波长 600nm 以下的紫外线有良好的吸收能力,可用作半导体器件的紫外线过滤器;③纳米氧化铝粉体,它对波长 250nm 以下的紫外线有很强的吸收能力,借助这一特性,可以用于延长日光灯的使用寿命。此外,灯管中的紫外线泄漏对人体有伤害,如果把纳米氧化铝粉掺杂到稀土荧光粉中,在不降低荧光粉的发光效率的前提下,可以利用纳米紫外吸收的蓝移现象来吸收有害紫外线,从而降低紫外线对人体的伤害。

2)红外反射

众所周知,高压钠灯及各种用于拍照、摄影的碘弧灯都要求强照明,但是电能的 69%都会转化为红外线,这就意味着相当多的电能会被转化为热能而被消耗掉,仅有少部分电能转化为光能用于照明。同时,灯管发热也会影响灯具寿命。因此,人们尝试通过多种途径提高压钠灯的发光效率，增加照度。人们用纳米氧化硅和纳米氧化钛微粒制成了微米级的多层干涉膜，把这种膜衬在灯泡罩内壁后发现，灯泡不仅透光性好，还有很强的红外线反射能力，与传统的卤素灯相比，可节省 15% 的电能。

3）光电转换

金属从块体材料变为纳米材料时，颜色会逐渐加深，颗粒的尺寸越小，颜色越黑。例如，块体金的颜色原本为黄色，但是当它的尺寸小于光波长时，就失去了原有的光泽而变成黑色；金属铂也存在这样的现象，会由银白色的铂金变为铂黑，金属铬同样如此。研究表明，所有的金属在尺寸减小到纳米尺度后，都会呈现出黑色，这是由于纳米材料的小尺度效应所导致的。利用这个特性，可以制作高效能的光热、光电转换材料，有效地将太阳能转变为热能、电能。例如 2011 年，T. K. Hwang 等人在研究温差发电机时，利用飞秒激光对金属铝表面进行辐照，使得金属铝表面呈现出大量的纳米絮状结构，这些结构的存在使得铝表面光的反射率显著降低，呈现出黑色。实验表明，在相同的光照环境下，加了黑金属的温差发电模块的输出功率，是未加黑金属的普通温差发电模块的 4～9 倍。2014 年，宋琳等人对金属铝表面进行了处理，成功地制备了两种典型的微/纳米复合结构，对这两种结构进行测试时发现，太阳能热发电功率提高了 3～19 倍。

4）隐身材料

纳米材料还可能应用于红外敏感元件、隐身技术等，如直径为 10～30nm 的铬纳米颗粒可以吸收太阳能，已成功用于太阳能接收器上；金属纳米颗粒吸收红外线的能力强，同时吸收率与热容比值大，已用于红外线检测器和红外线传感器；金属纳米颗粒还可被制成高性能毫米波隐身材料、可见光-红外线隐身材料和结构式隐身材料，能够使坦克、舰艇和飞机避开雷达、红外线探测器的侦察。如美国的 F-117A 型战斗机机身表面就涂覆了多种纳米颗粒材料，对不同波段的电磁波有很强的吸收能力，可以轻松地避开雷达的监视。

2. 纳米材料的热学性质

纳米材料的表面与界面效应使得它的热力学性质具有特殊性，这表现在纳米材料的热力学参数如晶格参数、结合能、熔点、熔解焓、熔解熵、热容等均显示出尺寸效应和形状效应。这也使得纳米材料在很多方面得到了广泛的研究。

1）低熔点导电胶

固态物质在形态为大尺寸时，其熔点是固定的，超细微化后其熔点将显著降低，当颗粒小于 10nm 量级时尤为显著。例如，金的常规熔点为 1064℃，当颗粒尺寸减小到 10nm 时，则降低 27℃，2nm 时的熔点仅为 327℃ 左右；银的常规熔点为 962℃，而超微银颗粒的熔点可低于 100℃。鉴于金属纳米颗粒卓越的热学性能，它可以被制成各种低熔点导电材料。例如，采用超细银粉制成的导电浆料，可以进行低温烧结，此时元器件的基片不必采用耐高温的陶瓷材料，甚至可用塑料等低温材料；德国不来梅应用物理研究所申请了一项专利，用纳米银替代微米银制成导电胶，银粉的用量可以节省 50%；日本的川崎制铁公司使用颗粒尺寸为 100～1000nm 的铜（Cu）、镍（Ni）超细颗粒制成导电浆料，可以替代钯（Pd）和银（Ag）等贵金属，从而大大降低了生产成本。

2）高熔点薄膜

虽然降低材料的尺寸可以有效降低其熔点，用于制备低熔点导电材料，但是颗粒尺寸的降低也会对材料的热稳定性产生不利影响，如把金做成 3nm 级的金属膜，这种膜在室温下就可以熔化。现如今，手机、计算机等电子类设备越来越微型化和集成化，人们对设备的存储能力要求也越来越高。研究表明，芯片布线所采用的金属线越细，芯片的存储能力越大。但是，金属连接线的厚度和线宽到了纳米尺度后，材料在熔点降低的同时，电阻反而变大，当电流通过后有可能把金属线熔化掉。因此，怎样提高纳米材料的熔点，这是科学界需要解决的一个难题。中国科学院金属研究所卢柯研究小组采用叠层轧制技术制备了具有夹层结构的铅铝纳米多层膜样品，这种薄膜的熔化温度比平衡熔点高 6℃。这一发现为提高纳米材料的热稳定性开辟了新的途径，对薄膜材料在各领域的应用及性能优化产生了重要的推动作用。

3）固体推进剂

纳米颗粒表面上的原子十分活泼，可用纳米颗粒的粉体作各种类型的助燃剂。例如，在火箭发射的固体燃料推进剂中添加质量分数约为 1%的超细铝或镍粉，每克燃料的燃烧热可增加 1 倍；超细硼粉-高铬酸铵粉可以作为炸药的有效助燃剂；纳米铁粉可以作为固体燃料的助燃剂。由青岛化工研究院与多家企业共同研制出 CO 纳米级钯助燃剂，与传统的 CO 钯助燃剂相比，这种性能稳定的新型助燃剂可使炼油厂催化裂化装置的炉温升至 740℃以上，从而使得催化剂表面的积碳得到充分燃烧，有效节省了燃油。

4）高性能炸药

1900 年，德国人取得了一项专利，在专利中首次提出了在炸药中添加铝粉，用来提高混合炸药的爆炸威力。之后，含铝粉的炸药逐渐发展起来，目前已成为军用混合炸药的一个重要系列，广泛应用于对空炸药、水下炸药、对舰武器弹药及空对地武器弹药。除铝粉外，加入锂、铍、镁、钛、硼等都可以作为金属化炸药。但由于铝粉具有高氧化热、成本低廉、来源广泛，以及较强的后燃效应等优点，因此炸药中加入的金属主要还是铝粉。1999 年，陈朗等人对铝粉直径从几十纳米到几十微米的几种含铝炸药进行了研究，结果表明，铝粉颗粒的尺寸对炸药爆轰性能有明显影响，纳米铝粉使得炸药做功能力有较大提高；徐更光院士将纳米铝粉引入高性能炸药中，研究发现，随着铝粉粒度的减小，金属的能量利用率得到了显著的提高。

5）协同阻燃剂

随着人们生活水平的提高，家庭、餐馆、商场和歌舞厅的装修已成为一种时尚。在装修过程中，不可避免地要用到高分子聚合物类材料，而聚合物材料具有潜在的火灾危险，燃烧释放的热量、烟气和毒性对人们的生命和健康造成威胁。有研究表明，火灾中因窒息和烟气中毒造成的人员伤亡占火灾总伤亡人数的 50%~80%，这就需要开发一种全新的技术——协同阻燃。这种技术结合无卤协同阻燃技术和纳米复合技术，实现协同阻燃效应。例如，将纳米氧化锑加入易燃的建筑物材料中，提高建筑材料的防火性能；将纳米氧化硅加入建筑材料后，能够显著增强建筑物材料的热稳定性，有效阻止或者延缓挥发性降解产物的逸出。

3. 纳米材料的磁学性质

人类对磁性的认识和应用由来已久。据《古矿录》记载，磁性材料最早出现于战国时期的磁山一带，人类利用天然磁石制作出世界上最早的指南针——司南。这是中华民族对人类文明的一个重大贡献，指南针也被认为是"四大发明"之一。

实际上，任何物质都有磁性，只不过强弱不同而已。磁性材料最早在工业上的应用始于 19 世纪末，当时主要应用于电力变器、发电机中。这些设备中所使用的磁性材料，一般都是强磁性材料。经过百余年的发展，磁性材料的种类、产业规模和应用领域都得到了极大的扩展。这使得各类新型材料不断涌现，如以磁记录、磁存储等为代表的信息材料，以磁致伸缩、磁制冷、磁性液体为代表的特磁材料等。磁性材料的发展，已使得磁性材料的应用领域从最早的电力技术扩展到了工程技术中的各个领域，甚至成为支撑基础产业和高新技术产业发展的基本功能材料。尤其是当材料尺度降低到纳米尺度后，纳米颗粒的小尺度效应、量子尺度效应和表面效应，使其具有常规磁性块体材料所不具备的特殊性质。

1）生物回归

人们发现蜜蜂、海龟、鸽子、海豚、蝴蝶等生物都具有"回归"的本领。为什么这些生物都具有这项特殊的本领？英国科学家发现，蜜蜂的腹部存在磁性纳米粒子，蜜蜂利用这种"指南针"来确定其周围环境在头脑中的图像以辨识方向。当蜜蜂靠近自己的蜂房时，它们就把周围的图像存储起来，当外出采蜜归来时，就把自己存储的图像与看到的图像进行对比，当两个图像完全一致时，它们就明白自己回到了"家里"；美国科学家对东海岸佛罗里达的海龟进行了长期研究，发现了一个有趣的现象，海龟通常在佛罗里达的海边产卵，幼小的海龟为了寻找食物，通常要到大西洋的另一侧靠近英国岛屿附近的海域生活，这样一来一回相当于绕大西洋一圈，需要 5～6 年时间。科学家研究发现，海龟的头部有磁性纳米颗粒，就是靠这种纳米颗粒准确无误地完成几万千米的迁徙。

2）定向运动

研究生物体内的纳米颗粒对了解生物的进化和运动的行为也很有意义。生物科学家研究发现，螃蟹早先并非像现在这样横着行走，而是像其他生物一样前后运动。亿万年前的螃蟹第一对触角里有几颗用于定向的磁性纳米颗粒，螃蟹的祖先靠着这种"指南针"前后行走自如。后来，由于地球的磁场发生了多次剧烈的倒转，使螃蟹体内的小磁粒失去了原来的前后行动的定向功能，最终导致螃蟹只能横着行走。

3）趋磁细菌

20 世纪 70 年代，美国微生物学家勃列依克摩尔在大西洋底发现了一种奇异的细菌，它们总是沿着地磁场的磁力线运动。一起行动时，细菌自动排成一条条"生物磁力线"，十分美观。在运动过程中，它们也不会自乱阵脚。勃列依克摩尔就将其命名为"趋磁细菌"。它们为什么具有这种特殊的功能呢？美国、德国、日本等国的科学家多年研究发现，"趋磁细菌"的细胞中有一种"磁小体"，每个"磁小体"都是一个被磷脂膜包覆的高纯度、纳米级、有独特结构的单磁畴小晶体，其直径约为 20nm，如图 7-8（a）所示。这些"磁小体"沿细胞的长轴排列成链状，使每个细菌都成了一个小小"指南针"，从而彼此首尾相吸，沿着地磁场排列起来，如图 7-8（b）所示。

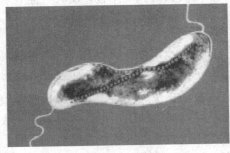
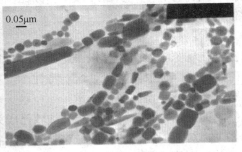

（a）"趋磁细菌"体内完整的"磁小体"　　　（b）"磁小体"链的透射电镜照片

图 7-8　"趋磁细菌"照片

4）信息存储

人们可以在研究纳米磁性材料性能的基础上，根据实际需要选择适宜的纳米磁性材料来制作器件。其中，铁氧纳米磁性材料除了大量用于制作磁性元器件外，还可以用于制作磁性记录介质、磁性流体、磁性药物和吸波材料。纳米磁性材料因具有尺寸小、单磁畴结构、矫顽力高等特性，使得制作的磁性记录材料具有稳定性良好、图像清晰、信噪比高、失真小等优点。随着计算机技术的飞速发展，记录的信息量也在不断增加，这使得制备大容量、高密度、高速度和低成本磁性记录材料成为一种必然趋势。例如，钡铁氧体磁粉，除已应用在软盘、硬盘上外，还广泛应用于各类磁卡上，特别是为保持机密性的高档磁卡。目前，人们已经开发出一种"量子磁盘"，利用磁纳米线的存储特性，它的记录密度可高达 $62Gb/cm^2$。

5）磁性液体

磁性液体是一种新颖的液态磁性材料，它是由粒径为纳米尺寸（几纳米至几十纳米）的超顺磁磁性微粒，依靠表面活性剂的帮助，均匀分散在基液（基液加表面活性剂）中，构成的一种固液两相的胶体混合物。该材料既具有固体的磁性，又具有液体的流动性。这种材料即使在重力、离心力或电磁力作用下也不会发生固液分离，是一种典型的纳米复合材料，目前广泛应用于电声器件、阻尼器件、旋转密封装置、润滑剂、磁性传感器，以及选矿等领域。现如今绝大多数高保真（Hi-Fi）扬声器和专业扬声器中都使用了这种磁性液体，据保守估计，全世界至少已有 3 亿台高档扬声器采用了磁性液体。

6）磁性药物

纳米磁性材料及其在生物医学中的应用研究是纳米生物学发展的前沿领域之一。它包括两个方面的应用：①纳米磁性材料在生物分离、检测方面的应用研究，主要包括核酸分子识别与分离、蛋白分离纯化、细胞识别及其分离、生物医学检测等；②纳米磁性材料在肿瘤治疗方面的应用研究，主要包括用于磁过热疗法等磁性纳米材料的研制、磁性纳米材料的介入给药应用研究等。研究表明，如果用磁性纳米粒子支撑药物载体，通过静脉注射到动物体内，在外加磁场作用下，纳米颗粒的磁性导航可使其移动到病变部位，能达到定向治疗的目的。利用这一定向特点，麻省理工学院研制成了一种"纳米生物导弹"专门对付癌症，这一针对癌症的超细纳米药物，能将抗肿瘤药物连接在磁性超微粒子上，定向射向癌细胞，并把它们全部杀死。这种方法局部治疗效果好，且可减少药物对于肝、脾、肾的损伤。

4. 纳米材料的力学性质

在纳米固体材料中，以超细颗粒和高比例界面为代表的微观结构，使其可能表现出反常的力学性能。

1）超塑性材料

超塑性在现象学上是指在以一定应力拉伸时，产生极大的伸长量的现象。20 世纪 70 年代末，在金属与合金中就发现了这一特性，当晶粒达到微米级时，界面的高延展性导致材料产生超塑性。材料超塑性成型技术在航空航天、汽车、建筑、交通、电子、兵器等领域获得越来越广泛的应用，尤其在航空航天领域已成为不可或缺的加工手段。利用其加工成型零件或结构件，特别是成型难加工的材料和复杂形状的零部件，如曲面、浮凸、刻字等，可大大降低成本并提高构件的使用性能。美国 SUPERFORM 公司采用超塑性成型技术制造轿车的车身、覆盖件、活塞等，使轿车质量减轻了 1/2，大大降低了油耗和尾气排放。美国 DWA

公司采用超塑性成型技术,生产了一种铝合金复合材料自行车架,改善了自行车的骑行性能。此外,超塑性铝基复合材料成型后仍具有很高的强度,因此,在医学上可用作生物性材料制作的矫形用支架,如颈椎、脊椎外伤后的内固定支架,既轻巧又坚固。低温、高应变速率超塑变形研究及塑性加工技术的不断突破,将给超塑铝基复合材料的发展带来巨大的推动力,给社会生产带来更大的经济效益。

2）增韧陶瓷材料

陶瓷材料在通常情况下呈现脆性,在外力作用下很容易开裂或者破碎,因此陶瓷加工成型和陶瓷增韧问题是人们一直关注的关键问题。由纳米超微颗粒压制成的纳米陶瓷却具有良好的韧性。因为,纳米材料具有较大的界面,原子排列相当混乱,原子在外力形变下很容易迁移,并产生良好的韧性与其他力学性能。研究发现,将纳米粒子分散在陶瓷基体中,可以极大地提高材料的断裂强度和断裂韧性,明显改变耐高温性能,并提高材料硬度、弹性模量等性能,是固体发动机碳/碳喷管和燃烧室之间热结构绝热连接件的理想材料,可以用于制作喷管出口锥有关部件,还可用于未来的热机和航天热防护领域。在航天领域使用较多的金属材料铝和钛,采用纳米材料增强后,可大大提高强度,降低重量,有望在航天舱体上使用。据报道,氟化钙纳米材料在室温下可以大幅度弯曲而不断裂。研究表明,人的牙齿之所以具有很高的强度,是因为它是由磷酸钙等纳米材料构成的。西北工业大学的张立同院士所在课题组,经过多年的努力,在连续纤维增韧碳化硅陶瓷基复合材料及其制造技术方面,打破国际封锁,建立了具有中国自主知识产权的制造技术与设备体系。

3）润滑材料

润滑油是机械运行和维护不可缺少的组成部分。随着现代机械设备的负荷、速度和温度等工作参数日益提高,润滑油中原有的减摩剂和抗磨剂已经不能完全满足减摩、抗磨性能要求。由于纳米材料具有比表面积大、高扩散性、易烧结性、熔点降低等特性,使其具有特殊的摩擦学性能。因此,以纳米材料为基础制备的新型润滑材料应用于摩擦系统中,可使润滑油的减摩、抗磨性能得到大幅提高。纳米润滑材料主要由无机单质纳米粉体、纳米无机盐、纳米氢氧化物及氧化物、高分子纳米微球等组成。华北电力大学夏延秋教授将粒径为 10～50nm 的铜粉、镍粉和铋粉添加到石蜡基油后,发现摩擦系数可降低 18%,磨痕密度可降低 35%～50%。俄罗斯利用纳米金刚石作为润滑油添加剂生产了用于内燃机磨合的 N-50A 型磨合润滑剂,该产品使磨合时间缩短了 50%～90%,提高了磨合质量,延长了发动机寿命。岳美娥等研究了硬脂酸改性的纳米氧化锌对黏结固体润滑剂涂层摩擦学性能的影响,发现采用 1%硬脂酸表观改性后的材料耐磨性能最佳。中国科学院兰州化学物理研究所研制的"纳米铜润滑油节能抗磨添加剂"已经在中国石油天然气公司得到产业化应用,现今人们使用的"昆仑"润滑油实际上就添加了纳米铜润滑油添加剂。

4）高强度材料

研究表明纳米晶粒的金属要比传统的粗晶粒金属硬 3～5 倍。由金属-陶瓷制造的复合纳米材料,其应用前景十分宽广。例如,钴-碳化钨纳米复合材料具有高硬、高强特性,可应用于集成电路板、微型钻头、点阵打印机打印针头、耐磨零部件、军用装备等方面。碳纳米管的强度高、重量轻,如果把它做成"太空电梯"缆绳,假设缆绳的长度是从同步轨道卫星下垂到地面的距离,它也完全可以经得住自身的重量。

7.3 纳米材料发展展望

2019 年，为继续保持我国在纳米科技国际竞争中的优势，并推动相关研究成果的转化应用，科技部、教育部、中国科学院等部门和机构组织专家编制了"纳米科技"重点专项实施方案，重点专项部署了新型纳米制备与加工技术、纳米表征与标准、纳米生物医药、纳米信息材料与元器件、能源纳米材料与技术、环境纳米材料与技术及纳米科学重大基础问题七个方面的研究任务，总体目标是获得重大原始创新和重要应用成果，推动纳米科技产业发展，提高自主创新能力及研究成果的国际影响力。

我们应该看到，纳米材料科学领域出现了新的发展趋势，纳米材料研究的内涵不断扩大，基础研究和应用研究并行发展。当前我国科学家通过不懈努力，已在国际纳米材料领域占有一席之地，未来如何拓展更多的高新纳米科学领域，振兴国民经济，还需要我国科学工作者的共同不懈努力。

参 考 文 献

曹茂盛，关长斌，徐甲强，2001. 纳米材料导论[M]. 哈尔滨：哈尔滨工业大学出版社.

陈朗，张寿齐，赵玉华，1999. 不同铝粉尺寸含铝炸药加速金属能力的研究[J]. 爆炸与冲击（3）：58-63.

方华，刘爱东，2005. 纳米材料及其制备[M]. 哈尔滨：哈尔滨地图出版社.

冯端，师昌绪，刘治国，2002. 材料科学导论[M]. 北京：化学工业出版社.

黄开金，2002. 纳米材料的制备及应用[M]. 北京：冶金工业出版社.

焦雷，赵玉涛，王晓路，等，2013. 铝基复合材料高应变速率及低温超塑性的研究进展[J]. 材料导报，27（3）：119-123, 136.

刘智恩，2007. 材料科学基础[M]. 西安：西北工业大学出版社.

束德林，2011. 工程材料力学性能[M]. 北京：机械工业出版社.

斯米尔，2015. 材料简史及材料未来：材料减量化新趋势[M]. 潘爱华，李丽，译. 北京：电子工业出版社.

宋琳，2014. 金属表面微纳结构提高太阳能温差发电功率的研究[D]. 长春：长春理工大学.

唐元洪，2011. 纳米材料导论[M]. 长沙：湖南大学出版社.

王高潮，2006. 材料科学与工程导论[M]. 北京：机械工业出版社.

王永康，王立，等，2002. 纳米材料科学与技术[M]. 杭州：浙江大学出版社.

王中林，2004. 纳米线和纳米带[M]. 北京：清华大学出版社.

严东生，冯瑞，1997. 材料新星：纳米材料科学[M]. 长沙：湖南科学技术出版社.

杨庆余，2001. 扫描隧道显微镜：20 世纪重大科技成果之一[J]. 物理与工程（6）：48-53.

杨瑞成，蒋成禹，初福民，2002. 材料科学与工程导论[M]. 哈尔滨：哈尔滨工业大学出版社.

叶宏，2009. 金属材料与热处理[M]. 北京：化学工业出版社.

张志健，庞世瑾，1996. 具有创新性的我国原子操纵研究[J]. 中国科学基金（1）：51-52.

HWANG T K, VOROBYEV A Y, GUO C, et. al., 2011. Enhanced efficiency of solar-driven thermoelectric generator with femtosecond laser-textured metals [J]. Optics Express, 19(104): 824-829.

KAISER K, SCRIVEN L M, SCHULZ1 F, et al., 2019. An sp-hybridized molecular carbon allotrope, cyclo[18]carbon[J]. Science, 365: 1299-1301.

Yang L, CZAJKOWSKY D M, SUN J L, et al. , 2014. Anomalous surface fatigue in a nano-layered material[J]. Advanced Materials, 26(37): 6478-6482.

ZHAO Y, YU C, LAN H, et al., 2017. Improved interfacial floatability of superhydrophobic/superhydrophilic janus sheet inspired by lotus leaf[J]. Advanced Functional Materials, 27(27):1701466.1-1701466.7.

第8章　营养与健康的化学

随着社会经济的快速发展，人们生活水平不断提高，与之关联的人类健康问题越来越多，相应的疾病谱也发生了很大的变化。例如，高血压、糖尿病、冠心病及肿瘤等，在过去往往被认为是"老年病"，现在却呈"年轻化"发展趋势，这与人们生活习惯的改变有着密切的关系。人们越来越认识到健康科学的生活方式的重要性。

生物化学是自然科学的重要组成部分，它是一门从微观角度研究生物发生化学变化的科学。人体的一切生命活动实际上就是一个错综复杂的生物化学反应过程。可见，人体的生长发育、新陈代谢等生理活动，都与生物化学反应息息相关。随着生物化学学科的不断发展，它已完全渗透到人们的衣、食、住、行等方方面面。为了不断提高生存质量，达到健康的目标，人们必须科学地认识和处理生物化学与健康之间的关系，除了认识和了解人体的消化与吸收系统外，还应该对人体重要的营养素，以及日常的饮食和健康之间的关系有充分的认识，才能树立正确的现代健康观念。

8.1　食物的消化与吸收

8.1.1　消化系统的组成

消化系统是人体九大系统之一，从口腔延续到肛门，其基本生理功能是负责摄入食物、将食物分解为营养素（消化）、吸收营养素进入血液，以及将食物的未消化部分排出体外。食物的消化和吸收是通过消化系统各个器官的协调合作来完成的。消化系统由消化道和消化腺两大部分组成。

1. 消化道

消化道是食物消化和吸收的场所，包括口腔、咽、食道、胃、小肠（十二指肠、空肠、回肠）、大肠（盲肠、阑尾、结肠、直肠）和肛门 7 个部分。临床上一般将口腔至十二指肠的这一段称为上消化道，空肠以下的部分称为下消化道。

2. 消化腺

消化腺是分泌消化液的器官（腺体），包括小消化腺和大消化腺两部分。小消化腺存在于消化道各部的管壁内（胃腺、小肠腺），其分泌液直接进入消化道内；大消化腺存在于消化道之外（唾液腺、肝脏和胰脏），其分泌液由各自的腺导管输送至消化道内。

8.1.2　食物的消化形式

我们日常摄入食物中的营养成分，主要包括碳水化合物、蛋白质、脂肪、维生素、矿物质和水。在这些营养成分中，除了维生素、矿物质和水可直接被人体所吸收外，其余的营养素，如蛋白质、脂肪和碳水化合物等都是复杂的大分子有机物，人体都无法直接吸收，必须在消化道内分解成结构简单的小分子物质，才能通过消化道的黏膜进入血液，然后输送到身体各处供组织细胞利用。

食物在消化道内的这种分解过程称为消化。食物经过消化后，通过消化管黏膜上皮细胞进入血液循环的过程称为吸收。对于未被吸收的残渣部分，消化道则通过大肠以粪便形式排出体外。

消化包括物理性消化和化学性消化两种方式。这两种消化方式往往同时发生、互相配合。

1. 物理性消化

物理性消化又称机械性消化，是将食物从大颗粒粉碎为小颗粒，并通过搅拌使食物与消化液充分混合形成食物糜。例如，口腔的咀嚼与胃壁肌肉的收缩都具有物理性消化的作用。

2. 化学性消化

化学性消化是通过消化腺及其酶的作用，对食物中的大分子物质进行化学分解，最终成为可被吸收的小分子物质的过程。

8.1.3　食物的消化与吸收过程

1. 口腔

食物的消化是从口腔开始的，食物在口腔内以物理性消化（食物被磨碎）为主。食物在口腔内，通过牙齿的咀嚼作用得到粉碎，并与唾液混合，对淀粉类的物质进行初步消化。

2. 胃

食物从食道进入胃后，即受到胃壁肌肉的物理性消化和胃液的化学性消化作用。此时，食物中的蛋白质被胃液中的胃蛋白酶（在胃酸参与下）初步分解，胃内容物变成粥样的食物糜，小量多次地通过幽门向十二指肠推送。食糜由胃部进入十二指肠后，被推送到小肠内。

3. 小肠

小肠是消化、吸收的主要场所。食物在小肠内受到胰液、胆汁和小肠液的化学性消化，以及小肠的物理性消化，各种营养成分逐渐被分解为简单的、可吸收的小分子物质而被吸收。因此，食物通过小肠后，消化过程已基本完成，只留下难于消化的食物残渣，进入大肠。

4. 大肠

大肠内无消化作用，仅具一定的吸收功能，可吸收少量水、矿物质和部分维生素。此外，大肠内的细菌能使食物残渣发酵腐败，最后以粪便形式由肛门排出体外。

8.2　人体重要的营养素

人们为了满足生长发育和日常生理功能正常运转等方面的能量需求，需要额外获得必需的营养素，而这些营养素主要来源于一日三餐所摄取的食物。营养素通常包括蛋白质、糖类、脂类、矿物质、维生素、水和膳食纤维七大类。其中，蛋白质、糖类和脂类参与人体的能量代谢，往往被合并称为三大能量物质；维生素是人体新陈代谢的辅酶，相当于人体内生化反应中的辅助催化剂；水是生命活动的媒介和载体；膳食纤维虽然不能为人体提供能量也不参与生理过程，但是其作用却是其他营养素所无法替代的，因此往往也被称为"没有营养的营养素"。氧在人体内也能够与能量物质在细胞的线粒体内发生反应生成人体新陈代谢所需的能量。氧在人体内无法储存，因此人体的新陈代谢每时每刻都需要氧的参与，其重要性不言而喻。这些营养素与氧一起成为人体维持生命活动的物质和能量基础。此外，它们在人体的新陈代谢中，还能合成许多结构复杂的重要物质。

8.2.1　蛋白质

蛋白质在人体内的质量分数为 15%～18%。它是生命的物质基础，是人体一切细胞、组织的重要组成成分，生物体的各种结构及其功能就是通过组成生物体的蛋白质分子的活动来体现的。蛋白质是一类结构庞大、功能多样的有机高分子化合物。在人体中，蛋白质分子种类多达 10 万种。根据功能的不同，可将蛋白质分为酶、运输蛋白、结构蛋白、储存蛋白、收缩蛋白、毒素、抗生素和激素 8 种。蛋白质在酸、碱和酶的催化作用下，可以逐步被分解为相对分子质量较小的物质，即蛋白质→胨→肽→氨基酸。

蛋白质只有被分解成氨基酸以后，才能被小肠转运吸收。人体中的蛋白质由 20 余种氨基酸组成。其中，有 8 种是人体不能合成，但又是维持机体氮平衡所需要的。因此，必须通过摄入食物来供给，这类氨基酸称为必需氨基酸。它包括苯丙氨酸、蛋氨酸、赖氨酸、苏氨酸、色氨酸、亮氨酸、异亮氨酸、缬氨酸。

1965 年，中国科学院上海生物化学研究所、中国科学院上海有机化学研究所和北京大学化学系共同合作，在王应睐院士的带领下，采用化学方法实现了结晶牛胰岛素的全合成，这是世界上第一个人工合成的蛋白质。结晶牛胰岛素的人工合成，为人类探索生命奥秘打开了一扇大门。王应睐也因此被著名英国学者李约瑟（Joseph Needham，1900—1995）誉为"中国生物化学的奠基人之一"。

1. 蛋白质的分类及来源

从营养学角度，根据蛋白质所含的氨基酸种类是否齐全及比例是否合理，可将蛋白质分为完全蛋白质、半完全蛋白质和不完全蛋白质 3 类。

完全蛋白质：完全蛋白质又称优质蛋白质，它的主要功能是维持动物的生存并促进幼小动物的生长发育。它主要来源于牛肉、家禽、鱼、虾、乳类、蛋类和其他动物的瘦肉，以及植物中的大豆蛋白质、小麦中的麦谷蛋白质和玉米中的谷蛋白质等。它们所含的氨基酸种类齐全、比例符合人体所需，容易吸收利用。

半完全蛋白质：半完全蛋白质的主要功能仅仅是维持动物的生存，但不能促进生长发育。它主要来源于植物中的豆类、五谷类、破壳果类（花生、核桃）等。它们所含氨基酸种类基本齐全，但相互比例不合适、组成不平衡。

不完全蛋白质：不完全蛋白质维持生命的作用很小，也不能促进机体生长发育。它主要来源于动物的结缔组织（软骨、韧带、肌腱等），以及除谷类和豆类以外的植物中。它们所含氨基酸种类不全，质量也差。

2. 蛋白质的摄入

（1）蛋白质的摄入量。蛋白质的摄入量与年龄相关。对于儿童而言，因为正处于生长发育期，肌肉系统发育最快，所需要的蛋白质也最多；对于老年人而言，因为处于衰老期，蛋白质代谢主要是分解，而合成得缓慢，因此需要蛋白质较多，但由于老年人消化能力弱，肾脏功能减退，因而应增加优质蛋白质的摄入量，如含蛋氨酸和赖氨酸较多的豆类、牛乳、鱼和鸡等；对于成年人而言，每千克体重每天补充蛋白质以 1.2g 为宜。也就是说，一个体重 50kg 的成年人，每天至少需要补充 60g 蛋白质。为了最大限度地利用蛋白质，营养学家建议尽可能地摄入种类较多的蛋白质，包括动物蛋白质、植物蛋白质和其他蛋白质。其中，动物蛋白质在总蛋白量中至少占 1/3，若达不到的话，可以多食用豆制品，使二者加起来占总蛋白的 1/3～1/2，其余的蛋白质可通过主食和蔬菜摄入。

（2）蛋白质与疾病。如果膳食中蛋白质摄入不足，幼儿或者青少年可能会出现发育迟缓、消瘦等症状；成年人则容易疲倦、体重下降、肌肉萎缩、贫血严重、白细胞和抗体减少，对疾病抵抗能力减弱。另外，由于蛋白质也是构成皮肤、毛发和指甲的主要成分，如果长期缺乏蛋白质，人的皮肤就会失去弹性、皱纹增多，头发也会干枯、易断和脱落；指甲无光泽、易开裂；皮肤的伤口迟迟不能愈合。在一定条件下，蛋白质还能引起过敏性反应，有的人吃了蛋、奶、鱼、肉、虾、蟹等高蛋白质食物后，会发生荨麻疹或其他皮肤损害现象，严重时伴有恶心、呕吐、腹泻，以及窒息等全身性症状。

（3）蛋白质的"毒性"。蛋白质并非摄入越多越好，因为蛋白质在人体内分解代谢过程中会产生氨基酸、氨、尿素和肌酐等含氮物质，正常情况下，氨基酸在肝脏中会被分解为氨，如果氨过多的话，则会被转化成尿素（尿素毒性比氨更大）。对于一个健康的人而言，如果摄入大量的蛋白质后，肝脏可以把氨分解掉，所以不会中毒。但是，长期处于饥饿状态的人或者患有肝病、肾病和尿道疾病的人，如果摄入了超过人体代谢需要的蛋白质，则可能导致血液中的氨超过了肝脏的解毒能力，就会出现中毒症状。如果氨随着血液进入脑组织，就会使全身代谢停止，轻则会使人昏迷，重则造成人死亡。换句话讲，即便是身体健康的人，如果长期暴饮暴食，过多地摄入蛋白质，也是会损害健康的。

8.2.2　糖类

糖类又称碳水化合物，由碳、氢、氧三种元素组成，主要功能是供给全身的细胞维持正常的生理功能所需要的能量。糖类在人体内的质量分数为 1%～2%。正常情况下，人体 60%～70%的能量是靠糖类供应的。

1. 糖类的分类

按照糖类是否可以水解及水解后生成的产物，一般将糖类分为单糖、低聚糖和多糖。

（1）单糖。单糖指不能再被水解的糖单元，是构成低聚糖和多糖的基本构成单元，每个分子可含有 3～9 个碳原子，可直接被人体所吸收。在食品中，常见的是葡萄糖和果糖，此外还有半乳糖、甘露糖、肌醇、戊糖、阿拉伯糖及木糖等。葡萄糖主要存在于各种植物性食品中，主要由淀粉水解而来。淀粉在唾液淀粉酶的作用下，可以被分解成单糖和低聚糖（咀嚼米饭或者面食时感到甜味），食物进入肠胃后，还能被胰脏分泌的淀粉酶水解成葡萄糖，成为人体组织的营养物。果糖是最甜的一种糖，主要存在于蜂蜜和水果中。

（2）低聚糖。又称寡糖，它是由 2～10 个单糖所合成的化合物。其中，能水解为两分子单糖的又称二糖或者双糖。目前已知的几种重要寡糖有棉子糖、水苏糖、异麦芽低聚糖、低聚果糖、大豆低聚糖等。其中，大豆低聚糖主要存在于大豆、扁豆、豌豆和绿豆中，主要成分是水苏糖、棉子糖和蔗糖。大豆低聚糖可以有效促进肠道双歧杆菌等益生菌大量增加，以调节消化道的微生物生态平衡；二糖包括蔗糖、乳糖和麦芽糖。其中，乳糖必须在乳糖酶作用下分解才能被人体利用，但是部分人群体内乳糖酶含量相对较低，容易产生"乳糖不耐症"，从而导致腹泻、腹胀。对于乳糖不耐受的人，可以选用发酵的乳制品，或者乳糖已经分解的产品

（3）多糖。多糖是由 10 个以上的单糖组成的聚合糖高分子化合物。它分为两类：一类是可被人体消化吸收的，如淀粉、糊精及动物糖原等；另一类是不能被人体消化吸收的，如食物中的纤维素、半纤维素、原果胶、动物的甲壳素和木质素等。多糖一般不溶于水，无甜味。与生物体关系最密切的多糖是淀粉、糖原和纤维素。其中，糖原又称"动物淀粉"，人体内的糖原主要存在于骨骼肌和肝脏中。

2. 糖类的摄入

人体的能量主要由糖类、脂肪和蛋白质提供，糖类能够快速提供能量，因此人体能量的补充还是以摄入含有糖类物质的食物为主。糖类食物的来源，除了纯糖以外，以植物性食品为最多，谷类、豆类、薯类、根茎类（马铃薯、红薯、芋头、藕）等都是淀粉的主要来源；动物性食品也是乳糖的主要来源。

糖类供给主要与人们的饮食习惯、生活水平、劳动性质及环境因素有关。中国营养学会提出，糖类的推荐摄入量应以占总能量摄入量的 50%～65%为宜。一般认为，糖类的摄入量不宜过度，建议供能比占膳食总量的 10%以下。

糖类对于人体正常的生理功能具有重要作用。适量的甜食有益健康，人体的大脑需要葡萄糖提供营养，如果血液中葡萄糖（血糖）含量下降，人脑的运动思维就会迟钝，严重的还可能会造成细胞死亡。有实验证明，人在脑力劳动后，吃些蛋糕类的甜点，能减轻大脑疲劳程度。这是因为甜食中的糖分能够迅速补充脑部营养。医学研究发现，患老年痴呆症的病人与正常人相比，空腹时血糖值比健康人低，饭后血糖值上升得少，且下降得快。因此，医生往往会建议患者多吃些甜食。

如果每天过量摄入糖类物质，则会影响人体健康。人体如果过多地摄入蔗糖，会引起龋齿；如果过多地摄入糖类物质，则会使血液中的脂肪增加，最终沉着在血管壁上，引起动脉硬化、冠心病；如果饭前大量吃糖，则会影响食欲；老年人不宜过多摄入糖类，因为精制糖在体内代谢过程中会导致血脂过高，而血脂过高，会引起动脉硬化等多种心血管疾病。还有资料显示，脾气暴躁的人往往糖类摄入量较高。此外，糖类摄入过多，还可以导致近视、结核、肾炎、皮肤病、肠道疾病、风湿病及结石等。

8.2.3　脂类

脂类由碳、氢、氧、磷，以及氮元素组成，在人体内的质量分数为 10%～15%。它主要包括两个功能：一是为人体提供能量，因此被认为是"人体的燃料"；二是构成细胞膜、脑髓、神经组织。此外，脂类还能起到调节体温、保护内脏、滋润皮肤的作用。脂类在成年人体内储藏量大约是体重的 10%～20%。储存脂类最多的地方是皮下、大网膜和内脏周围。

1. 脂类的分类和来源

按照来源不同，可以将脂类分成动物脂肪和植物脂肪。一般认为动物脂肪和植物脂肪混合使用，更加利于健康。

　　动物脂肪：动物脂肪的饱和脂肪酸含量较高，常温下多呈固态脂。动物脂肪的主要来源包括三类：一是畜肉，如猪肉、牛肉、羊肉及其制品（如罐头等）都含有大量脂肪，即便是瘦肉，也含有一定量的脂肪，肥瘦相间的猪肉含脂肪 59.8%，牛肉含脂肪 10.2%，鸡肉含脂肪 2.5%；二是禽类、水产品，通常脂肪含量稍低，不饱和脂肪酸含量较高，如深海鱼类中含多种不饱和脂肪酸［DHA（docosahexaenoic aid，二十碳六烯酸）、EPA（eicosapentaenoic aid，二十碳五烯酸）］；三是乳制品，牛乳中脂肪含量可达 4%，全脂乳粉脂肪含量约 30%，黄油脂肪含量可在 80%以上。

　　植物脂肪：植物脂肪的不饱和脂肪酸含量较高，常温下多呈液态。植物脂肪的主要来源包括三类：一是油料植物，如大豆、花生、芝麻等，芝麻含脂肪 60%以上，花生含脂肪 40%以上，大豆含脂肪 20%以上（转基因大豆含量更高）；二是坚果类，如松子、核桃仁、向日葵籽等，松子含脂肪 74%，核桃仁含脂肪 68%，向日葵籽含脂肪 54%；三是谷类、水果和蔬菜，谷类脂肪含量较少，一般在 4%以下，水果、蔬菜脂肪含量更少，一般在 0.5%以下。

　　2. 脂类的摄入

　　脂类是一种较好的"燃料"，可释放热能，1g 脂肪可释放 9.3kcal 的能量，比 1g 糖原或者蛋白质释放的能量多 2 倍以上。也就是说，食物中的脂肪可以延缓肠胃排空时间，增加饱腹感，使人不容易饥饿。

　　脂类的供给除了与民族、习惯和气候等因素有关外，还受经济水平影响。过去西方发达国家人均脂类摄入量很高，膳食中脂类提供的热量占机体摄入总量的 40%以上。随着我国国民经济的快速发展和生活水平的显著提高，我国居民的脂类摄入量呈快速增长趋势，部分地区的脂类摄入量严重超标。

　　2017 年，国家卫生健康委员会在参考各国不同人群推荐的每天供给量后，发布了《中国居民膳食营养素参考摄入量　第 1 部分：宏量元素》，建议成年人的脂肪供能占总能量的比例为 20%～30%。但是，据国家卫生健康委员会、科技部和国家统计局公布的《中国居民营养与健康现状》显示，2002 年城市居民膳食结构不尽合理，优质畜肉类消费过多，城市居民每人每日油脂消费量由 1992 年的 37g 增加到 44g，脂肪供能比达到 35%，早已超过了上限。

　　当人体摄入能量大于机体的能量需要时，剩余的能量就会被储存在脂肪细胞内。因此，造成人体肥胖的一个原因就是脂类物质摄入量过多。国际上常用的衡量人体肥胖程度和是否健康的重要标准，一般采用身体质量指数（body mass index，BMI）来进行统计分析。它是通过人体体重和身高两个数值获得相对客观的参数，并用这个参数所处范围衡量身体肥胖程度和健康状况。衡量肥胖的世界标准是：BMI 为 18.5～24.9 时属正常范围，BMI 大于 25 为超重，BMI 大于 30 为肥胖。国内专家建议的标准是：BMI 的最佳值是 20～22，大于 24 为超重，大于或等于 28 为肥胖。

　　根据国家卫生健康委员会《中国居民营养与慢性病状况报告（2015）》，我国居民的超重肥胖问题日益凸显。全国 18 岁及以上成人超重率为 30.1%，肥胖率为 11.9%；6～17 岁儿童青少年超重率为 9.6%，肥胖率为 6.4%。不论是成人还是青少年，超重肥胖增长幅度均高于发达国家。脂肪摄入量过多，直接导致肥胖症、心血管病、脂肪肝、糖尿病等非传染性疾病发病率连年上升。

3. 几种脂类化合物

（1）反式脂肪酸。反式脂肪酸是脂肪中的一种，分为顺式结构（氢在双键的同侧，如油酸，见图 8-1）和反式结构（氢在双键的异侧，如反油酸，见图 8-2）。

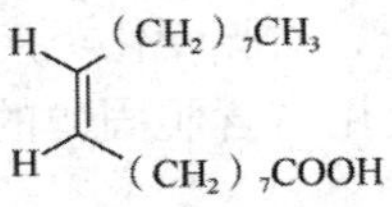

図 8-1　油酸　　　　　　　　　　　　図 8-2　反油酸

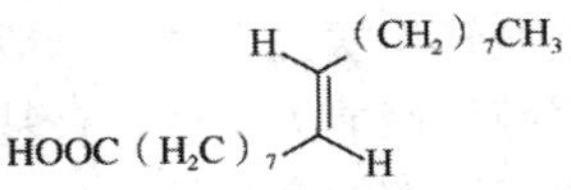

反式脂肪酸可以氧化供能，分为天然和人工制造两类。

天然反式脂肪酸在自然食物中含量很少，存在于牛乳和人乳中。牛乳中反式脂肪酸占脂肪酸总量的 4%～9%，人乳中占 2%～6%。

人造反式脂肪酸主要由脂肪氢化产生。脂肪的氢化一般用于人造黄油、起酥油等。人造黄油主要由大豆油和棉籽油制得，含有 20%～40% 的反式脂肪酸。它主要用于餐桌上涂抹油脂，由于价格便宜，在某些地方逐渐代替了黄油。起酥油主要由动、植物油制得。它具有可塑性和乳化性等加工性能，一般不宜直接食用，而是用于加工糕点、面包或煎炸食品。

氢化植物油是反式脂肪酸最主要的食物来源。氢化植物油比普通植物油熔点和烟点高，室温下能保持固态，可以保持食物外形美观，在油炸食品时油烟也少，而且可以增加食物的口感与美味，成本更加低廉。研究表明，所有的"氢化油"或者使用"氢化油"加工过的食品都含有反式脂肪酸，如人造黄油、人造奶油、咖啡伴侣、西式糕点、薯片、炸薯条、珍珠奶茶等。此外，日常生活的烹调过程中，尤其是油炸、煎烤时，植物油中的顺式脂肪酸，在高温受热后也可以部分转化为反式脂肪酸。

反式脂肪酸对人体的健康有不利的影响。2011 年，国家卫生健康委员会发布的《食品安全国家标准　预包装食品营养标签通则》规定："每天摄入反式脂肪酸不应超过 2.2g，过多摄入有害健康。反式脂肪酸摄入量应少于每日总能量的 1%。"在日常饮食中，如果过多地摄入反式脂肪酸，则会对健康不利。其主要表现为记忆力下降，引起肥胖、糖尿病、冠心病、血栓等。

（2）固醇。固醇是脂肪中的一种，包括动物固醇和植物固醇两类。动物固醇主要是胆固醇，在动物内脏尤其是在大脑中含量丰富；植物固醇如豆固醇、谷固醇和麦角固醇等，不易被肠道吸收，而且会抑制肠道对胆固醇的吸收。

人体中的胆固醇分为内源性胆固醇和外源性胆固醇两种。内源性胆固醇通过人体自我合成而获得，主要由肝脏合成，每天可合成 1～2g。外源性胆固醇通过每天摄取动物性食物而获得，如卵黄、脑、内脏等。在正常饮食情况下，每天来自食物中的胆固醇为 0.3～0.6g，人体最多只能吸收其中的 1/3 左右。

胆固醇对人体有重要的生理功能，主要包括四类功能。一是细胞膜的重要组成部分，防止红细胞的脆性增加。二是皮肤合成维生素 D 的主要原料。维生素 D 可以调节钙、磷代谢，对人体维持正常的新陈代谢和生殖过程有着重要作用。三是合成胆汁酸的重要原料。当人体缺乏胆汁酸时，脂肪的吸收就会产生障碍。四是对肿瘤的免疫也可以起到重要作用。人体血液中某些白细胞可以杀伤和吞噬癌细胞，从而使癌细胞失去活力，甚至死亡。研究发现，血液中的胆固醇正是维持这些白细胞的生存和功能不可缺少的物质。

　　胆固醇的摄入量也并非越多越好。成年人对胆固醇的吸收量约为每天 10mg/kg，最多可以达到 2g。其中，内源性胆固醇约占胆固醇总吸收量的一半。中国营养学会建议，成年人每天胆固醇的摄入量应控制在 300mg 以内。如果摄入过多，则会对健康造成不利影响。胆固醇在血液中的含量过高，就会在动脉壁上沉积，形成动脉硬化，导致脂类代谢紊乱，引发一系列心脑血管疾病的发生。一般而言，患有冠心病、高血压、动脉硬化类疾病的人，以及一些对胆固醇代谢能力偏弱、有基因障碍的人，应适当限制食用富含胆固醇的食物，并定期检查血液中胆固醇的变化情况。

8.2.4　矿物质

　　人体重量的 96% 是由碳、氢、氧、氮等元素构成的有机物质和水，其余 4% 则由各种不同的无机元素构成，它们是机体灰分的组成成分，统称为矿物质，又称无机盐。矿物质在人体内的质量分数为 3%～5%。与有机营养素不同，它们无法在人体内合成，只能通过外界摄入来供给。无机盐的主要功能是参与机体组织的构成；调节生理机能，维持人体正常代谢；维持体液渗透压，保持水平衡；维持神经、肌肉应激性，维护心脏正常功能；供给消化液中电解质等。

　　1. 矿物质的分类

　　根据在人体内的含量和膳食中需要量的不同，可以将矿物质分为常量元素和微量元素。
　　（1）常量元素。常量元素是指在体内含量大于 0.01%，每日需要量大于 100mg 的元素。体内含较多的有钙、磷、钾、硫、钠、氯、镁等。
　　（2）微量元素。微量元素是指在体内含量小于 0.01%，每日需要量小于 100mg 的元素。1990 年，联合国粮食及农业组织（Food and Agriculture Organization of the United Nations，FAO）、国际原子能机构（International Atomic Energy Agency，IAEA）和世界卫生组织（World Health Organization，WHO）的专家委员会，以近 20 年的研究成果和认识为依据，提出了人体必需微量元素的概念。这个概念的含义包括两个方面：①微量元素是人体内的生理活性物质、有机结构的必需成分；②微量元素必须通过食物摄入，当饮食中摄入的量减少到某一低限值时，就会导致某些重要生理功能的缺失。其后，专家还将以往确定的"必需微量元素"重新进行了分析归纳，并将其分为以下 3 类：
　　一是人体必需的微量元素，包括铁、碘、锌、硒、铜、钼、铬、钴，共计 8 种；
　　二是人体可能需要的微量元素，包括锰、硅、镍、硼、钒，共计 5 种；
　　三是有潜在毒性，但低剂量时可能是人体必需的功能元素，包括氟、铅、镉、汞、砷、铝、锂、锡，共计 8 种。
　　需要注意的是，所有的必需微量元素，摄入过量都会引起中毒，在它们的生理作用浓度和中毒剂量之间差别很小，补充过量容易出现中毒现象。在进行食品营养强化或者服用矿物质补充剂时，需要特别注意。

　　2. 常量元素

　　（1）钙。钙的含量在人体中居第 5 位，仅次于碳、氢、氧、氮，是人体中含量最丰富的矿物质元素。一般情况下，成年人体内含钙量为 1200～1500g，占体重的 1.5%～2.0%。钙的主要生理功能是构成骨骼和牙齿，并对骨骼和牙齿起支持和保护作用，占比达 98%。此外，它还具有其他一些生理功能，包括降低神经、肌肉的兴奋性，避免手、足抽搐；参与凝血功能，降低毛细血管以及细胞膜的通透性等。

钙的食物来源主要包括 4 种。

一是乳类及乳制品是钙的最好来源，所含的钙不仅丰富，而且吸收率高，是婴幼儿、老年人最理想的钙源，如牛奶含钙量 120mg/100g，全脂乳粉含钙量 1030mg/100g。

二是发菜、虾皮、海带等含钙量也很丰富，如发菜含钙量 2560mg/100g，虾皮含钙量 2000mg/100g，海带含钙量 1177mg/100g。

三是蔬菜、豆类、蛋类、油料种子含钙量也较多，如荠菜含钙量 420mg/100g，黄豆含钙量 367mg/100g，生花生仁含钙量 67mg/100g，鸡蛋黄含钙量 134mg/100g。

四是谷类、肉类、水果含钙量较少，如稻米含钙量 13mg/100g，玉米含钙量 22mg/100g，猪肉含钙量 6mg/100g，苹果含钙量 11mg/100g。

钙缺乏和过量都会引起很多种症状。儿童缺钙容易引起生长迟缓，易患龋齿，骨骼钙化不良而导致佝偻病，特征是哭闹、多汗、头发稀疏、骨质柔弱或畸形（鸡胸、O 形腿、X 形腿）。成年人缺钙容易引起骨质软化症（成人佝偻病），特征是骨骼变软容易弯曲，致四肢、脊柱、盆腔等畸形；50 岁以上的人群容易产生骨质疏松，特征是背下部疼痛、骨质松脆且断裂后恢复慢。如果过量摄入钙，有增加体内患结石的危险。同时，钙过量也会影响必需微量元素的生物利用率，如影响机体对铁、锌的吸收和利用。

（2）磷。人体磷的含量约占体重的 1%，成人体内含磷 600～900g，约占机体总磷的 80%。磷的主要生理功能是与钙一起形成难溶性盐，构成骨骼和牙齿。此外，它还具有其他一些生理功能，包括参与机体的能量代谢，形成高能磷酸键；对酶的活性起促进作用；参与体内遗传信息传递；维持机体的酸碱平衡。

磷在食物中分布很广，在瘦肉、蛋、鱼（子）、动物肝、肾中含量都很高，在海带、芝麻酱、花生、豆类、坚果、粗粮中含量也较高。

3. 微量元素

（1）铁。铁是人体必需的微量元素，也是人体内含量最多的微量元素。成年人体内含铁量为 3～5g，约占体重的 0.004%，其中 60%～75% 存在于血红蛋白中，其余作为机体的储备铁。铁是组成血红蛋白的主要原料，还是肌红蛋白、细胞色素酶、过氧化物酶的组成成分，在生物氧化过程和呼吸过程中起重要作用。

铁最好的食物来源是动物肝脏、全血，其次是肾、心、肉，以及禽、鱼类及其制品等。肝脏含铁量高，利用率高，如猪肝含铁量为 25mg/100g，鸡肝含铁量为 8.2mg/100g；猪血的含铁量最高，可达 44.9mg/100g，并且最容易吸收。

铁缺乏和过量都会引起很多症状。人体缺乏铁，会引起营养性贫血和许多器官组织的生理功能异常，如食欲下降、烦躁乏力、面色苍白、毛发枯黄、头晕眼花、免疫功能低下、失眠多梦等；如果长期过量摄入铁，会引起肝硬化、心血管疾病等。

（2）锌。锌是人体内含量仅次于铁的微量元素，人体中含量为 1.4～2.3g，主要集中于内脏、肌肉、骨骼、骨骼、皮肤、毛发中。锌是很多酶的组成成分或激活剂，还可以促进食欲。

锌的食物来源很广泛，普遍存在于动植物组织中。动物来源包括牡蛎、畜肉类、鱼类、肝脏、蛋等，如牡蛎含锌量 1000mg/kg 以上；猪、牛、羊肉含锌量 20～60mg/kg；鱼类含锌量 15mg/kg。动物食品中锌的吸收率为 35%～40%。植物来源包括豆类、小麦、蔬菜、水果等，如豆类、小麦含锌量 15～20mg/kg；蔬菜、水果含锌量 2mg/kg。植物食品中锌的吸收率为 1%～20%。

锌缺乏和过量都会引起很多症状。慢性锌缺乏可引起生长发育迟缓、情绪冷漠、味觉异常、异食癖、皮肤易感染、伤口愈合慢及胎儿畸形等，急性锌缺乏可引起味觉异常、厌食、兴奋或嗜睡、皮肤痤疮等；如果长期过量摄入锌，会出现恶心、吐泻、发热、上腹疼痛、精神不振，甚至造成急性肾功能衰竭，严重的会突然死亡。

（3）碘。碘在成人体内含 25～50mg，其中 15mg 存在于甲状腺中，其余则分布在肌肉、皮肤、骨骼中，以及其他分泌腺和中枢神经系统中。碘的主要功能是参与甲状腺素的合成并调节机体的代谢。

含碘丰富的食物多为海产品，机体中所需碘可以从海产品、海盐、饮用水中获得。海产品中含碘最丰富，如海带含碘量 240mg/kg，干紫菜含碘量 18mg/kg，鲜海鱼含碘量约 800µg/kg；海盐中含碘量一般在 30µg/kg 以上，可在食盐中加入碘强化剂提高盐的含碘量。2011 年，国家卫生健康委员会发布的 GB 26878—2011《食品安全国家标准　食用盐碘含量》规定，食用盐中加入碘强化剂后，碘含量应为 20～30mg/kg。

碘缺乏和过量都会引起很多症状。碘缺乏可引起甲状腺肿大，婴幼儿智力低下、身材矮小、发育停滞，也就是所谓的地方性克汀病。碘摄入过多，会引起高碘性甲状腺肿、甲状腺功能亢进、甲状腺功能减退等。

（4）氟。氟在成人体内含量约占 0.007%，主要以无机盐的形式存在于骨骼、牙齿等组织中，少量分布在毛发、指甲等组织中。氟对于维持骨骼和牙齿的稳定性非常重要。对于骨骼来说，可以促进钙、磷的利用，促进骨骼生长，使骨质更加坚硬。对于牙齿来说，适量的氟可以使牙齿更加坚硬，提高牙齿表面对酸性物质的抗腐蚀能力，此外还可以预防龋齿。

氟在食物中的含量较低，主要有 3 类来源。动物性食物中的含量高于植物性食物，动物性食物，如猪肉含氟量 1.67mg/kg，大马哈鱼含氟量 5～10mg/kg，沙丁鱼含氟量 20mg/kg；植物性食物，如茶叶含氟量 37.5～178.0mg/kg，大豆含氟量 0.21mg/kg，大米含氟量 0.19mg/kg。此外，海盐的原盐中含氟量为 17～46mg/kg，精制盐中含氟量为 12～21mg/kg。

氟缺乏和过量都会引起很多症状。氟缺乏可引起龋齿、骨质疏松和贫血。氟过量摄入会引起中毒，造成氟斑牙、氟骨症、骨质增生。

8.2.5　维生素

与宏量营养素中的蛋白质、脂类和糖类不同，维生素虽然在天然食物中含量极少，但它也是人体所必需的。因此，它也被称为"维持生命的要素"。它的主要功能是作为辅酶的成分调节机体代谢。

1. 维生素的分类

目前已发现的维生素有 20 多种，它的分类很多，功能也呈多样性。按溶解性质不同，可将其分为脂溶性和水溶性两大类。

（1）脂溶性纤维素。脂溶性纤维素主要是指维生素 A、维生素 D、维生素 E、维生素 K 等。

（2）水溶性纤维素。水溶性纤维素主要是指 B 族维生素和维生素 C。因 B 族维生素的品种多，故而又将其称为维生素 B 复合物。主要包括 8 种，分别是维生素 B_1（硫胺素）、维生素 B_2（核黄素）、泛酸（遍多酸）、维生素 B_6（吡哆醇、吡多胺）、维生素 PP（烟酸、抗癞皮病维生素）、叶酸、维生素 H（生物素）、维生素 B_{12}（钴胺素）。

2. 维生素与健康

维生素参与机体重要的生理活动，每一种维生素都有其特殊的功能，缺乏时将引起相关的营养缺乏症。为此，人类很早就在临床实践中发现了维生素缺乏症，并采用食物进行治疗。

早在公元 7 世纪，隋唐名医孙思邈（581—682）就在《千金要方》中记载采用猪肝可以治疗"雀目"（夜盲症），这种病是由于缺乏维生素 A 所致。此外，在书中他还提出常服谷皮煎汤可以防治脚气病，这是人类最早关于"脚气病"的描述，欧洲直到 1642 年才首次描述这类疾病，而现代医学证明，脚气病是由缺乏维生素 B_1 所导致。

15～16 世纪，坏血病曾波及整个欧洲，坏血病是由维生素 C 缺乏所致。1497 年，葡萄牙领航员达·伽马在航行中，他的 160 名船员中竟然有 100 名因坏血病丧命。1593 年，英国海军一年中坏血病患者高达 1 万多名，这些患者全身软弱无力，肌肉和关节疼痛难忍，牙龈肿胀出血，一些病情严重的患者甚至还死在了船上。到 18 世纪中叶，坏血病席卷了整个欧洲大陆，英法等国航海业也因此处于瘫痪状态。直到 18 世纪末，英国医生伦达发现，给病情严重的患者每天吃一只柠檬，这些人在半个月内都恢复了健康。据英国海军部统计，1780 年海军中患坏血病死亡人数为 1457 人，到 1806 年，采用伦达医生的办法后死亡人数仅 1 人。到 1808 年，坏血病便在英国海军中绝迹了。直到 1933 年，瑞士科学家 Reichstem 等人首次人工合成了维生素 C，之后这一维生素才真正登上历史舞台，为人类健康带来福音。

8.2.6　水

水是人体中含量最多的营养素（在人体内质量分数 55%～67%），也是人类赖以生存的物质，其重要性仅次于氧。它是人体新陈代谢的介质，能够将生物体的营养过程和新陈代谢过程联系起来，从而维持生物体内物质和能量的转化过程。

1. 水的分类和来源

人体内水分的来源大致可分为三类，包括饮料水、食物水和代谢水。

（1）饮料水，是指通过饮用的方式而获得的水分，包括水（自来水、矿泉水、纯净水等）、茶、咖啡、汤、乳类和其他各类软饮料。它们是机体补充所需水分的主要形式。

（2）食物水，是指通过摄入食物的方式而获得的水分，包括半固体食物（各类粥、米糊、面糊、蔬菜泥、水果泥等），以及固体食物（米饭、馒头、蔬菜、水果等）。

（3）代谢水，又称生物氧化水，是指营养素通过人体内代谢过程或氧化而获得的水。通常情况下，每 100g 营养素在人体内的产水量分别为脂肪 107mL、碳水化合物 60mL、蛋白质 41mL。每日摄入 10.5MJ（2500kcal）的混合膳食将产生 300mL 左右的氧化水。

2. 水的代谢

通常情况下，人体每天损失的水分有尿液中水分 1500mL、粪便中水分 150mL、皮肤蒸发水分 500mL（常温下）、呼出水分 500mL，合计代谢水分 2650mL。正常情况下，我们一日三餐可以补充 1000mL 水分，代谢过程产生 300mL 水。这就意味着我们每天需要从膳食以外的途径摄入 1350mL 水分。《中国居民膳食指南（2016）》，建议成人每日饮水量为 1500mL～1700mL。

　　水是生命活动的重要物质，没有水的存在，任何生命过程都无法进行。一个人如果不摄取任何食物的话，即便体内储备的糖类和脂肪全部耗尽，蛋白质也损失 50%，但还能勉强维持生命。一个人如果能喝到水，即便体重减轻 40%左右也可以生存 1～4 周，体质好的青年人甚至可以活两个月之久。

　　如果人体失去的水分长时间得不到补充的话，身体就会产生一系列的不良反应。当身体失水量达到 2%时，人就会感到口渴。这也就意味着，当我们感到口渴的时候，我们的身体已经属于轻度失水了；当身体失水量达到 5%时，皮肤就会萎缩、起皱、干燥；当身体失水量达到 6%时，就会感到全身没劲、无尿；当身体失水量达到 15%时，就会出现脱水热，从而造成昏迷、酸中毒或尿毒症；当身体失水量达到 20%～22%时，就会引起狂躁、虚脱、昏迷，进而导致死亡。

　　3. 饮用水的安全性

　　（1）自来水。自来水是指将河流、淡水湖泊（水库）和浅层地下水经沉淀、凝聚、消毒、杀菌等处理过程而产生的水。消毒过程一般采用氯化消毒灭菌处理，经氯化处理过的水可分离出 13 种有害物质，其中就包括卤代烃、氯仿等具有致癌、致畸作用的化合物。一般而言，自来水不能直接饮用，必须经过煮沸以有效减少有毒物质。如果长时间饮用未煮沸的水，人体罹患膀胱癌、直肠癌的可能性会增加 21%～38%。

　　（2）千滚水。千滚水是指经反复煮沸的水。由于这种水煮沸的时间过长，水中不挥发性物质如钙、镁等离子和亚硝酸盐含量较高。如果长时间饮用这种水，会干扰人的肠胃功能，出现暂时腹泻、腹胀，有毒的亚硝酸盐也会造成机体缺氧，严重者会昏迷惊厥，甚至死亡。

　　（3）蒸锅水。蒸锅水是指蒸馒头等用过的水。经过多次反复使用的蒸锅水，亚硝酸盐浓度很高，而且还存在大量水垢。如果长时间饮用这种水或者使用这种水做饭，会出现亚硝酸盐中毒，还会引起消化、神经、泌尿和造血系统病变，甚至引起早衰。

　　（4）阴阳水。阴阳水是指凉水和开水的混合物。阴阳水分三种情况：一是兑凉开水（煮沸后的水），因为经过了高温灭菌的过程，大部分致病菌被杀死，所以对人体造成的影响较小；二是兑自来水等生水，就可能带进一些微生物，或者是致病菌，在水温达不到灭菌效果情况下，就有可能引起腹泻等肠道不适的症状；三是在热水中兑入饮水机里的凉水，若饮水机清洁不到位，饮水机内部滤芯没有按要求更换的话，水经过滤芯也会带出很多细菌。如果桶装水质量不过关，或者饮水机上直接用过滤桶过滤自来水，那么冷热水交替喝，则可能会有害身体。

　　（5）软饮料。软饮料是指无乙醇饮料（乙醇含量体积分数小于 0.5%）。软饮料包括碳酸饮料类、果蔬汁饮料类、蛋白饮料类、包装饮用水类、茶饮料类、咖啡饮料类、固体饮料类、特殊用途饮料类、植物饮料类、风味饮料类、其他饮料类共 11 类。软饮料因口味多样、口感丰富，已成为现代人尤其是青少年首选的日常补充水分来源。但是，如果长期或过量饮用的话，将会对身体造成很多不必要的伤害。例如，过量饮用碳酸型饮料，会导致牙齿腐蚀、骨质疏松、细胞受损，以及肠胃疾病等。

8.2.7　膳食纤维

膳食纤维只是肠道的过客，它既不能被体内消化酶所分解，也不能被机体吸收，往往被称为"没有营养的营养素"。但实际上，膳食纤维在人体中的作用是其他营养素无法替代的。膳食纤维能够促进胃肠的蠕动和排空，所以多吃一些富含膳食纤维的食物，排便就会通畅，并且减少患大肠癌的机会。鉴于膳食纤维与人体健康的密切联系，它又被称为"第七营养素"。

膳食纤维最初的定义是由楚维尔（Trowell）等人于 1972 年给出的，即食物中不被消化吸收的植物成分。后来各国科学家对这一定义进行了充分的论证，现今的定义为：凡是不能被人体内源酶消化吸收的可食用植物细胞、多糖、木质素及相关物质的总和。

1. 膳食纤维的生理功能

（1）调节肠胃功能。膳食纤维可以改善肠内的菌群组成，使双歧杆菌等有益细菌活化、繁殖，同时抑制肠道内有害菌的繁殖。此外，它有助于大肠的蠕动，使食物在消化道内通过的时间缩短，防止便秘的发生，这样也减少了粪便中致癌物质与肠壁的接触，降低了癌变的危险。已知膳食纤维能显著降低大肠癌、结肠癌、乳腺癌、胃癌、食道癌等癌症的发生率。

（2）调节血脂。可溶性膳食纤维可以和胆固醇发生反应，抑制机体对胆固醇的吸收，从而可预防高胆固醇血症和动脉粥样硬化等心血管疾病的发生。研究表明，膳食纤维摄入量高与冠心病死亡率大幅降低有关。

（3）调节血糖值。膳食纤维中的可溶性纤维，能延缓和抑制人体对糖类的消化和吸收，阻止血糖值的上升。此外，还可以改变消化道内激素的分泌，减少小肠内糖类与肌壁的接触，从而延迟血糖值的上升。因此，可以采用提高可溶性膳食纤维的摄入量来有效阻止 2 型糖尿病发生。

（4）控制肥胖。膳食纤维可以使碳水化合物的吸收减慢，防止餐后血糖的迅速上升，并影响氨基酸的代谢，对肥胖病人起到减轻体重的作用。此外，膳食纤维还能与部分脂肪酸结合，使脂肪酸通过消化道时不被吸收。因此，膳食纤维对控制肥胖有一定的作用。

（5）消除外源性有害物质。膳食纤维对汞、砷、镉和高浓度的铜、锌都有清除能力，可使它们的浓度由中毒水平降低到安全水平。

2. 膳食纤维的摄入量

膳食纤维除了上述生理功能外，还有一些不足之处，如能够影响钙、铜、锌等矿物质元素的吸收；影响人体对维生素的吸收；如果摄入过量，可以造成腹胀、大便次数减少、便秘等。

鉴于膳食纤维的这些不足之处，许多科学工作者对膳食纤维合理摄入量进行了大量研究。美国食品药品监督管理局和英国国家顾问委员会建议，成年人的膳食纤维摄入量为 25～35g/d。2011 年，加拿大 35～70 岁男性居民膳食纤维摄入量为 16.5g/d，女性居民为 14.3g/d；2010～2011 年，挪威全国调查显示，18～70 岁居民膳食纤维摄入量为 24.0g/d；2009～2012 年，英国膳食和营养调查显示，19～64 岁居民膳食纤维摄入量为 13.6g/d；2011～2012 年，美国 20 岁及以上居民膳食纤维摄入量为 18.3g/d。

中国营养学会发布的《中国居民膳食营养素参考摄入量（2013 版）》推荐，成人膳食纤维的适宜摄入量为每天 25g。2015 年，中国疾病控制中心营养与健康所张继国等人，在对北京、辽宁、黑龙江、上海等 15 个省（自治区、直辖市）进行调查后发现，我国 15 省（自治区、直辖市）的 18～64 岁居民，不溶性膳食纤维摄入量平均为 12.2g/d，总膳食纤维摄入量平均为 18.5g/d。2010～2012 年中国居民营养与健康状况监测结果显示，居民膳食纤维摄入量为 10.8g/d。调查结果表明，仅有约 1/5 的人群达到推荐的适宜摄入量，有约一半的人群集中在适宜摄入量的 40%～79%。

8.3 膳 食 平 衡

所谓"病从口入"，这一成语深刻地揭示了饮食与人体健康的密切关系。医学专家认为，人的很多疾病固然跟遗传基因有关，但与饮食也有很大关系。生于食，也病于食，死于食。长期饮食不合理、不科学，不仅会造成诸如高血压、癌症、肥胖症、心脏病等许多疾病，给自己增加痛苦，影响工作学习，而且会缩短寿命。

生命活动所需要的物质，都是来自自然环境。合理的膳食是营养之本，平日应注意食物的合理搭配。合理搭配就是保持各种营养素的平衡，因此，正如《黄帝内经》所说："五谷为养，五果为助，五畜为益，五菜为充"，说的就是这个道理。

平衡营养就是按照平衡膳食的原则，将食物进行合理的主副食搭配、荤素搭配、粗细搭配，以优化食物组合，并通过合理的烹调，满足机体对食物消化、吸收和利用过程的需要。膳食平衡可以维持人体正常的生理功能，促进身体健康和生长发育，提高机体的抵抗力和免疫力，有利于某些疾病的预防和治疗。

膳食平衡的基本要求应包括以下几点。

1. 树立科学的营养观念

很多人不注意膳食平衡，或者在平时过度依赖营养强化剂，这些都会对身体健康产生不利影响。全营养素是不科学的，只有树立正确的营养观念，合理膳食，才能够保持健康。

2. 量需而入

营养素的摄入与年龄、性别、地域、民族、身体状况有很大的关系。应根据个人的身体需要来补充各种营养，青年人和体力劳动者由于活动量大，热量和营养成分消耗多，应适当增加含热量高的脂肪性食物，如肉类、豆制品等食物。老年人和脑力劳动者由于活动量较少，不宜多吃高热量的高脂肪食物，能量消耗不了会造成发胖，而一些蛋白质、维生素和含补脑益智的磷、锌等矿物质的食物应该多吃一些。

3. 合理搭配

膳食平衡还要讲究平时摄入食物的合理性，适当地搭配营养成分。常用的菜肴原料中，各种原料所含的营养成分都是不全面的。猪肉中蛋白质、脂肪、矿物质含量较为丰富，蔬菜中维生素含量较为丰富，豆制品中蛋白质含量丰富。通过合理配菜，能使各种营养成分得到充分的互补，提高菜肴的营养成分。

4. 规律饮食

一日三餐的时间，基本上是按照人体的作息时间和胃排空的间隔而定的。因此，进餐要有规律，餐次和食物量分配，必须与生活、学习、劳动需要，以及特殊需要相适应，决不能饥一顿、饱一顿，更不能暴饮暴食。

5. 合理烹饪

要讲究食物的加工方法和烹饪技术，所制作的食物应该尽可能色、香、味俱全，尽量采用蒸、炒、炖、熬等方法烹饪食物，少采用油炸、煎、烤等高温烹饪方法，也不要用反复加热过的油烹饪食物。

6. 讲究卫生

把住"病从口入"关，尽量少吃生、冷食物，在摄入食物之前，应将其认真洗净，以防止一些病原微生物、有毒农药、化学污染物的摄入。少吃在冰箱内保存时间过久的食物，坚决杜绝吃腐化变质食物。

参 考 文 献

董艳，2008. 化学与健康消费[M]. 青岛：中国石油大学出版社.

江元汝，2017. 化学与健康[M]. 北京：科学出版社.

李艳梅，赵圣印，王兰英，2011. 有机化学[M]. 北京：科学出版社.

李云捷，黄升谋，2018. 食品营养学[M]. 成都：西南交通大学出版社.

楼鸣虹，2013. "小题大做"的微量元素[J]. 中国药店（12）：72-73.

石瑞，2012. 食品营养学[M]. 北京：化学工业出版社.

孙建琴，2015. 营养与膳食[M]. 上海：复旦大学出版社.

田雨，赵连成，2011. 反式脂肪酸与人体健康[J]. 中国预防医学杂志 12（10）：894-898.

王光国，1990. 生命化学基础：化学与健康[M]. 厦门：厦门大学出版社.

新华社电视节目中心，2012. 感动中国 感动一个国家的人物 第 1 辑：3[M]. 哈尔滨：黑龙江少年儿童出版社.

杨月欣，李宁，2010. 营养功能成分应用指南[M]. 北京：北京大学医学出版社.

杨月欣，王光亚，潘兴昌，2009. 中国食物成分表[M]. 2 版. 北京：北京大学医学出版社.

余康生，2009. 广州中一药业 诗圣杜甫死因之谜[J]. 中国药店（5）：99.

张继国，王惠君，王志宏，等，2018. 中国 15 省（区、直辖市）成年居民膳食纤维摄入状况[J]. 中国食物与营养，24（10）：10-12.

张山佳，2017. 运动生物化学与健康营养[M]. 成都：电子科技大学出版社.

仲山民，黄丽，2013. 食品营养学[M]. 武汉：华中科技大学出版社.

第9章 药物与健康

　　药物是人类治疗疾病、维持健康的有力武器，为人类的生存、种族的延续做出了巨大贡献。目前，和药物相关的学科——药学已经发展成为一个庞大的科学体系，是自然科学领域重要的组成部分。由于药物和人们的日常生活息息相关，怎样正确地对待药物？怎样防止药物滥用？怎样看待药物的不良反应？怎样降低药源性疾病的发生？怎样树立正确的疾病观和药品治疗观？这些都是我们需要思考和解决的问题。在这种情况下，学习药物相关知识，有助于我们了解药物的本质特征，从而指导生活中的实践，合理正确地使用药物。

9.1　药　　学

9.1.1　药学的定义和性质

　　药学是一门研究药物与机体、药物与各种病原微生物之间相互作用与规律的科学，其研究内容包括药物的成分、性状、来源、作用机制、用途、使用、经营、管理等。从总体上看，药学学科属于自然科学的范畴，如药物制剂、药物化学、药物分析等具有很强的自然科学属性。当药学研究集中在药物的应用时，由于研究对象涉及人类，而人类具有自然和社会两种属性，因此，有的药学分支学科具有很强的社会科学属性，如药品经济学、药事管理学等。

9.1.2　药学范畴

　　药学的研究对象是药物，服务对象是人类，需要解决的核心问题是疾病，最终的目标是维护人类的生命和健康。因此，药学的基本范畴为生命、健康、疾病、衰老与死亡、药品。在学习药学相关知识时，应该正确认识它的本质问题，这样才能够树立正确的生命观、健康观、药品治疗观和疾病观。

1. 生命

　　人类对生命的认识关系到医药的最根本目的并影响其发展。由于生命观的不同，对生命、生命质量、生命价值的认识也将会不同。例如，如何珍爱生命、善待生命，药物使用与生命质量关系等，这些都涉及对生命的理解与认识。对生命的思考将会使人们更加善待生命、珍惜生命。目前，药物治疗效果的评价指标包括死亡率、发病率、生命质量、生存期等。科学研究也发现长期服用一些药物会造成病人生活质量降低。例如，高血压病人长期使用一些药物，虽然能够有效地治疗高血压，但却会造成记忆力下降、情绪低落、睡眠不足等问题，因此科学家也提出应该把生活质量作为评价药物质量的标准之一。

2. 健康

　　医药学的主要目的是防治疾病，保障人体健康。世界卫生组织提出："健康不仅是免于疾病和衰弱，而且是个体在体格方面、精神方面和社会方面的完美状态。"还提出："健康是基本人权，达到尽可能的健康水平，是全世界范围内的一项最重要的社会性指标。""人人享有基本药物"，这也是全球卫生和健康目标之一。人类不仅要全面提高健康水平，还需要提高生存质量和生活质量。对于健康概念的认识直接影响人们的用药行为与用药观念。例如，人类对美的概念的争论与思考，促进了大量减肥药物的研究与上市。

3. 疾病

疾病是健康的对立面，疾病发生的原因是药物能够对症治疗的关键因素，也是医学的核心研究问题。疾病发生的原因可分为两类：外因、内因。疾病发生的外因可分为四类：①物理因素，包括温度、气压、电流、各种辐射线、机械力等，当这些物理因素超过人类耐受阈值时便会转变为致病因素；②化学因素，包括有机物、无机物、药物、代谢物质、农药等，这些化学物质在造福人类的同时，如果使用不当也会成为致病因素；③生物因素，包括各种病原生物，如细菌、立克次氏体、病毒、真菌、支原体、螺旋体、原虫等；④营养因素，营养不良和营养过剩都容易诱发疾病。人体的内在状况也与疾病密切相关。人体的免疫、年龄、神经内分泌、遗传、先天发育等都会成为疾病产生的易感因素。一般来说，自然与社会因素往往会通过各种外界或内在因素综合作用，从而导致疾病产生。由于国家、民族、社会经济、生活习惯、个体遗传与行为等因素的不同，疾病在不同时期和不同人群中的发病率与死亡率也各不相同，有时甚至会发生较大的变化。随着我国经济社会发展和人民生活水平不断提高，传染病、营养不良等的发病率急剧下降；与此同时，恶性肿瘤、心脑血管疾病等慢性非传染性疾病的发病率增加。国际权威医学杂志《柳叶刀》在 2019 年曾经报道过《1990—2017 年中国及其各省的死亡率、发病率和危险因素》，该研究从 282 类致死原因中找出了 2017 年中国人的十大死亡原因，分别为中风、缺血性心脏病、呼吸系统（气管、支气管、肺）癌症、慢性阻塞性肺病、肝癌、道路交通伤害、胃癌、阿尔茨海默病及其他痴呆症、新生儿疾病和高血压性心脏病。

4. 衰老与死亡

目前，很多国家面临着人口老龄化问题。老龄化国家或地区的特征是：60 岁以上的人口超过 10%；或 65 岁以上人口超过 7%；或 14 岁以下人口少于 30%。人口老龄化问题给医疗体系带来了新的挑战。老年病的大幅度增加给医药市场带来的巨大的商机，同时也给社会福利带来了巨大的压力。死亡是生命活动的终止。由于生命的死亡是一个渐进的过程，对于死亡标准的探讨已成为许多学科关注的问题。目前判断死亡的标准有两种：一是以心跳和自主呼吸的停止为依据，二是以脑死亡为依据。英国、美国、瑞典、法国等已经立法将脑死亡作为人类个体死亡的标准。脑死亡的概念与生命的概念紧密相关。脑死亡既表示人类个体的生物学死亡，也表示人类个体的社会学死亡。

5. 药品

药品是一种特殊的商品。关于药品的定义，各个国家不完全相同，在我国药品特指人类用药，不包括农药、动物疾病用药等。药品按照使用目的可以分为预防药品、诊断药品、治疗药品、保健药品四大类。从药品管理的角度来看，药品可分为新药、处方药与非处方药、特殊管理药品、国家基本医疗保险药品、国家基本药物。药品不能只重视福利性而忽略商品性，但在突出药品商品性的同时，也需要谨记药品是一种特殊商品，具有特殊性。药品的基本要求是安全、有效、质量可控。为了保证药品质量和用药安全，各国政府均加强对药品的监督、管理和控制。药品是公认的管制最严格的商品之一。

9.2 药 物

9.2.1 药物的定义

药物是指可以改变或查明机体的生理功能及病理状态，用以预防、诊断和治疗疾病的物质。药物是人类与疾病作斗争的重要武器，它的最基本的特征是具有防治疾病的活性（在药物研发的上游阶段又被称为活性物质）。自然界存在多种活性物质，但是作为药物应用的数量有限。无论是来源于自然界的天然产物，还是用化学合成方法制备的化合物，乃至用生物技术手段获得的产品等，要成为安全、有效的药物，必须进行大量极其严格的科学研究。

9.2.2 药物与食物、毒物的关系

食物是指能够满足人体正常生理和生化能量需求，延续正常寿命的物质。食物的种类非常广泛，包括谷物类、肉类、蔬菜类、水果类等。人类通过耕种、畜牧、采集、狩猎、渔猎等途径获得食物。中国人在日常生活中讲究食疗。食疗是一种养生行为，是通过饮食达到调理机体、强壮体魄的目的。食疗文化源远流长。"药食同源"是中华原创医学中对人类最有价值的贡献之一。五谷杂粮，性状温和，有益于人类。性"中"是中国人选择食品最主要的标准。在这个标准下，药物和食物并没有明显的界限。食物性状稍微离开"中"时就会偏温（如豆豉）或偏凉（如绿豆）。如果偏离"中"较远时，就是"热"与"寒"。如果更加远离"中"时，就是"药"，这也是热药或者凉药的来历。"寒者热之，热者寒之"，这是中医的治疗原则，得了热病应该用凉药，如果热症不显著，可以选择性状偏凉的食物调节；反之亦然。

毒物是指在较小的剂量即对人类机体产生毒害作用、损坏人体健康的物质。毒物可以是固体、气体或液体，在进入机体后，能与机体发生相互作用，产生一系列的物理、化学或者生物学反应，引起机体功能障碍或器质性的损害，严重的甚至危及生命。古人云："是药三分毒。"医学专著《黄帝内经》中对药物的应用有详细的记载，其将药分为无毒、小毒、常毒、大毒。治疗疾病要求大毒治病，十去其六；常毒治病，十去其七；小毒治病，十去其八；无毒治病，十去其九。是药就有几分的偏性。这个偏性如果对症，就不是毒，反之则会对机体产生损伤。从整体上看，药物和毒物的界限不明显，二者仅存在剂量上的差别，任何药物剂量过大都可产生毒性反应。

对于药物、食物和毒物而言，三者之间无绝对的界限，如葡萄糖、食盐、维生素等均为食物成分。当机体缺乏上述物质时，外源性供给的这些成分就成为药物。某些食物或药物大剂量或长时间应用时可引起毒性反应。例如，患有充血性心力衰竭或高血压的人群，如果补充过量的生理盐水或者食用过多的食盐，会加重原有的疾病。又如，敌百虫和美曲膦酯，它们的有效成分化学结构相同，属于同一物质，但是由于用途不同，它们的用量和纯度相差很大。敌百虫是在农业上的应用，作用在于杀灭害虫，用量大但纯度较低；美曲膦酯是临床上的用药，用量较少但纯度高，可以治疗轻度和重度的阿尔茨海默病。又如，中药胡荽具有发表透疹、消食开胃、止痛解毒的功效，其实在日常生活中是很常见的，只是它的名字发生变动，属于蔬菜的一种——香菜。又如，绿豆既是食物也有药性，具有寒的特性，可以清热解毒、消暑利水、治疗痈肿疮毒。但并不是所有人夏天都适合喝绿豆汤解暑，脾胃虚寒的人是忌用的。食物如果食用不当，也会损伤我们的机体。因此，我们应该正确处理药物、食物、毒物三者之间的关系，合理地摄入食物，正确地对待药物，从而远离毒物。

9.2.3 药物的发展

药物的发展经历了古代药物、近代药物和现代药物三个阶段。其中，古代药物的发展以古埃及、古希腊、古罗马、古印度、古阿拉伯和古代中国的药物发展为代表。在近代，随着化学的萌芽和发展，为近代药物的发展奠定了坚实的基础。药物的发展一路与化学同行，19世纪随着有机化学工业的快速发展，开启了化学合成药物时代。进入 20 世纪，药物更是得到了突飞猛进的发展。

科学家们利用人工合成化合物、改造天然有效成分的分子结构等手段作为新药的主要来源，从而达到开发更有效的药物的目的。20 世纪 30～50 年代是新药发展的黄金时代。分子生物学的迅猛发展为药学的研究提供了全新的方法和视野。自 1953 年发现 DNA 双螺旋结构后，许多生物大分子的功能和结构被世人所认识，加深了人们对生命本质及药物分子与生物大分子之间相互作用规律的认识，促使药学的研究从宏观进入微观，从系统、器官水平深入分子水平，再次引发一场以基因工程药物为标志的制药工业革命。基因工程药物包括蛋白质类激素药物、细胞因子、溶血栓类药物、治疗用酶、抗体、疫苗和寡核苷酸药物等。全球开发的第一个基因工程药物是重组人胰岛素，于 1982 年投入市场，目前在临床上已经被广泛应用。现在临床上常用的药物，如抗生素、镇痛药、合成的抗疟药、磺胺类药物、抗组胺药、抗精神失常药、抗癌药、抗高血压药、激素类药物及维生素类中许多药物均是在这一时期研制开发的，开创了用化学药物治疗疾病的新纪元。

1. 医药史上三大经典药物

1）青霉素

青霉素是医药史上的重大发现，它的使用使很多人类历史上几百万年来不能治愈的疾病得到治愈。据不完全统计，青霉素的使用让人类的平均寿命从 45 岁提升到了 60 岁。青霉素的发现带有浓厚的戏剧色彩。青霉素是在 1928 年被英国细菌学家亚历山大·弗莱明首次发现。当时弗莱明正在撰写一篇有关葡萄球菌的论文，出于需要实验室里培养大量的金黄色葡萄球菌。在 1928 年夏，一个霉菌孢子恰好掉进了装有葡萄球菌的培养皿中，而当时的弗莱明正外出度假。当他返回实验室时，发现一个金黄色葡萄球菌培养皿中长出了一团青绿色霉菌。在用显微镜观察时发现，霉菌周围的葡萄球菌菌落已被溶解，这说明霉菌的某种分泌物能够抑制葡萄球菌。弗莱明给这种物质取名为青霉素。但遗憾的是弗莱明一直未能找到提取高纯度青霉素的方法，于是他将青霉菌的菌株一代代地继续培养，并在 1939 年将培养的菌种提供给准备系统研究青霉素的澳大利亚病理学家霍华德·华特·弗洛里和德国生物化学家钱恩。之后，青霉素得到了进一步研究改进，并成功用于治疗人的疾病。由于在青霉素方面的贡献，三人在 1945 年共同获得诺贝尔生理学或医学奖。青霉素属于 β-内酰胺类抗生素，根据抗菌谱和耐药性，青霉素类药物可以分为窄谱青霉素类、耐酶青霉素类、广谱青霉素类、抗铜绿假单胞菌广谱青霉素类、抗革兰阴性菌青霉素类五个大类。青霉素类药物除青霉素 G 为天然抗生素外，其他均为半合成青霉素。

青霉素的结构可以分为酰胺侧链和 6-氨基青霉烷酸（6-APA），6-氨基青霉烷酸又可以分为 β-内酰胺环和四氢噻唑环。青霉素的结构也可以看成由半胱氨酸、缬氨酸及侧链构成，如图 9-1 所示。青霉素 G 的侧链上是苄基，因此也被称作苄青霉素。因其抗菌作用强、化学性质比较稳定、毒性低、产量高、价格低廉，是临床上最常使用的一种青霉素。青霉素 G 的干燥粉末和溶液剂的稳定性相差很大，在室温条件下干燥粉末可以保存数年，但其溶于水后物理化学性质极不稳定，很容易被热源、酸、碱、氧化剂等破坏，从而丧失抗菌活性。研究发现在室温条件下放置 24h，青霉素 G 的水溶液大部分会降解失效，生成的降解产物一部分还具有抗原性，所以为了用药安全，需要现配现用。

　　青霉素 G 具有很强的抗菌活性，其针对的主要是处于繁殖期的细菌。总体来说，青霉素 G 在浓度低时能够抑制处在繁殖期的细菌生长，浓度高时能够杀灭处于繁殖期的细菌。目前，青霉素 G 是治疗革兰氏阳性球菌、革兰氏阴性球菌、革兰氏阳性杆菌、螺旋体所致感染的首选药。由于青霉素 G 对病原菌有高度的抗菌活性，是抗菌消炎的主力军，据不完全统计，其用量相当于其他抗生素用量的总和。但其不良反应也特别严重，最严重的可引起过敏性休克，用时需要特别注意。主要防治措施：①询问患者是否有过敏史，对青霉素过敏的患者禁止使用；②尽量避免在机体处于饥饿状态时注射青霉素；③对于初次使用的患者，或者用药间隔超过三天的患者，或者药品批号发生变化时，必须对患者进行皮肤过敏性试验，皮试反应为阳性的患者禁止使用青霉素；④需要使用青霉素时，必须具备急救药物（如肾上腺素）和抢救设备；⑤要求医生在患者每次用药后密切观察半小时，无不良反应才可离开医院。

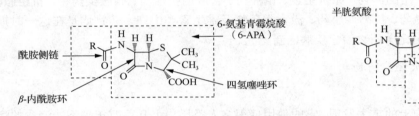

图 9-1　青霉素的结构特征

2）阿司匹林

　　阿司匹林又称乙酰水杨酸，其分子结构式如图 9-2 所示，是水杨酸的衍生物。经百年的临床应用证明具有解热、镇痛、抗炎、抗风湿的疗效，能够有效缓解轻度或中度疼痛，对于感冒和流感的退热也有很好的疗效。近年来，发现阿司匹林可以作为抗血小板药，其能够有效抑制血小板的聚集，从而达到阻止血栓形成的功效，临床上可用于预防心肌梗死、短暂脑缺血发作等术后血栓的形成。对于谁发明了阿司匹林，这是历史上的一个公案。目前官方发布的信息是在 1897 年德国化学家费利克斯·霍夫曼用水杨酸与乙酸酐反应，成功合成了乙酰水杨酸。1898 年德国拜耳公司正式生产这种药品，取商品名为 Aspirin，这就是医院里最常用的药物——阿司匹林。但是在历史上，犹太科学家阿图尔·艾兴格林对阿司匹林的发现功不可没。有医学史学家认为艾兴格林才是阿司匹林的主要发明人，霍夫曼是在艾兴格林的指导下完成阿司匹林的制备。阿司匹林以解热镇痛药闻名，后来被副作用较小的对乙酰氨基酚抢占市场，但在 20 世纪 80 年代发现其有预防心血管疾病的作用，从而获得新生。

3）安定

　　安定又称地西泮，是波兰裔化学家莱奥·施特恩巴赫发明的，其分子结构式如图 9-3 所示。施特恩巴赫当时发现这种化学合成物具有很好的镇静作用，认为"它没有任何副作用，只会让人无比舒服和放松"。1963 年，施特恩巴赫正式将其命名为 Valium，拉丁语的意思是"变得更加强壮"，这就是安定。施特恩巴赫一生淡泊名利，他每研制一种新药，就以收取所在罗氏公司 1 美元的方式放弃自己的专利，他的一生共有 241 项专利，是现代医药的重要奠基人。安定属于苯二氮草类镇静催眠药,比巴比妥类药物效果更佳,不良反应更少,安全性更高。它主要是通过加强中枢抑制性神经递质 γ-氨基丁酸功能来发挥作用,具有抗焦虑、镇静催眠、抗惊厥、抗癫痫、中枢性肌肉松弛作用,可用于治疗失眠、焦虑症、子痫、癫痫、破伤风、小儿高烧惊厥、偏头痛、肌紧张性头痛等,也可用于麻醉前给药。安定属于精神类药品,长期服用或剂量不当会降低人体的反应能力,故驾驶员等从事各种危险工作的患者要慎用,服药后应当充分休息。主要不良反应有嗜睡、血压降低、心率减慢、过敏、贫血等,但发生率较低。

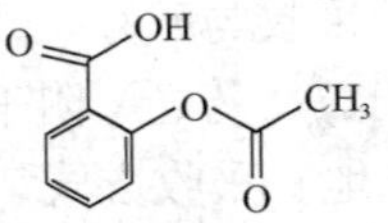

图 9-2   阿司匹林的分子结构式

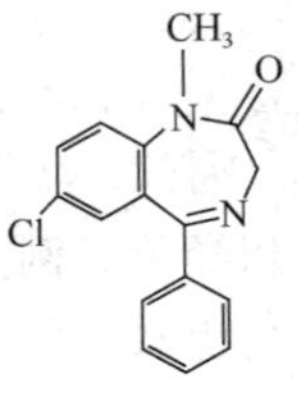

图 9-3   安定的分子结构式

2. 中医药的贡献

1)中医药古籍

中国古代药物的发展是从尝试各种食物时遇到毒性反应后寻找解毒物开始的。古代人们为了生存,从生活经验中得知并应用某些天然物质治疗疾病和伤痛,被称为传统药物学或本草学阶段,如大黄导泻、饮酒止痛、麻黄止喘等。中医药有非常多的著作,如《黄帝内经》《伤寒杂病论》《难经》《千金要方》《千金翼方》等,在此主要介绍《神农本草经》《新修本草》《本草纲目》三本重要的著作。

俗话说"神农尝百草,始有医药"。《神农本草经》是现存最早的中药学著作,秦汉时期众多医学家参与编撰,在东汉时期整理成册,是集体智慧的结晶。《神农本草经》也是中国历史上第一次对中医药进行系统的总结。书中提出的大部分理论、药物配伍规则、"七情和合"原则等对中医药发展做出重要贡献,是中医药理论发展的源头。《神农本草经》全书共分三卷,载药 365 种,药物按照上、中、下三品进行分类,文字简练古朴,是中药理论精髓。《神农本草经》里收载的药物不少流传至今,如人参、当归、甘草、大黄、麻黄等。历代均有修订、增补,愈臻完善。

《新修本草》于唐代(公元 659 年)编撰,是我国历史上第一部由政府颁发的药典,也是世界第一部由政府颁布的药典,比西方最早的《纽伦堡药典》早 883 年,收载药物 850 种。《新修本草》的成书是我国药物学研究发展的标志。它是集体工作的结晶,在该书的编纂过程中,先由各药材产区送上药物标本,然后再进行绘图编修。该书里面有很多中药图和图经,是我国医药史上唯一的一部书中绘图超过正文的著作。《新修本草》在整个编写过程中遵从实事求是的原则。首先它承袭了历代本草的优点,对本经文字均保留其原貌,不臆加窜改。其次在编纂过程中广泛采纳群众意见,涉及药物品类时则"普颁天下,营求药物,羽毛鳞介,无远不臻;根茎花实,有名咸萃",涉及药物应用时则"详探秘要,博宗方书",因而做到了"本经虽缺,有验必书;别录虽存,无稽必正",改变了过去辗转抄录的陋习,故而《新修本草》有很高的学术价值。

《本草纲目》是明代李时珍历时 27 年编撰完成的。全书 52 卷,共有 190 多万字,记载了 1892 种药物，分成 60 类，绘图 1100 多幅，并附有 11000 多个药方。全书分 16 部（水、火、土、果、金石、草、谷、木、菜、服器、虫、鳞、介、禽、兽、人）60 类，是对中药学进行的一次全面而系统的整理总结，在历史、地理、植物、动物、冶金、矿物等方面也有突出成就。该书在 17 世纪末开始传播，先后被译成多种语言版本，对世界自然科学也有卓越的贡献。

2）中药

中药是指收载于我国历代诸家本草医书中，依据中医药理论和临床经验用于医疗保健、防治疾病的天然药物。中药中所含的有效成分是药物具有防治疾病作用的基础，合理、适时、科学地对中药进行采收、贮藏，在保证药材质量、达到防治疾病目的、保护和扩大药源方面具有重要的意义。因此，我国历代医家非常重视中药的产地、采收与贮存，并在这些方面积累了丰富的知识和经验。例如，早在《神农本草经》中就指出："（药之）阴干暴干，采治时日，生熟，土地所出真伪陈新，并各有法。"其认为药物的产地、采收方式、贮存形式与其品种的真伪、加工炮制一样重要。唐代的《新修本草》明确指出："窃以动植形生，因方舛性；春秋节变，感气殊功。离其本土，则质同而效异；乖于采摘，乃物是而时非。"《汤液本草》中也明确指出："凡药之昆虫草木，产之有地；根叶花实，采之有时。失其地，则性味少异矣；失其时，则性味不全矣。"由此可见，药材的产地、采集时间及贮藏方法对保证药材质量的重要性。

除极少数的人工制品外，绝大多数中药均来自天然的植物、矿物、动物、海洋生物等。这些天然药物的生长离不开特定的自然条件，还具有地域性特点。中国幅员辽阔，地理状况非常复杂，有山陵丘墟、江河湖泽、平原沃野和辽阔海域。各地区的土质、气候、水质、温差、光照、微量元素、生物分布等差别很大。这些因素对天然动植物药特别是植物性药材的产量、生长、质量有重大影响。在某地区适宜于某些动植物的生长，但可能不适宜于另一些种类生长。例如，黄花蒿所含的青蒿素，因日照条件等的差异使南方生长者的含量明显高于北方；又如，丹参中所含丹参酮ⅡA等有效成分，因地域的不同，可使含量相差数倍。对于这种现象，古人早有认识，如孙思邈的《千金翼方》指出"用药必依土地"，明代的《本草蒙筌》也指出"地产南北相殊，药力大小悬隔"。历代医药家经过长期观察、使用和比较，明确了即使是分布很广的药材，由于自然条件不同，不同产地药材的质量优劣不一。为了保证天然药材的质量和临床疗效，自唐宋以来，人们逐渐形成了"道地药材"的概念。

道地药材又称为地道药材，是优质中药材的代名词，是指药材质优效佳。这一概念源于生产和中医临床实践，数千年来被无数的中医临床实践所证实，是中药学中控制药材质量的一项独具特色的综合判别标准。一般认为，道地药材指在特定自然条件和生态环境的区域内所产的药材，并且生产较为集中，具有一定的栽培技术和采收加工方法，质优效佳，为中医临床所公认。四川的川黄连、川乌、川芎、川贝母、附子，浙江的杭菊花、杭白芍、杭白芷、浙贝母，江苏的薄荷，河南的怀山药、怀地黄、怀菊花，广东的广陈皮、砂仁、藿香、草豆蔻等，广西的肉桂，东北的人参、五味子、细辛，山东的阿胶，宁夏的枸杞，甘肃的当归，山西的党参，云南的三七等都是著名的道地药材。道地药材的确定，与药材产地、品种、质量等多种因素有关，其中临床疗效则是其关键因素。一些药材常在药名前冠以道地产区，如川黄连、杭菊花、怀山药等。

道地药材的产区在实践中形成后并不是一成不变的。例如，三七原以广西为上，称为"广三七"或"田七"，而云南产者后来居上，称为"滇三七"，成为三七的新道地产区；又如，上党人参由于环境条件的变化而灭绝。我们必须充分认识道地药材的两重性。一是药材质量好，临床疗效高。我们需要重视中药产地与质量的关系，强调道地药材的开发和应用。二是受地区所限，产量有限。随着医疗事业的不断发展，药材需求量的不断增加，再加上很多药材的生产周期较长，有的道地药材已经无法满足临床上的需要。因此，在注意保护道地药材资源的基础上，开拓新的药源，大力进行药材的科学引种和驯化工作，已成为解决道地药材不足的重要途径。在现代的技术条件下，已完成不少名贵短缺药材的人工栽培或药用动物的驯养，如人参已在东北地区广泛种植，原产于贵州的天麻在陕西大面积引种，人工培育牛黄、人工养麝、人工养熊等都取得了较大成效。当然，在药材的引种或驯养工作中，必须以确保该品种原有的性能和疗效为前提。

　　对于中药材，其采收时间对药效影响也特别大。中药材的合理采收（季节、时间、方法）不仅能保证药材的质量、药效，而且还对保护、扩大药源具有重要意义。采收适时如法则药性强、疗效高，反之则药性弱、疗效差。孙思邈《千金要方》中提到"早则药势未成，晚则盛时已歇"。一般药品的采集可以概况为：全草采集在花朵初开时，从根以上割取地上部分；叶类采集在花蕾将放或正盛开的时候；花、花粉通常采集未开放的花蕾或刚开放的花朵；果实、种子类除少数外，大部分在成熟时采集；根、根茎类在秋末或春初（8月或2月）采集；树皮、根皮类在春、夏时节，植物生长茂盛时采集；动物昆虫类在其生长活动季节采集。

　　青蒿素是中药材的典型代表，它是从菊科植物黄花蒿及变种的大头黄花蒿中提取的一种倍半萜内酯类过氧化物，其分子式为 $C_{15}H_{22}O_5$，分子结构式如图 9-4 所示。在 1969 年，我国药学家屠呦呦和她的团队接到一个保密的军工项目——523 任务，这是一项援外战备紧急军工项目，涵盖了疟疾防控的所有领域。抗疟药的研发过程就是和疟原虫夺命速度的赛跑过程。屠呦呦和她的团队查阅大量中医药典籍，经历了 190 次失败后，1971 年对 191 号样——青蒿乙醚中性提取物样品进行抗疟试验时发现，青蒿素对疟原虫的抑制率达到了

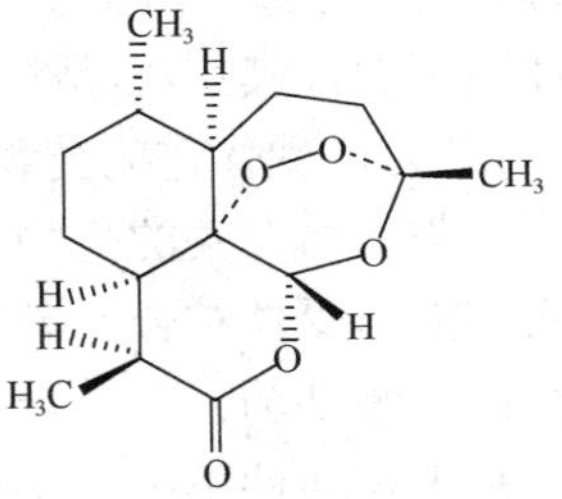

图 9-4　青蒿素的分子结构式

100%。后续屠呦呦和她的团队在青蒿素抗疟研究上做了大量系统的工作，青蒿素也被称为是继乙氨嘧啶、氯喹、伯氨喹之后最有效的抗疟特效药，尤其是对于脑型疟疾和抗氯喹疟疾，具有低毒、速效的特点。鉴于在青蒿素治疗疟疾上做出的巨大贡献，屠呦呦在 2015 年获得诺贝尔生理学或医学奖。

　　青蒿素对各种疟原虫红细胞内期裂殖体有快速的杀灭作用，48h 疟原虫就可从血中消失；但是对红细胞外期疟原虫无效。因为青蒿素为脂溶性药物，可透过血脑屏障，对脑性疟有较好的抢救效果。通过研究还发现，青蒿素结构中的内过氧化结构是药物活性必需基团，抗疟活性依赖于内过氧化桥-缩酮-乙缩醛-内酯结构，以及在 1,2,4-三氧杂环己烷的 5 位氧原子的存在。总体来说，青蒿素的抗疟作用与自由基的调节密切相关，血红蛋白中的铁离子能够与青蒿素发生反应，通过内过氧化物的均裂作用产生自由基。然后自由基通过重排得到碳自由基，而这种自由基能够与疟原虫蛋白进行共价键的结合和损害。青蒿素口服吸收非常迅速，血药浓度达到高峰只需要 0.5～1h。青蒿素从体内排泄的速度也特别快，主要从肾和肠道排出，24h 后可排出 84%，72h 后仅有少量残留。目前已发现疟原虫对仅含青蒿素的抗疟药物产生耐药，而复方青蒿素制剂对治愈疟疾的有效率约为 95%，并且疟原虫产生耐药性的可能性极小。

9.3　新药的开发与研究

9.3.1　新药

　　新药是指化学结构、药品组成或药理作用不同于现有药品的药物。根据《药品管理法》的规定，新药是指未曾在中国境内外上市销售的药品。对已上市药品改变剂型、改变给药途径、增加新适应证的药品，不属于新药，但药品注册按照新药申请的程序申报。

　　新药可以通过四个途径获得：①对已知化合物进行结构修饰；②合成新型结构的药物；③从天然物质中提取、分离；④应用生物技术和基因重组方法。随着科技的迅猛发展，药学家们一直在研究如何能够通过合理的药物设计而发现新药，尤其是在结构生物学、分子生物学、计算机科学等学科，以及生物技术、合成及分离技术高度发展的今天，人们更希望能够通过对生物靶分子结构的了解，用计算机模拟设计、高效合成技术加快新药发现的速度，降低新药开发的成本，但这一理想目前离现实还有一段距离。开发一个具有发展前途的新的活性物质，需要耗费大量的人力、物力和时间。开发新药成为一项科学技术含量极高的艰难任务。

　　现代新药设计主要从两个方面着手，一是基于疾病发生机制的药物设计，二是基于药物作用靶点结构的药物设计。根据统计，目前已知的药物作用靶点有480多个，其中45%为受体，28%为酶，但由于这些靶点的三维结构和功能的复杂性，特别是很多的受体为跨膜蛋白和糖蛋白，其三维结构目前尚不清楚，使新药的设计受到较大限制。

　　1）以受体作为药物的作用靶点

　　与受体有关的药物可分为激动药和拮抗药。激动药为既有亲和力又有内在活性的药物，它们能与受体结合并激动受体而产生效应。激动药依照其内在活性的大小可分为完全激动药和部分激动药，前者具有较强的亲和力和较强的内在活性（$\alpha=1$）；后者有较强的亲和力，但是内在活性不强（$\alpha<1$），部分激动药与完全激动药并用还可以拮抗完全激动药的部分效应。拮抗药为能与受体结合，具有较强亲和力而无内在活性（$\alpha=0$）的药物。它们本身不产生作用，但因占据受体而拮抗激动药的作用。常见的与受体有关的药物见表9-1。

表9-1　常见的与受体有关的药物

受体	分类	药物代表
M胆碱受体	激动药	毛果芸香碱
M胆碱受体	拮抗药	阿托品
N胆碱受体	激动药	烟碱
N胆碱受体	拮抗药	琥珀胆碱
α肾上腺素受体	激动药	去甲肾上腺素
α肾上腺素受体	拮抗药	酚妥拉明
β肾上腺素受体	激动药	异丙肾上腺素
β肾上腺素受体	拮抗药	普萘洛尔

　　2）以酶作为药物的作用靶点

　　酶是高度特异性的蛋白质，是人体内的一种重要催化剂，对于维持机体正常运转有重要意义，酶的功能情况与许多疾病息息有关。随着生物化学、分子技术、X衍射技术的发展，目前已成功分离出多种酶并完成三维结构测定。通过运用相应的计算机技术，我们能够清楚了解酶的活性部位，因而酶成为一类重要的药物作用靶点，特别是酶抑制剂，高度亲和力和特异性酶抑制作用将使药物具有更专一的治疗价值。

3）以离子通道作为药物作用的靶点

离子通道是细胞膜中的跨膜蛋白质分子，在脂质双分子层膜上构成具有高度选择性的亲水性孔道。离子通道具有离子选择性和门控特性，参与调节多种生理功能。根据通透的离子不同，离子通道可分为钠通道、钙通道、钾通道、氯通道。离子通道的功能改变与多种疾病的发生、发展密切相关，其为药物作用的重要靶点。例如，钙通道阻滞剂硝苯地平，对于高血压的治疗有非常好的效果。钙通道阻滞剂也作为一类新作用靶点药物得到了迅速的发展，目前已上市的"地平"类药物已有几十种。

4）以核酸作为药物的作用靶点

核酸是 RNA 和 DNA 的总称，是人类基因的基本组成单位。核酸作为生命过程中重要的化学物质，提供产生蛋白质的信息、模板和工具。目前，以核酸为靶点的新药开发主要集中在研发新的抗肿瘤及抗病毒药。细胞癌变会引起细胞无序增殖，这主要是由于基因突变导致的。因此，可以将癌基因作为标记点，利用反义技术抑制细胞的无序增殖，可设计研发出新型的抗癌药物。

9.3.2　新药的研究过程

新药的开发是一个要求非常严格而且复杂的过程，新药的研究过程大致可分三个阶段，分别为临床前研究、临床研究、上市后药物监测，研究过程具有周期长、投入大、风险高的特点。

1. 临床前研究

临床前研究包括药物化学研究和药理学研究。该阶段的主要内容为处方组成、工艺、药学、药剂学、药理、毒理学的研究。药物化学阶段的研究包括药物制备工艺路线、理化性质、质量控制标准等，药理学阶段的研究包括药物效应动力学、药物代谢动力学、毒理学方面的研究。在药理学研究阶段，需要以符合《实验动物管理条例》的实验动物为研究对象，进行大量动物实验。药理学研究是新药从实验室研究到临床应用必不可少的阶段，主要研究新药的作用范围及可能发生的毒性反应。

2. 临床研究

药物临床研究分为四期。I 期临床试验是初步的临床药理学和人体安全性评价试验，在 20~30 例正常成年志愿者身上进行，是新药人体阶段的起始阶段，包括药物代谢动力学研究和人体药物耐受性实验，偏重于药物代谢动力学研究，主要是为了确定药物的安全有效量、给药途径、给药方案等。II 期临床试验是对药物治疗作用的初步评价阶段，对新药治疗效果进行初步探索。此阶段采用随机双盲对照临床试验，病例数不少于 100 例，主要是初步对新药的有效性及安全性做出评价，并给出推荐给药剂量。III 期临床试验是治疗作用的确证阶段，对新药治疗进行全面评价。此阶段属于新药批准上市前、试生产期间扩大的多中心临床试验，目的是对新药的安全性、有效性进行社会性考察，观察病例数不少于 300 例。IV 期临床试验是新药上市后的应用研究阶段，属于新药售后的临床监视期，此阶段是对前面三个阶段临床试验的延续和补充,目的是考察在广泛长期应用时药物的疗效及不良反应,评价药物在普通人群或者特殊人群中使用的利益与风险关系,并优化给药剂量,观察病例数不少于 2000 例。

新药的临床前研究和临床研究要求是特别严格的,必须确保即将上市的药品安全、有效、稳定。在历史上出现过重大的药源性事件,如反应停事件。反应停也叫沙利度胺,在 20 世纪五六十年代被广泛使用。当时发现沙利度胺是一种良好的镇静剂,而且孕妇服用后可以有效减轻妊娠期孕吐反应。但是很快发现因为服用这种药物,一部分出生婴儿出现了海豹样畸形,海豹儿表现为上肢缺失、手掌直接连接在肩部。据不完全统计,反应停造成了 1.2 万余名婴儿的畸形,还有不计其数的流产和死胎,这是现代医药史上重大的灾难。后来研究发现反应停之所以能造成畸胎,是由于当时使用的药物是一个外消旋体,存在 R 和 S 两种构型,两种构型像我们的左右手一样。R 构型安全有效,S 构型则造成畸胎出现。科学家们从中吸取教训,促使各国政府在制定药事管理条例时规定,在药物上市前必须进行特殊的药理试验(致癌、致畸、致突变)项目。

但总体来说,药品上市前的临床研究存在局限性,如研究时间短、病例少、实验对象年龄范围窄、用药条件控制较严、目的单纯。被正式批准上市的药物,并不意味着对其评价的结束,而是表明已具备在社会范围内对其进行更深入研究的条件。

3. 上市后药物监测

上市后药物监测是新药问世后进行的社会性考虑与评价,在广泛的推广应用中重点了解长期使用后出现的不良反应和远期疗效(包括无效病例),对药物做出正确的评价。根据保护公众健康的要求,对批准生产的新药设立监测期,对药品的安全性进行监测。新药的监测期自批准该新药生产之日算起,不超过 5 年。对于不同的新药,根据其现有的安全性研究资料、境内外研究状况,确定不同的监测期限,可分为 5 年、4 年、3 年,各级药品监督管理局负责监督。处于监测期内的新药,药品生产企业应该充分考虑生产工艺、质量、稳定性、疗效及不良反应等情况,每年向所在地省(自治区、直辖市)药品监督管理局报告。

9.4　药物制剂

药物为了适应临床应用需求,有多种剂型。有的剂型研发得非常成功,如"糖丸"。糖丸是脊髓灰质炎(也称为小儿麻痹症)减毒活疫苗,制备过程中采用奶粉、奶油、葡萄糖等材料作辅料,将液体疫苗滚入糖中,从而制备出白色的糖丸疫苗。这种疫苗预防的是脊髓灰质炎。在 20 世纪 50 年代初期,我国脊髓灰质炎疫情暴发,致死率和致残率非常高,"糖丸爷爷"顾方舟临危受命,负责研发预防脊髓灰质炎的疫苗。一般来说疫苗需要冷藏保存,否则将会失去活性,但当时只有大城市的防疫站才具有冷藏条件,一般的中小城市、农村和偏远地区根本没法送达。再加上最初研发的疫苗是液体,运输和使用都不方便。带着这样的问题,顾方舟和他的研究团队在 1962 年成功改进剂型,将脊髓灰质炎疫苗做成了一枚枚固体糖丸。这种剂型的改进,是中国消灭脊髓灰质炎之路的独特创举。自此之后,糖丸疫苗陪伴了几代中国人。为了消灭脊髓灰质炎,顾方舟奋斗了一生,为了表彰他的贡献,在 2019 年中华人民共和国成立 70 周年之际,顾方舟被授予"人民科学家"国家荣誉称号。

以下我们主要介绍药物制剂的相关知识,包括药物制剂常用术语、药品标准、处方药和非处方药、药品名称、药物剂型分类等。

9.4.1 药物制剂中的常用术语

1. 剂型与制剂

剂型是指将药物加工制成的各种适宜形式。任何药物在临床应用时都必须制成适合于医疗预防应用的特定的剂型,与一定的给药途径相匹配。剂型是所有基本制剂形式的集合名词,是药物临床使用的最终形式,如片剂、胶囊剂、注射剂、栓剂、软膏剂等。制剂是指依据药典或药政部门批准的相应质量标准,将药物制成适合临床需要并具有一定规格和不同给药形式的具体品种,如阿莫西林胶囊、硝苯地平片、头孢曲松注射剂等。不同的药物可以制成同一种剂型,如阿司匹林片、阿莫西林片、地西泮片等;同一种药物也可以制成多种剂型,如对乙酰氨基酚片、对乙酰氨基酚胶囊、对乙酰氨基酚注射液、对乙酰氨基酚栓等。

2. 药物剂量

药物的剂量是指给药时对人类机体能够产生一定反应的药量,通常是指防治疾病的用量。因为药物只有被机体吸收一定的剂量后,才能达到有效的药物浓度,起到相应的药理作用。如果药物的剂量太小,在体内不能达到有效浓度,药物就不能发挥其有效作用。但是如果剂量太大,超过限定值后药物的作用可能出现质的变化,对机体可能产生不同程度的毒性损伤。因此,要严格掌握用药的剂量范围,发挥药物的有效作用,同时尽量减少不良反应。

图 9-5 是药物剂量示意图。常用量是临床上通常使用的治疗量。极量小于最小中毒量,是药典规定的临床上允许使用的最大治疗量,是安全用药的极限。半数致死量(LD_{50})是能引起 50% 的实验动物出现死亡时的药物剂量。标示量是指药物制剂在标签上所标示的主药含量。根据剂型不同,药物剂量采用不同的计量单位。固体、半固体剂型的药物常采用的单位是克(g)或毫克(mg)。液体剂型的药物常采用的单位是毫升(mL)。单位(U)、国际单位(IU)是某些抗生素、维生素、激素等常用剂量单位,能够体现药物的药理效价。

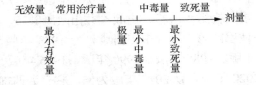

图 9-5　药物剂量示意图

3. 原料药、半合成药与成品

原料药是生产各类制剂药物的原材料,是药物制剂中的有效成分,患者无法直接使用。原料药一般可以通过化学合成、植物提取、生物技术等手段获得,外形大部分是粉末、结晶、浸膏等。半合成药指完成部分加工步骤的产品,尚需进一步加工方可成为待包装的产品。成品指已完成所有生产操作步骤和最终包装的产品。

4. 批量与批号

批量简称批,是在规定期限内具有同一性质和质量,并在同一连续生产周期中生产出来的一定数量的药品。批号是用来识别批的一组数字或字母加数字,用以追溯和审查批药品的生产历史,是药品质量评价、抽样检查的主要依据。国家卫生健康委员会颁布的《药品生产质量管理规范》（*Good Manufacture Practice of Medical Products*，GMP）规定了"批号"一词的含义，指在规定限度内具有同一性质和质量，并在同一生产周期中生产出来的一定数量的药品。质量均匀性是"批号"所要反映的最根本问题。药厂在药品的生产过程中，将同一生产工艺下当次投料生产的药品用一个批号来表示。从批号上可以看出生产日期和生产批次，根据批号还可以推算出药品的存放时间长短。同时，批号是药品的质量引，便于对药品质量进行抽样检验。

5. 有效期

药品的有效期是指药品自生产之日起，在规定的贮藏条件下，能够保证其质量符合规定要求的期限。药品的有效期，可以理解为有效的药品质量生命周期。药品有效期的表示方法有三种：一种是直接标明有效期，如有效期至 2020 年 3 月 5 日；一种是直接标明失效期，如失效期为 2020 年 2 月，此种方法多为进口药物采用；另外一种是标注有效期年限，如有效期为 2 年，根据生产日期可以推算出失效期。当药品超过有效期后，其内在结构、组成、临床的效价等均会发生改变，大多数药物表现为疗效降低，少数药品会因毒性加强、临床药理作用也会加强，多见于存在同分异构体或者旋光异构体的药品。因为随着贮存时间的增加，药品会发生消旋或者降解等，成为一个具有多组分的混合物，如莨菪碱类、马钱子碱类等。由于药品范围广泛，药品有效期还存在一些特殊情况，如一部分中药饮片具有较长的有效期，而部分生物制品、诊断试剂和血液制品则具有较短的有效期等。《中华人民共和国药品管理法》第四十九条规定：未标明有效期或更改有效期的、不注明或更改生产批号、超过有效期的药品都按劣药论处，并依据此法第七十五条规定进行相应的行政处罚。这就明确了一种合格的药品必须标明其有效期，否则即为不合格药品。

9.4.2　药品标准

药品是一类特殊的商品，药品的研制、生产、经营、使用和管理等必须严格遵守的法定依据。在中国需要遵守《中华人民共和国药典》（简称《中国药典》）。《中国药典》包括凡例、正文及通则，由国家药典委员会组织编纂、出版，并由政府颁布、执行，具有法律约束力。中华人民共和国成立后，使用的第一版《中国药典》为 1953 年版，后续又进行多次修订，分别为 1963 年版、1977 年版、1985 年版、1990 年版、1995 年版、2000 年版、2005 年版、2010 年版、2015 年版、2020 年版。以 2015 年版为例，它分为四部：一部收载药材和饮片、植物油脂和提取物、成方制剂和单味制剂等；二部收载化学药品、抗生素、生化药品及放射性药品等；三部收载生物制品；四部收载通则，包括制剂通则、检验方法、指导原则、标准物质和试液试药相关通则、药用辅料等。2015 年版《中国药典》共收载药物品种 5608 种，具体见表 9-2。

表 9-2　《中国药典》（2015 年版）收载药物品种

《中国药典》	收载内容	收载品种
一部	药材及饮片、植物油脂和提取物、成方制剂和单味制剂等	2598 种
二部	化学药品、抗生素、生化药品、放射性药品等	2603 种
三部	生物制品	137 种
四部	药用辅料、通则和指导原则等	270 种

药典是药品的最低标准，除此之外，药品还有其他药品标准，如：①局颁标准：未列入药典的其他药品标准，由国务院药品监督管理部门另行成册颁布；②药品试行标准；③省级药品监督管理部门审核批准的医疗机构制剂标准；④省（自治区、直辖市）中药材标准和中药炮制规范；⑤药品卫生标准等。

9.4.3　处方药与非处方药

药物的分类方法有很多，与我们生活息息相关的分类方法是处方药和非处方药。这种分类方法是从使用情况来看的，是根据消费者获得和使用药物的权限进行分类的。处方药是凭借执业医师或执业助理医师处方才可以调配、购买和使用的药品。这种药通常都具有一定的毒性及其他潜在的影响，用药方法和时间都有特殊要求，必须在医生指导下使用。处方药，国际上通常用 prescription drug 表示，简称为 Rx，这也是医生处方左上角常见到的 R。非处方药（over the counter drug，OTC）是指不需要凭医师处方即可自行判断、购买和使用的药品。这类药毒副作用较少、较轻，而且也容易察觉，不会引起耐药性、成瘾性，与其他药物相互作用也小，在临床上使用多年，疗效肯定。非处方药主要用于病情较轻、稳定、诊断明确的疾病。不过在非处方药中，还有更细的分类，红底白字的是甲类非处方药，绿底白字的是乙类非处方药。两类非处方药虽然都可以在药店购买，但乙类非处方药安全性更高。乙类非处方药除了可以在药店出售外，还可以在宾馆、超市、百货商店等处销售。

药物作为维护人类健康的特殊物品，在研制、生产、销售、使用的各个环节都受到相应法规的严格控制，政府主管部门会授予参与这些环节的组织机构相应的权限。对药品的使用者，获得和使用某些药品也不是任意的。随着经济和科技的发展，科学知识的普及程度越来越高，人们也更加注重自身的健康，也愿意使用自我药疗的方式增进健康。"大病去医院，小病去药店"的理念得到了很多人的认同。"去药店"购买相应的非处方药已经成为自我药疗的主要途径。但是不容忽视的是，我国每年因药物不良反应住院的病例数达到 250 万人次，其中约有 19.2 万人致死。因此，自我药疗存在很大的安全隐患，必须引起人们的重视。

9.4.4　药品名称

药品名称主要包括商品名、通用名和化学名。药品的商品名是药物作为商品在市场上销售所使用的名称，由制药企业自行选择，可进行注册和申请专利保护，代表着制药企业的形象和产品的声誉。但药品商品名在选用时不得暗示药物的疗效和用途，且应简易顺口。药品通用名又称国际非专有名（International non-proprietary names，INN），被 WHO 推荐使用，通常指有活性的药物物质，而不是最终药品。INN 由新药开发者在新药申请过程中向 WHO 提出，由 WHO 审定后向全世界公布，不受专利和行政保护。国家药典委员会编写的《中国药品通用名称》（China Approved Drug Names, CADN）是依据 INN 结合我国情况制定的中文药品命名。药品化学名通常非常冗长和复杂，但能准确地反映出药物的化学结构；中文的药品化学名根据中国化学会公布的《有机化学命名原则》命名，母体的选定与美国《化学文摘》系统一致，然后将其他的取代基的位置和名称标出。下面举例进行说明：

化学名：2-（乙酰氧基）苯甲酸

通用名：乙酰水杨酸、阿司匹林、Aspirin

商品名：巴米尔（泡腾片，浙江新昌制药）、益洛平（肠溶片，德国拜耳制药）、伯基（胶囊，山东新华制药）

$$HO—\langle\ \rangle—NHCOCH_3$$

化学名：*N*-（4-羟基苯基）乙酰胺

通用名：对乙酰氨基酚、扑热息痛、Paracetamol

商品名：泰诺林（缓释片，上海强生制药）、百服宁（溶液剂，中美上海施贵宝制药）、必理通（片剂，中美天津史克制药）

9.4.5　药物剂型

任何药物在供给临床使用前，必须制成适合于医疗和预防应用的形式，这种形式称为药物的剂型，简称药剂。药物制成不同的剂型后，患者使用方便，易于接受，不仅药物用量准确，同时增加了药物的稳定性，有时还可减少毒副作用，也便于药物的贮存、运输和携带。药物剂型有几十种之多，比较常用的也有二三十种。

1. 按形态分类

药物剂型按照形态可以分为四类，包括液体制剂、固体制剂、半固体制剂和气体制剂。液体制剂是药物以液体形式存在，如注射剂、滴剂、滴眼液等；固体制剂是药物以固态形式存在，如胶囊剂、片剂、丸剂等；半固体制剂是药物以半固态的形式存在，如软膏剂、栓剂、糊剂等。气体制剂是药物以气体形式存在，如气雾剂、喷雾剂等。由于剂型的形态不同，药物发挥作用的速度各异。一般来说，以气体制剂最快，液体制剂次之，半固体制剂较慢且多为外用，固体制剂发挥作用最慢。

2. 按分散系统分类

为了便于应用物理化学原理来说明各个药物剂型的特点，可将药物剂型按照分散系统分为溶液型、胶体型、乳剂型、混悬型、气体分散型、微粒分散型、半固体分散型、固体分散型。

溶液型是指药物以分子或离子状态（直径小于 1nm）分散于分散介质中所形成的均匀分散体系，如糖浆剂、甘油剂、芳香水剂、注射剂等。胶体型是指固体药物或大分子药物分散在分散介质中所形成的不均匀（溶胶）或均匀的（高分子溶液）分散系统，分散相直径为 1～100nm，如胶浆剂、溶胶剂、涂膜剂等。乳剂型是指药物油溶液或油类药物以液滴状态（直径为 0.1～50μm）分散在分散介质中所形成的非均匀分散体系，如口服乳剂、部分搽剂、静脉注射乳剂等。混悬型是指固体药物以微粒状态（直径为 0.1～100μm）分散在分散介质中所形成的非均匀分散体系，如混悬剂、合剂、洗剂等。气体分散型是指液体或固体药物以微粒状态分散在气体分散介质中所形成的分散体系，如喷雾剂、气雾剂等。微粒分散型是药物和辅料经过一定的方法处理后，形成的纳米级或者微米级的微粒制剂，如微囊、微球、纳米粒等。半固体分散型是药物分散在基质中形成的半固体制剂，如软膏剂、糊剂等。固体分散型是指固体药物以聚集体状态存在的分散体系，如颗粒剂、片剂、散剂等。

3. 按制剂法分类

药物可以按各级特殊的原料来源和制备过程进行分类，虽然此种分类方法不能包括所有的剂型，但是习惯上比较常用。例如，利用浸出方法制备的各种剂型称为浸出制剂，主要是中药制剂，包括酊剂、浸膏剂等；利用无菌技术或灭菌方法制成的归为无菌或灭菌制剂，如注射剂、滴眼剂等。

4. 按给药途径分类

药物的给药途径有多种，如口腔、消化道、呼吸道、血管、组织、皮下、肌肉等。总体来说，药物按照给药途径可分为经胃肠道给药的剂型和不经胃肠道给药的剂型。

经胃肠道给药剂型是指药物制剂经口服后进入胃肠道，起局部作用或经吸收而发挥全身作用的剂型，日常生活中常见的片剂、散剂、颗粒剂、胶囊剂、溶液剂等都属于这一类。但并不是所有药物都适合制备成这种剂型，如某些药物容易受到胃肠道中的酸或酶的破坏，不能制备成这类简单剂型。

非经胃肠道给药剂型是指除去口服给药途径以外的所有其他的剂型，这些剂型的作用和口服给药剂型的作用一样，被吸收后发挥全身治疗作用或者局部治疗作用。

（1）注射给药剂型是指以注射方式给药的剂型，此类剂型比胃肠道给药起效快，生物利用度高，包括静脉注射、肌内注射、皮下注射、皮内注射及腔内注射等多种注射途径。

（2）呼吸道给药剂型中呼吸道包括鼻腔、气管、支气管、肺部等。此种剂型一般要将药物制成气态或者雾态，如气雾剂、喷雾剂、粉雾剂等。

（3）皮肤给药剂型是将药物制剂施用于皮肤上，给药途径方便，可发挥局部治疗作用或者全身治疗作用，如软膏剂、糊剂、洗剂、擦剂、硬膏剂、贴剂等。

（4）黏膜给药剂型是通过各种黏膜吸收而发挥疗效的制剂，黏膜给药比胃肠道给药吸收速度快，如舌下片剂、滴鼻剂、滴眼剂、眼用软膏剂、含漱剂等。

（5）腔道给药剂型是作用于肠、阴道、尿道、鼻腔、耳道的制剂，如栓剂、灌肠剂、耳用制剂等。

9.4.6　固体制剂

1. 固体制剂特点

固体制剂是指以固体状态存在的剂型的总称。常用的固体制剂有散剂、颗粒剂、片剂、胶囊剂、滴丸剂、膜剂等。固体制剂是日常生活中应用最为广泛的一类剂型，它的优点是物理化学稳定性都较好，生产制造成本较低，服用与携带方便；制备过程前处理的单元操作经历相同；药物进入机体后存在一个溶解过程，之后才被吸收入血。

制备各种固体制剂，它们的前处理单元相同，均需要对药物进行粉碎、过筛处理。如果原料药再按照特定的处方进行混合，就可以制成散剂。如果再加入相应的黏合剂进行造粒，就可以制成颗粒剂，然后经过特定的压片工序，就可以制成相应的片剂。如果把按照特定处方混合的粉末或者颗粒装到相应大小的空心硬胶囊内，药物就可以制成胶囊剂。具体流程如图 9-6 所示。

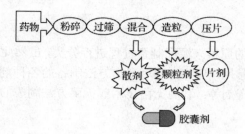

图 9-6　固体制剂制备工艺流程图

口服固体制剂后，药物首先在体内崩解和溶解，然后通过生物膜进入全身血液循环，如图 9-7 所示。由于固体制剂的剂型不同，崩解和溶解速率不同，直接影响它们在体内的吸收过程。在此我们重点介绍片剂。

图 9-7　固体制剂的体内吸收过程

2. 片剂

片剂是各种药物剂型中应用最为广泛的一种剂型，是将药物与辅料均匀混合后压制成为具有片形状的制剂。随着压片机械的不断进步，其外观形状有圆形、椭圆形、三角形、胶囊型、菱形、卡通外形等。片剂作为日常生活中最常见的剂型，它的优点是：剂量准确，含量均匀，服用时以片数作为剂量单位，非常方便；由于压片过程中使用的压力可达到 1～6t，片剂体积小且致密，不容易受到外界空气、光线、水分等因素的影响，稳定性较好，必要时可以根据需要通过包衣进行保护；携带、运输、服用均较方便；生产的机械化、自动化程度相当高，产量大，一台高速运转压片机一小时可压 40 万片左右，因此片剂的成本及售价较低；片剂也可以制成不同类型，满足临床的不同需要，如速效（口腔崩解片）、长效（缓释片）、口腔局部用药（口含片）等。但片剂也存在缺点，如幼儿及昏迷患者不易吞服；处方和制备工艺较复杂，质量要求高；压片时常加入大量的辅料，有时会直接影响药物的溶出和生物利用度；如果片剂内含有挥发性成分，长久贮存后药物含量会下降。

片剂可以分为很多种，总体来说，可以分为三大类：口服片剂、口腔用片剂和外用片剂，如图 9-8 所示。

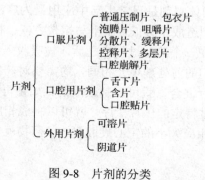

图 9-8　片剂的分类

普通压制片也被称为素片，是药物与辅料混合均匀后压制而成的未包衣的常释片剂。

缓释片是在规定的释放介质中非恒速缓慢释放药物的一种片剂。与普通制剂相比，具有服药次数少、作用时间长、毒副作用小的特点。

包衣片是指在素片的外面包有衣膜的片剂。按照包衣物料或作用的不同，包衣片可分为三类：糖衣片、薄膜衣片、肠溶衣片。糖衣片的包衣材料为蔗糖，主要对片心起到保护作用或者掩盖不良气味和味道，如小檗碱糖衣片；薄膜衣片的包衣材料为高分子成膜材料，如羟丙甲纤维素，其作用也主要是掩味和保护的作用；肠溶衣片的包衣材料为肠溶性高分子材料，如阿司匹林肠溶片，该类片剂在胃液中不溶，在肠道中溶解，可以减少对胃的刺激作用。控释片是在规定的释放介质中恒速缓慢地释放药物的一种片剂。与相应的缓释片相比，血药浓度会更加平稳。

泡腾片是指含有泡腾崩解剂的片剂，遇水发生化学反应，产生大量气体并使片剂崩解。通常是碳酸氢钠与枸橼酸等有机酸成对构成的混合物，遇水时两者反应产生大量 CO_2 气体，从而呈现泡腾状。需要应用时，将片剂放入水杯中，其可以迅速崩解，之后直接饮用即可。非常适用于老人、儿童及有吞服药片困难的患者。多层片是经过多次压制而制备出的具有多层（层数≥2）的片剂。由于每层中会含有不同的药物和辅料，能够有效避免复方制剂中不同药物之间的配伍变化。多层片也可以制成缓释和速释组合的双层片。

咀嚼片是在口腔中嚼碎后再吞服的片剂。常加入薄荷、蔗糖、山梨醇、甘露醇、食用香料等调整口味，非常适用于小儿服用。另外，对于有崩解困难的药物，如果制成咀嚼片可有利于其吸收。

口腔崩解片是在口腔中能迅速崩解的片剂，一般吞咽后发挥全身治疗作用。服用时不需要使用水，特别适合于有吞咽困难的患者、老人、儿童。因为其在口腔中崩解，常加入山梨醇、赤藓糖、甘露醇等作为调味剂和填充剂。

分散片是在水中能迅速崩解并均匀分散的片剂。其在水中分散后可以直接饮用，也可以咀嚼或含服。一般情况下，分散片中所含的药物是难溶性的，分散后会呈现混悬状态。因此，分散片中会添加助悬剂，如瓜尔胶，在分散后可增加悬浮液的稠度或黏度以维持混悬状态。

舌下片是专用于舌下或颊腔的片剂。口腔黏膜对药物有快速吸收作用，从而使舌下片发挥速效作用。舌下片可避免肝脏对药物的首关消除作用，主要应用于急症的治疗，如硝酸甘油片服用 2～3min 即可发挥作用，可有效缓解心绞痛。

含片是含服在口腔内缓缓溶解而发挥全身或局部治疗作用的片剂。含片中的药物是易溶性的，主要起局部消炎、收敛、止痛、杀菌或局部麻醉作用，可用于口腔及咽喉疾病的治疗。

口腔贴片是粘贴于口腔内，经黏膜吸收后起全身或局部作用的片剂。此种药片在口腔内缓慢释放的药物，用于口腔及咽喉疾病的治疗。

可溶片是一种非包衣片，临用前溶解于水，可用于消毒、漱口、洗涤伤口等。

阴道片是置于阴道内而发挥作用，主要起局部杀菌、消炎、收敛等作用。

9.4.7 液体制剂

1. 液体制剂分类

液体制剂有很多分类方法。总体来说，可按照分散系统和给药途径进行分类。按照分散系统不同，液体制剂可分为均相液体制剂和非均相液体制剂。均相液体制剂属于热力学稳定体系，是药物以分子状态均匀分散的澄明溶液，包括低分子溶液剂和高分子溶液剂。其中的溶质称为分散相，溶剂称为分散介质。低分子溶液剂是由低分子量的药物分散在分散介质中形成的液体制剂，分散微粒粒径一般小于1nm。高分子溶液剂是由高分子化合物形成的液体制剂。在水中溶解时，因为其分子粒径较大（粒径<100nm），也被称为亲水胶体溶液。非均相液体制剂为多相分散体系，属于热力学不稳定体系，是药物以微粒状态分散在分散介质中而形成的液体制剂，其中固体或液体药物以分子聚集体（粒径为1～100nm）、小液滴（粒径>100nm）或微粒（粒径>500nm）分散在分散介质中，包括溶胶剂、乳剂、混悬剂等。液体制剂按给药途径不同，可分为内服液体制剂和外用液体制剂。其中，内服液体制剂包括糖浆剂、混悬剂、乳剂、滴剂等；外用液体制剂包括五官科用液体制剂（滴耳剂、洗耳剂、含漱剂、滴鼻剂、洗牙剂），皮肤用液体制剂（擦剂、洗剂），尿道、直肠、阴道用液体制剂（灌洗剂、灌肠剂）。

2. 液体制剂特点

液体制剂的优点是药物以小颗粒状态分散在介质中，通常为分子或微粒状态。因此，分散度大，具有吸收较快，发挥药效迅速；液体制剂有多种给药途径，可供外用；由于其为液体状态，易于分剂量，老年人和婴幼儿患者服用时特别方便；通过调整液体制剂浓度，能有效减少某些药物的刺激性；某些固体药物制成液体制剂后，药物生物利用度能够得到大幅度提高。但是液体制剂也存在缺点，主要表现为药物分散度较大，容易受到分散介质的影响易发生化学性降解，使药物疗效降低甚至失效；液体制剂的体积一般较大，运输、携带、贮存都不方便；水性液体制剂特别容易霉变，需加入一定的防腐剂；非均匀性液体制剂由于药物的分散度大，分散粒子具有较大的比表面积，容易产生一系列的物理稳定性问题。对于液体制剂的质量要求也特别严格，要求均相液体制剂必须是澄清明亮的溶液；非均相液体制剂分散相粒子粒径分布要符合一定要求并且要求均匀，浓度须准确；口服液体制剂要有良好的外观，口感要适宜；外用的液体制剂要无刺激性；液体制剂还应有一定的防腐能力，保存和使用过程不容易发生霉变；另外包装容器应方便患者用药。

在制备液体制剂时，应选择优良的溶剂。选择溶剂时应遵循以下原则：对药物应具有较好的溶解性和分散性；化学性质须稳定，不与药物和附加剂发生化学反应；不会影响药效的发挥和含量测定；本身毒性小、无刺激性、无不适的臭味。液体制剂根据具体制剂的不同，需加入一定的附加剂，包括助溶剂、增溶剂、潜溶剂、抗氧化剂、防腐剂、着色剂、矫味剂、其他附加剂。

9.5   影响药效的因素

药物在机体内产生药理作用和药理效应是药物和机体相互作用的结果。二者的相互作用受到很多因素的影响。总体来说，可分为药物因素和机体因素。

9.5.1   药物因素

药物因素主要包括药物剂型、给药途径、给药剂量、联合用药、药物之间相互作用等。药物可以制成多种剂型，并有多种给药途径。同一药物由于剂型的不同，会采用不同的给药途径，从而引起的药物效应也会有所不同。一般来说，注射药物比口服药物吸收迅速，达到作用部位所需的时间较短。在口服的各种药物剂型中，溶液剂的吸收速度优于片剂和胶囊剂。

缓释和控释制剂是非恒速或恒速释放相应的制剂，作用效果持久且温和。

由于药物在制备过程中，不同的药厂所使用的制备工艺和原辅料会有不同，这可能会影响药物的吸收和生物利用度。例如，不同药厂生产的相同剂量的地高辛片（强心苷类正性肌力药物，用于治疗心力衰竭），口服后血浆药物浓度最多可相差 7 倍。同样，药物的晶型结构也会影响药效，20mg 的微晶型螺内酯胶囊的疗效相当于 100mg 普通晶型的螺内酯胶囊的作用。此外，同一个药物采用不同的给药途径，其治疗作用也可能不同。例如，硫酸镁口服时吸收较少，具有泻下利胆的作用；外用主要是热敷，能够消炎止痛；注射起到全身治疗作用，达到止痉、镇静的作用，属于抗惊厥药。

两种或两种以上药物同时或者先后服用时，药物之间的相互影响可能会改变药物在体内的过程，也会影响机体对药物的反应，从而使药物的药理效应或毒性发生一定的变化。药物之间的相互作用表现在两个方面。一是药物效应动力学方面的相互作用，这种情况不影响药物在体内的浓度，但改变药理作用。作用的结果可分为协同作用和拮抗作用，协同作用会使原有的药理效应增强，拮抗作用会使原有的药理效应减弱。二是药物代谢动力学方面的相互作用，这种情况直接影响药物在体内的过程（吸收、分布、代谢、排泄），改变药物在作用部位的浓度从而影响药物作用。

9.5.2　机体因素

机体因素包括年龄、性别、遗传因素、疾病状态、心理因素、生理因素等，这些因素会直接影响药效的发挥。

1）年龄因素

在年龄方面，新生儿和老年人需要特别注意。因为新生儿和老年人体内药物的代谢能力和肾脏的排泄功能均较低，大多数药物可能会对其产生更强、更持久的作用。另外，随着年龄的变化，药物效应靶点的敏感性也会发生改变，老年人的特殊生理因素（心血管反射减弱）和病理因素（如体温过低）均会对药物效应的发挥产生影响。随着年龄的增加，机体组成会发生变化，老年人体内脂肪所占比例会增加，这会直接影响药物的分布。此外，老年人常常会患有慢性病，需服用多种药物，药物相互作用的概率会增大。

2）性别因素

一般来说，女性的体重一般轻于男性，如在使用治疗指数较低的药物时，为维持相同的药理效应，女性可能需要较少剂量。另外，女性体内的脂肪比例比男性高，但是水所占比例比男性低，这会影响药物的分布和作用。此外，妊娠期用药要慎重，因为进入母体内的药物也可能会进入胎儿体内，可能会影响胚胎或胎儿的发育。

3）遗传因素

遗传是影响药物代谢和药物效应的决定性因素。因为基因是决定药物转运蛋白、药物代谢酶、受体功能和活性的结构基础，基因的突变可引起所编码的药物转运蛋白、药物代谢酶和受体蛋白氨基酸序列和功能发生异常，这也是药物效应存在种族差异和个体差异的主要原因。

4）疾病状态

疾病本身能导致药物效应动力学和药物代谢动力学的改变。在机体内，肝脏是主要的药物代谢器官，肾脏是主要的药物排泄器官。肝肾功能损伤容易引起药物在体内蓄积，产生更强或者更持久的药理作用，甚至会发生毒性反应。

5）心理因素

这里主要介绍安慰剂效应。安慰剂是指由本身没有特殊药理作用的中性物质（如淀粉、乳糖等）制成的外形似药的制剂。从广义上讲，安慰剂还包括没有特殊作用的医疗措施。安慰剂所引起的一系列效应称为安慰剂效应。这种效应主要是由患者的心理因素引起的，其来自对医生和药物的信赖。在医生给予药物后，患者的精神上和生理上会发生一系列变化，这些变化既包括患者的主观感觉，也包括很多客观指标。当医生给患者带来乐观的消息时（如对疾病预后的推测较好），患者高度紧张情绪会得到很大的缓解，在这种情况下，安慰剂作用效果会非常明显。对于药物的临床效果评价时，我们也需要充分考虑安慰剂的作用，在新药的临床试验阶段会增加服用空白药片的空白对照组。

6）生理因素

这一方面主要是长期用药引起的一些机体反应性变化，包括耐受性、依赖性和耐药性。耐受性是机体在多次用药之后对药物的反应性降低。依赖性是长期应用某种药物之后，机体对这种药物产生依赖和需求，可分为生理性依赖和精神性依赖。生理依赖性是在停药后患者机体产生的一系列的戒断症状，也称为躯体依赖性。精神依赖性是停止使用药物后患者表现出主观的不适感，但是通过客观评价后无任何症状，会出现主动觅食行为。因此，我们应加强药物监管，防止滥用。耐药性也称抗药性，是病原体或肿瘤细胞对反复应用的化学治疗药物的敏感性降低。滥用抗菌药物是病原体产生耐药性的重要原因。抗生素只针对细菌性感染有效，对病毒性感染无效。我们日常生活中"感冒就用抗生素""抗生素等同于消炎药"的认知是错误的。为了避免耐药菌株或超级耐药菌（对所有抗生素都耐药）的产生，我们应该正确使用抗生素。

参 考 文 献

毕开顺，2016. 药学导论[M]. 4版. 北京：人民卫生出版社.

方亮，2016. 药剂学[M]. 8版. 北京：人民卫生出版社.

高思华，王键，2016. 中医基础理论[M]. 3版. 北京：人民卫生出版社.

柳一鸣，2011. 化学与人类生活[M]. 北京：化学工业出版社.

戚涛，2006. 莱奥·施特恩巴赫[J]. 英文文摘，3：22-24.

孙铁民，2014. 药物化学[M]. 8版. 北京：人民卫生出版社.

唐德才，吴应光，2016. 中药学[M]. 3版. 北京：人民卫生出版社.

杨宝峰，2013. 药理学[M]. 8版. 北京：人民卫生出版社.

杨瑞虹，2015. 药物制剂技术与设备[M]. 3版. 北京：化学工业出版社.

周伟华，2017. 药物制剂技术及其发展探究[M]. 北京：科学技术文献出版社.

ZHOU M G, WANG H D, ZENG X Y, et al., 2019. Mortality, morbidity, and risk factors in China and its provinces, 1990-2017: a systematic analysis for the global burden of disease study 2017 [J]. The Lancet, 394(10204): 1145-1158.

第 10 章 生 命 科 学

人类生活的地球是宇宙中既普通又特殊的天体，尽管人类通过各种各样的方法来探索外星球的生命，但迄今为止还没有找到一颗像地球一样拥有生命的星球。现代科学揭示了地球上所有的生物及其栖息的环境共同构成了生物圈。由生物圈、岩石圈、大气圈和水圈组成的地球表层部分，依靠着生物和生命活动转换和储存太阳能，驱动物质循环，形成了一个相对稳定的、远离天体物理巨变的、处于热力学平衡态的巨大开放系统，而生物圈正是这个系统的中心，生命则是生物圈的核心。生命科学就是研究生命的科学，是研究生命现象的本质，探讨生物发生、发展及其活动规律的科学。

生命科学伴随着人类对生命的探索而逐渐进步，但生命现象错综复杂，生物种类繁多、数量庞大，人们至今也无法完全解读所有的生物学密码。然而随着人类对生命科学的深入研究，逐渐探索出了一些生命的奥秘。当人类掌握了生物间及生物与环境之间相互关系的科学时，可以在一定程度上控制生命活动，能动地改造生物界，造福人类。

对于生命科学的深入了解，无疑能促进物理、化学等人类其他知识领域的发展。生命科学研究也依赖着化学、物理知识和大型化学分析仪器，包括光学显微镜、电子显微镜、蛋白质电泳仪、超速离心机、核磁共振波谱仪、高通量测序仪等。通过多个学科的交叉融合推动着生命科学的不断发展，同时也诞生出了许多前景无限的生长点和新兴学科。

10.1 生命的历史

10.1.1 生命的起源

生命是在宇宙的长期进化中发生的，生命的起源是宇宙进化到某一阶段后由无生命的物质所发生的一个进化的过程。地球诞生至今已有 46 亿年的历史，但并非自诞生之日起便有生命的存在。生命发生的最早阶段为化学进化，即由无机小分子进化为原始生命的阶段。化学进化的全过程又可以分为 3 个连续的阶段。

1. 第一阶段：从无机分子合成有机小分子

在生物尚未出现之前，地球大气层中含有大量的含氢化合物（如甲烷、氨、硫化氢、氰化氢及水蒸气等），这些气体在外界的高能作用（如紫外线、宇宙射线、闪电及局部高温）下，就有可能合成一些简单的有机物，如氨基酸、核苷酸、单糖等。

2. 第二阶段：从有机小分子合成生物大分子

美国科学家、陆相起源派重要代表人物福克斯，模拟原始地球的条件，将一些氨基酸溶液混合后倒入 160～200℃ 的热沙或黏土中，使水分蒸发，氨基酸浓缩，经过 0.5～3.0h 后产生一种琥珀色的透明物质，这种物质具有蛋白质的部分特性。通过模拟实验可以推测，在生命出现之前地球上已经有简单的蛋白质和核酸等生命物质形成了。

3. 第三阶段: 多分子体系的形成和原始生命的出现

生物大分子还不是生命, 它们只有形成了多分子体系, 才能显示出某些生命现象。因此, 多分子体系的出现就是原始生命的萌芽。

10.1.2　生命的含义和特点

原始生命是从细胞的产生开始。细胞的继续进化, 即由原核细胞进化到真核细胞, 由单细胞进化到多细胞等过程都是属于生物进化阶段。我们很难对生命下一个具体的定义, 可以认为, 生命是蛋白质和核酸的运动形式, 是有生命力与无生命力的一种相对的状态。生命体有一些特殊的属性, 而这些属性共同定义了生命。

1. 需要新陈代谢以供生存

物质和能量是生物赖以生存的基础。它们需要从空气、土壤、水源甚至是其他生物中争取作为基础的营养素, 如矿物质、水等, 维持自身的基体代谢和生长发育。物质是守恒的, 在生物与生物之间或者生物与环境之间不停地循环转化。

生物要维持生命, 就需要源源不绝的能量。只有有了足够的能量, 生物才能进行各种宏观和微观的活动, 如行走、奔跑、开花、结果, 等等。归根结底, 生物的能量来自太阳。有些生物(如植物)可以通过光合作用直接获取和储存光能, 用来维持自身的生存和繁衍, 同时也会作为其他生物(如动物和真菌)物质和能量的来源。因此, 与物质不同的是, 能量的流动是单向的, 它由太阳流向可以直接吸收光能的植物, 再由植物到以植物为食的植食动物, 再到以动物为食的肉食动物, 最后以热量的方式释放到大自然中。

2. 需要复杂的调节机制来维持自身的生存

为了让生命的最基本单位细胞可以正常工作, 在细胞内时刻发生着无数的化学反应, 这些化学反应的原材料就需要细胞膜从外部运输进来。与此同时, 化学反应产生的代谢产物和废料也需要经由细胞膜运送出去。而动物(包括人类)则需要大量的能量来维持体温恒定, 从而使细胞内的化学反应可以正常有序地进行。在炎热的夏天和剧烈运动过后, 为了维持体温, 我们需要出汗或者冲澡。当寒冬到来, 为了维持体温, 我们需要吃更多的食物, 从而获得更多的能量。所以说, 生命体都需要一个近乎绝对稳定的内在环境来维持细胞的正常运转, 从而维持生命。

3. 面对刺激, 会有所对应和保护自己

生物在应对外界环境的各种刺激过程中, 形成了感应性或者应激性反应的能力, 其结果是"趋吉避凶"。动物们通过一些高度分化, 能够利用具有特殊功能的细胞感知来自外界和自身的各种刺激, 包括光、温度、声音、重力、触感、化学质等。例如, 当大脑感觉到血糖比较低时(内在刺激), 就会促使人们在闻到食物的香气(外在刺激)时咽口水。人类和动物拥有强大的神经系统和运动系统, 可以有效应对外界的各种刺激, 而植物、真菌和单细胞生物这些缺少神经和运动系统的生物也有自己独特的应对外界刺激的方式。例如, 草履虫遇到酸性物质会采取立即逃避的行为。

4. 会繁殖后代、生长和发育

生物能够复制出新的一代, 这种能力称为生物的繁殖, 生物是通过繁殖来延续种群的。

生物繁衍后代的方式多种多样，如单细胞生物的分裂、植物产生果实和种子、动物产卵或孕育胎儿。生长是指生物在其一生中都要经历的从小到大的生理过程，这是同化作用大于异化作用的结果。单细胞生物的生长，主要依靠细胞体积和重量的增加。多细胞生物的生长，主要依靠细胞的分裂来增加细胞的数量，再经过一系列的变化，由幼体形成了与亲体相似的成熟个体。发育是指个体从生命开始到死亡为止的演化过程。多细胞生物的发育一般是指从受精卵起到个体死亡为止，包括从受精卵开始到个体出生前的胚胎发育和出生后到性成熟，包括成年期、衰老期。在个体发育过程中，生理机能、组织结构、器官形态均发生一系列变化。生物的生长和发育是由遗传决定的稳定过程。

5. 都有进化的能力

进化是指现代的生物逐渐由古代的另外一种生物演化而来的一种过程。在生物代代相传的过程中，主要伴随着遗传。遗传是指生物在繁殖过程中将亲代的特性传给后代，使后代与亲代相似的现象。生物繁殖过程中遗传是决定生物性状的因素。单个种群的 DNA 发生变化，称为变异现象，是后代与亲代之间及后代个体之间存在差异的现象。这种变化使得这个种群区别于同类的生物，该种群就发生了进化。因此，基因的变异是推动物种进化的驱动力。地球上的物种如此丰富多样，就是生物进化不断积累的结果。

10.1.3　生命的组成——细胞

细胞是生命最基本的单位。细胞学说包含以下三个基本理论：①每一个生物都是由一个或者多个细胞构成的；②单细胞生物是最小的生物，多细胞生物是由多个细胞构成的，细胞是单细胞生物最小功能的单位；③所有细胞都来源于已经存在的细胞。

1. 细胞的类型

在地球上，所有的生命体不是由原核细胞所组成的就是由真核细胞所组成的。原核细胞，在字面上理解，就是没有细胞核的意思。原核细胞可以组成细菌或者古生菌，这些都是最简单的生命形式；真核细胞，在字面上理解，就是具有真正的细胞核的意思（图 10-1）。真核细胞远比原核细胞复杂得多，它可以组成动物、植物、真菌和原生生物。正如原核细胞和真核细胞这两个名称所显示的意思一样，这两种细胞类型最显著的差别就是是否存在细胞核，也就是说它的遗传物质是否存在于一个由膜结构所包裹的细胞器之中。真核细胞的遗传物质存在于由膜结构所包裹的细胞核之中，而原核细胞并没有细胞核这一结构。细胞核和细胞中其他由膜结构所包裹的结构都可以称为细胞器。细胞器的存在和发展，使得真核细胞的结构更为复杂。

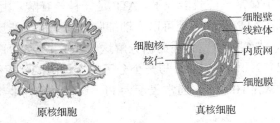

图 10-1　原核细胞与真核细胞

2. 细胞的结构

细胞的结构包括细胞壁、纤毛、鞭毛、细胞膜（质膜）、染色体、细胞核（原核细胞无）、核膜、核仁、核糖体、线粒体、叶绿体、内质网、高尔基体、溶酶体、色素体、液泡、细胞中心粒等。它们的功能和分布如表 10-1 所示。

表 10-1　细胞结构的功能和分布

结构	功能	分布		
		原核细胞	真核细胞：植物	真核细胞：动物
细胞壁	保护和支撑细胞结构	存在	存在	不存在
纤毛	使细胞可以顺着液体流动的方向运动，或者使液体流过细胞表面	不存在	不存在（绝大多数情况下）	存在
鞭毛	使细胞可以顺着液体流动的方向运动	存在	不存在（绝大多数情况下）	存在
细胞膜（质膜）	将细胞的内容物和外界环境分隔开来，调节细胞与外界环境的物质交换，调节细胞之间的相互作用	存在	存在	存在
染色体	控制 DNA 的转录等	单链、环状，没有蛋白质	线状，有蛋白质	线状，有蛋白质
细胞核	控制细胞的遗传、生长和发育	不存在	存在	存在
核膜	包裹细胞核，调节细胞核与核外的物质交换	不存在	存在	存在
核仁	合成核糖体	不存在	存在	存在
核糖体	为蛋白质合成提供场所	存在	存在	存在
线粒体	通过有氧代谢来制造能量	不存在	存在	存在
叶绿体	进行光合作用	不存在	存在	不存在
内质网	合成膜结构、蛋白质和脂类	不存在	存在	存在
高尔基体	修饰、分选和装配蛋白质和脂类	不存在	存在	存在
溶酶体	包含多种消化酶，可以消化食物和废弃的细胞器	不存在	不存在（绝大多数情况下）	存在
色素体	储存食物和色素	不存在	存在	不存在
液泡	包含水分和一些代谢废物，为支撑细胞结构维持膨压	不存在	存在	存在
细胞中心粒	为纤毛和鞭毛制造基体	不存在	不存在（绝大多数情况下）	存在

3. 细胞中能量的流动（ATP）

在细胞中发生的放能反应，如葡萄糖和脂类的分解，大部分都会产生大量的三磷酸腺苷，又称 ATP。ATP 是细胞中最常见的载能分子。ATP 是一种核苷酸，由含氮的腺嘌呤碱基、核糖和三个磷酸基团组成。ATP 所到之处可以启动细胞内的大批吸能反应，所以 ATP 也被称为细胞内的"能量流"。当细胞中发生葡萄糖分解这一类放能反应时，释放的能量是处于低能状态的分子二磷酸腺苷，又称 ADP，与一个分子的无机磷酸基团结合而生成 ATP。这个无机的磷酸基团的化学式是 HPO_4^{2-}，通常表示为 Pi。这一过程需要消耗能量，所以 ATP 的合成反应是吸能反应。

对于偶联反应来说，放能反应可以以 ATP 或者电子载体来释放能量，从而启动吸能反应的发生。以光合作用为例，光线也就是光能来源于太阳内部所发生的放能反应，植物可以捕获光能并将这一能量用于将处于低能状态的反应物（CO_2 和水）合成高能产物（葡萄糖）这一吸能反应上。基本上所有的生物都会利用放能反应（如葡萄糖分解为 CO_2 和水），用释放的能量来启动和维持吸能反应（如氨基酸合成蛋白质）。因为，能量在转化过程中无时无刻不以热能的形式损失，所以在偶联反应中放能反应所释放的能量总是多于吸能反应所需要的能量。

10.1.4　生命的能量代谢——生物氧化

一切生物都需要靠能量维持生存，生物体所需要的能量主要来自体内糖类、脂肪、蛋白质等有机物的氧化，这些营养素在体内氧化分解时最终生成 CO_2 和 H_2O，并逐步释放能量。物质在生物体内氧化分解的过程称为生物氧化。生物氧化是在细胞内进行的。线粒体内生物氧化产生的能量中大部分转化为 ATP，以供生命活动所需，其余能量以热能形式释放，可用于维持体温。

1. 生物氧化的方式

（1）加氧反应。向底物分子中直接加入氧原子或氧分子。例如，

$$\bigcirc + 1/2O_2 \longrightarrow \bigcirc\!\!-\!\!OH$$

（2）脱氢反应。生物体内底物脱氢主要有直接脱氢和加水脱氢两种方式。

直接脱氢是从底物分子上脱下一对氢原子，由受氢体接受氢。例如，

$$CH_3CH(OH)COOH+NAD^+ \longrightarrow CH_3COCOOH+NADH+H^+$$

加水脱氢也是生物体内一类较常见的脱氢反应，底物先与水结合，然后脱去两个氢原子，结果是底物分子上加入了一个氧原子。例如，

$$CH_3CHO+H_2O \longrightarrow CH_3COOH+2H$$

（3）脱电子反应。从底物分子上脱下一个电子。例如，

$$Fe^{2+} \longrightarrow Fe^{3+}+e^-$$

2. 生物氧化的酶类

参与生物体内氧化反应的酶类可分为氧化酶、需氧脱氢酶和不需氧脱氢酶等。

（1）氧化酶。氧化酶催化代谢脱氢，使氢直接与氧分子反应生成 H_2O，细胞色素氧化酶、抗坏血酸氧化酶等属于此类酶。该酶的亚基通常含有铁、铜等金属离子。氧化酶的作用方式如图 10-2 所示。

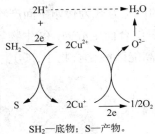

SH_2—底物；S—产物。

图 10-2　氧化酶类的作用方式

（2）需氧脱氢酶。需氧脱氢酶可催化代谢物脱氢，直接将氢传递给氧生成产物 H_2O_2。L-氨基酸氧化酶、黄嘌呤氧化酶等属于此类酶。该酶的辅基是黄素单核苷酸（flavin monoucletide，FMN）和黄素腺嘌呤二核苷酸（flavin adenine dinucleotide，FAD），故又称黄素酶。需氧脱氢酶的作用方式如图 10-3 所示。

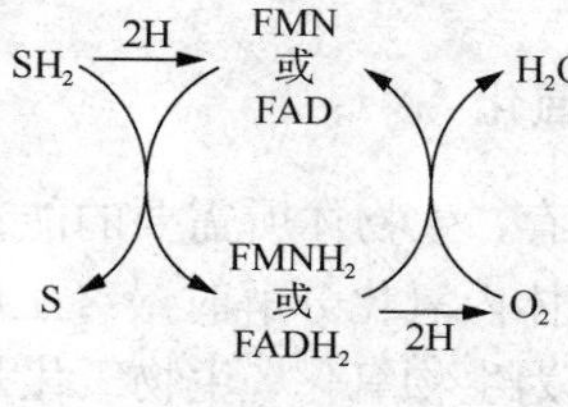

SH_2—底物；S—产物。

图 10-3　需氧脱氢酶类的作用方式

（3）不需氧脱氢酶。不需氧脱氢酶是指能催化代谢物脱氢，但不以氧为直接受氢体，而是将底物脱下来的氢经一系列传递体传递给氧，生成的产物为 H_2O。不需氧脱氢酶是体内重要的脱氢酶，依据辅助因子不同可分为两类：一是以 NAD^+、$NADP^+$ 为辅酶的不需氧脱氢酶，如乳酸脱氢酶、异柠檬酸脱氢酶、苹果酸脱氢酶等；二是以 FAD（或 FMN）为辅基的不需氧脱氢酶，如琥珀酸脱氢酶、酰基辅酶 A 脱氢酶等。不需氧脱氢酶的作用方式如图 10-4 所示。

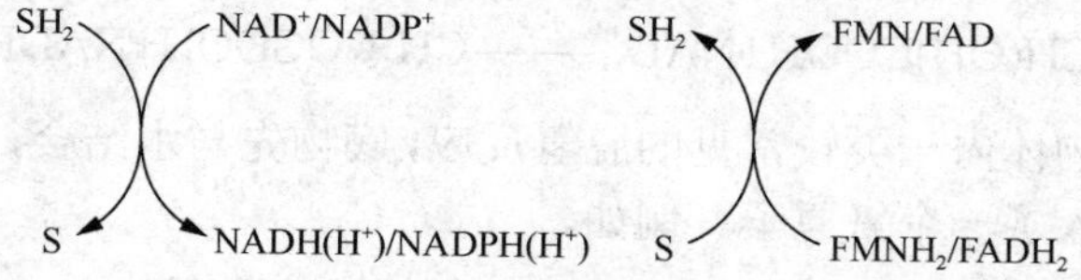

SH_2—底物；S—产物。

图 10-4　不需氧脱氢酶类的作用方式

3. 生物氧化的特点

同一物质在体内、体外氧化时所消耗的氧量、终产物（CO_2、H_2O）及释放的能量均相同，但二者的进行方式却大不一样。体外氧化是有机物中的碳和氢与空气中的氧直接结合，生成 CO_2 和 H_2O，并骤然以光和热的形式散发出大量能量。与物质在体外氧化过程相比，体内氧化有以下特点：①生物氧化过程是在细胞内温和的环境中（体温、近中性条件下），由酶催化逐步进行的过程；②CO_2 的产生方式为代谢中间产物有机酸的脱羧，H_2O 是由底物脱下来的氢经电子传递过程最后与氧结合而生成的；③生物氧化时能量是逐步释放的，其中一部分能量以化学能的形式储存在高能磷酸化合物中；④生物氧化的速率受体内多种因素的影响。

10.2 生物的遗传与进化——基因

10.2.1 基因的发现

1. DNA 的发现

英国科学家富兰克林于 1952 年分辨了 DNA 的两种构型，并成功地拍摄了 DNA 晶体的 X 射线衍射照片。沃森和克里克在富兰克林等科学家研究成果的基础上，首先提出了 DNA 双螺旋结构模型，于 1953 年 2 月 28 日建立了日后被追认为分子生物学诞生标志的 DNA 双螺旋结构，并于 4 月 25 日在英国《自然》杂志发表了题为《核酸的分子结构——脱氧核糖核酸的一个结构模型》的文章。这一成果在 1962 年获得诺贝尔奖。

2. DNA 的组成

DNA 是由被称为核苷酸的亚单位组成的长链构成的。每个核苷酸都由三部分组成：一个磷酸基团、一个脱氧核糖和 4 种含氮碱基中的一种。在 DNA 中发现的碱基是腺嘌呤（A）、鸟嘌呤（G）、胸腺嘧啶（T）和胞嘧啶（C），腺嘌呤和鸟嘌呤都是由碳原子和氮原子形成的五元环和六元环组成的，而在六元环上连接的基团的种类和位置是不同的。胸腺嘧啶和胞嘧啶都是由碳原子和氢原子形成的六元环组成，在六元环上连接的基团的种类和位置也有不同。

DNA 分子又细又长，总体直径约为 2nm。DNA 是螺旋状的。DNA 具有双螺旋结构。DNA 由重复的亚单元组成。磷酸基团很可能处于双螺旋结构的外侧。沃森和克里克提出，DNA 链是含有许多核苷酸亚单位的聚合物。核苷酸分子的磷酸基团与这条链中下一个核苷酸的五碳糖分子之间形成化学键，从而形成一个由通过共价键连接的糖和磷酸基团组成的糖磷酸骨架。核苷酸的碱基从这条糖磷酸骨架中伸出。沃森和克里克想到，活的生物体中的完整 DNA 分子由两条 DNA 链组成，这两条 DNA 链像扭曲的梯子一样组装到一起。糖-磷酸基团骨架形成了 DNA 梯子的"支柱"。"梯级"则是由特定的碱基对组成的，其中每对碱基中的一个从其中一条链的糖-磷酸骨架中伸出，一个完整的梯级由一对由氢键连接的碱基组成（图 10-5）。

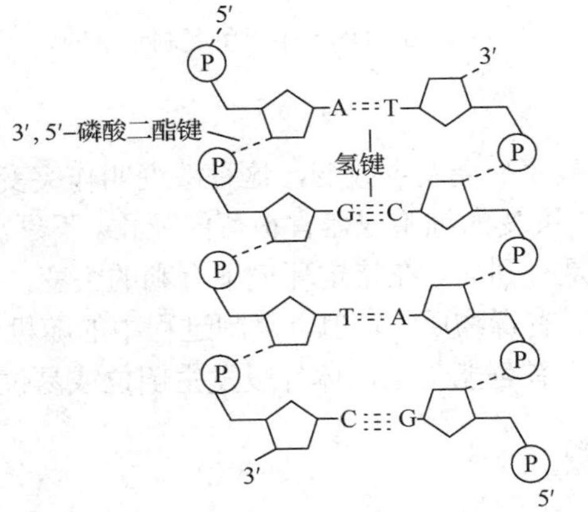

图 10-5 DNA 结构

10.2.2　基因的表达与调控

1. DNA 编码遗传信息

在一条 DNA 链中，4 种核苷酸可以按任意顺序排列，每一种独一无二的核苷酸序列都代表了一套独一无二的遗传指令。一段仅有 10 个核苷酸的 DNA 片段仅用 4 种核苷酸就能形成超过 100 万种不同的序列。生物的 DNA 中有着数百万（细菌）至数十亿（植物和动物）个核苷酸，因此它们的 DNA 分子能够编码数量惊人的遗传信息。当然，为了使语言有意义，字母的顺序必须正确。同样地，基因的核苷酸序列也必须是正确的。DNA 核苷酸的不同序列可能编码非常不同的信息，也有可能不编码任何信息。

2. DNA 的半保留复制

沃森和克里克在提出 DNA 双螺旋结构后不久便提出了 DNA 半保留复制的假说。他们认为，在复制时 DNA 的两条链先分开，然后分别以每条链为模板，根据碱基配对原则合成新的互补链，以组成新的 DNA 分子。因此，子代 DNA 的一条链来自亲代，另一条链是新合成的，这种复制方式称为半保留复制（图 10-6）。DNA 的复制是一个十分复杂的过程，需要 30 多种酶和蛋白质的参与。

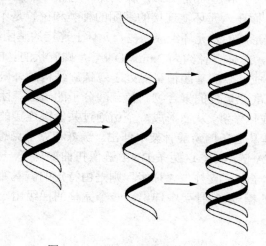

图 10-6　DNA 半保留复制示意图

3. 基因突变

在偶然情况下，核苷酸序列会发生改变，这种改变叫作突变，大部分的突变是有害的。如果突变会造成危害，发生突变的细胞或器官很可能死亡。不过，有些突变不造成任何影响，甚至极个别情况下，突变是有利的。在特定环境下有利的突变，在自然选择中占据优势，这就是地球生命进化的基础。有毒物质、辐射、复制过程中的随机错误都会造成突变。突变可以是单个碱基发生错配，也有可能是染色体片段发生倒位或易位。

10.2.3　基因技术的应用

1. 在法医界的应用

对人类的 DNA 样品采用短串联重复序列（short tandem repeat，STR）凝胶电泳法，会形成一个图案,称为 DNA 基因图,凝胶上条带的位置是由每个 STR 等位基因中四核苷酸序列的重复次数决定的。如果某个人的 STR 是相同的,那么这个人的所有 DNA 样品都会产生相同的基因图。每个人对于每个 STR 都有两个等位基因,在两条同源染色体上。这个 STR 的两个等位基因可能含有同样数目的重复序列(这个人对于这个 STR 是纯合子)或者不同数目的重复序列(杂合子)。

在我国,任何人触犯了刑法都必须采血提取 DNA。取证实验室的技术人员接下来会确定罪犯的 DNA 基因图,并将结果保存为每个 STR 的重复序列个数。这些基因档案会储存在公安部的网络上,以供各地公安机关进行比对。当前,基因技术的应用很大程度上推动了破案的进程。例如,2013 年的一起入室抢劫案,一对母子被害,现场没有提取到犯罪嫌疑人的指纹、毛发等证据,案件陷入僵局。最终案件的破获是由于犯罪嫌疑人在案发现场留下了两滴汗斑,而警方从汗斑中提取到了犯罪嫌疑人的 DNA 信息,最终按图索骥,抓到了这名狡猾的犯罪嫌疑人。另外,DNA 信息的收集和比对也帮助很多失散多年的孩子找到了自己的亲生父母。

2. 转基因生物

在很长一段时间内,实现转基因的唯一方法是从含有这个基因的生物体内将目标基因分离出来。人们可以从基因供体的细胞中分离出染色体,用酶将它切开,然后通过凝胶电泳的方法将包含目的基因的 DNA 片段从其余 DNA 中分离出来。今天,生物技术学家经常会在实验室中用 DNA 合成仪直接合成基因,或者合成修饰过的基因。最常见的 DNA 克隆方法是将基因导入细菌的质粒中,当含有质粒的细菌分裂时,就会扩增目的基因。将目的基因插入质粒而不是细菌染色体,也使目的基因很容易就能从细菌 DNA 的主体中分离开来。目的基因可能会从质粒中进一步纯化出来,或者直接利用整个质粒来培育转基因生物,包括植物、动物或其他细菌。

3. 转基因农业

美国农业部(United States Department of Agriculture,USDA)的数据表明,在 2011 年,美国种植的 88% 的玉米、90% 的棉花和 94% 的大豆都是转基因的。美国农业部批准的转基因农作物见表 10-2。

表 10-2 美国农业部批准的转基因农作物

基因改造性状	潜在优势	转基因作物
抗除草剂	使用除草剂会杀死杂草,但不会杀死农作物	甜菜、油菜、玉米、棉花、亚麻、马铃薯、大米、大豆、番茄
抗虫	减少昆虫对农作物的破坏	玉米、棉花、马铃薯、大米、大豆
抗病	使植物对病毒、细菌或真菌不易感	番木瓜、马铃薯、南瓜
不育	不能和野生植物杂交,使其对环境更安全,使种子公司获得更高利润	菊苣、玉米
改变油脂含量	产生的油脂更健康	油菜、大豆

10.3　生态系统与生物多样性

10.3.1　多姿多彩的地球生态系统

1. 地球上不同区域生态系统的差异

在地球上生存的生物，无论从类型还是从数量来说，都是多种多样、丰富多彩的。生物在地球上的什么地方生存，主要由以下 4 个因素决定：①物质，构成生物体的各种元素；②能源，供给生物体各代谢活动需要的能量；③液态环境，生物体各生化反应发生需要的液态水环境；④温度，外界适宜的温度使水保持液态，也维持了各生化反应所需的温度。

2. 陆生生态系统

1）热带雨林

热带雨林主要分布在赤道及其两侧的湿润区域，赤道附近的平均温度为 25～30℃，该温度范围几乎终年不变，年降水量约 250～400cm。热带雨林主要是常绿阔叶林，主要分布在三个区域：南美洲的亚马孙盆地、非洲的刚果平原、东南亚的一些岛屿，往北可深入我国西双版纳与海南岛南部地区。热带雨林在地球上的生物群系中具有最高的生物多样性，或者说具有最丰富的物种数目。尽管热带雨林只占据了地球总陆地面积不足 5%，但生态学家估计热带雨林包含 500 万～800 万种物种，代表了世界上 1/2～2/3 的生物多样性。例如，在秘鲁一块大小约 5km^2 的雨林里，科学家统计到超过 1300 种蝴蝶和 600 种鸟类。对比之下，整个美国也只有 600 种蝴蝶和 700 种鸟类。

2）热带落叶林

在稍微远离赤道的地方，尽管年降水量仍然居高不下，却出现了泾渭分明的雨季和旱季。在这些地区，包括印度的大部分地区和东南亚的部分地区、南美和美洲中部，热带落叶林蓬勃生长。在旱季，树木不能从土壤中吸收足够的水分来补偿树叶表面的蒸发。许多植物在旱季通过落叶来减少水分损失。如果降水量不能回到正轨，树木在旱季结束之前就不会长出新的叶子。

3）热带灌木森林和热带稀树草原

在热带落叶林的周围，降水量的减少产生了热带灌木林，热带灌木林由比落叶阔叶林矮得多且分布更广泛的落叶林主导。在分散的树木中间，阳光洒落到地面，让草本植物得以成长。在离赤道更远的地方，气候愈发干燥，草本植物成为主要的植被，只有稀疏的树木，这样的生物群系称为热带稀树草原。热带稀树草原的年降水量约 30～100cm，几乎集中在长达三四个月的雨季中。当旱季来到时，连续几个月都没有降水，土壤变得板结并沙尘化。适应这种气候的草类在雨季长势迅猛，并在旱季退化为耐旱的草根。只有少数特殊的树木，如荆棘仙人掌和储水的猴面包树，才能在热带稀树草原上难以忍受的旱季中存活下来。非洲的热带稀树草原养育着地球上最多样化和引人注目的大型哺乳动物。这些哺乳动物包括许多大型食草动物，如羚羊、角马、水牛、大象和长颈鹿，以及食肉动物，如狮子、猎豹、鬣狗和野狗。

4）沙漠

沙漠年降水量小于 25cm，只有高度特异化的植物才能在沙漠中存活下来。尽管这两种植物之间不存在亲缘关系，但仙人掌（主要生活在西半球）和大戟属植物（主要生活在东半球）的根都比寻常植物浅而且向四面八方伸展，这样的根可以在雨水蒸发之前迅速将其吸收。它们粗壮的根基可以储存水，它们的表面遍布尖利的刺，可以防止食草动物为了获得水和食物而将它们吃掉。这些植物尽可能地减少水分蒸发量，就算它们有叶子，叶子也长得很细小（仙人掌的尖刺是高度特化的叶子），通常情况下，光合作用发生在它们绿色、多肉的茎中。它们的茎表面覆盖一层厚厚的蜡，进一步减少蒸发失水。

5）草地

草地或草原生物群系通常位于大陆中央区域，如北美和欧亚大陆。这些地区年降水量约 25～75cm。一般来说，这些生物群系被连绵不断的草所覆盖，除了沿河地段，几乎没有树木，在高草草原上一棵于北美得克萨斯和南加拿大的草可以长高到近 2m。1 英亩（$\approx 4046.86m^2$）的自然高草草原可以养育 200～400 种不同的本地物种。往西边的地区，降水量更少，生长有中等高度的草和矮草草原。在这些草地上，草原犬和地松鼠为鹰、狐狸、丛林狼、短尾猫提供了食物。又角羚在西部的草地生活，而野牛主要生活在保护区中。我国草原广泛分布于东北的西部、内蒙古、西北荒漠地区的山地和青藏高原一带，横亘于北纬 30°～50°，蜿蜒万里，十分广阔。草原上主要生长着奶牛、绵羊等食草动物。

6）温带雨林

在美国太平洋沿岸，从华盛顿州奥林匹克半岛的低地到东南部的阿拉斯加州，存在着一大片温带雨林。温带雨林位于澳大利亚的东南海岸、新西兰的西南海岸和智利及阿根廷的部分地区。正如热带雨林一样，温带雨林降水丰富。在北美，温带雨林的年降水量通常超过 140cm。由于地处沿海，气候温和，雨林中大部分树木是针叶林，如云杉、道格拉斯冷杉和铁杉。森林地表和树干上通常覆盖着一层苔藓和蕨类。真菌在湿润的土壤中蓬勃生长，同时使土壤更加肥沃。温带雨林中，能抵达森林地表的阳光也非常少，以至于树苗通常不能茁壮成长。当有一棵巨木倒下时，在这一线光下，新的树苗迅速发芽，通常就长在倒下的树木上。

7）北方针叶林

草地和温带雨林的北边延伸至北方针叶林。北方针叶林是地球上最大的生物群系，贯穿北美、斯堪的纳维亚和西伯利亚到达我国的东北地区，几乎环绕整个地球。它还分布在阿拉斯加和美国北部地区，以及加拿大南部的大部分地区。极其相似的森林也出现在许多山脉中，如长白山脉、喀斯喀特山脉、内华达山脉和落基山脉。北方针叶林的环境要比温带落叶林严峻许多，它面临着漫长寒冷的冬季和短暂的生长季节。每年有约 40～100cm 的降水量，其中大部分是雪。针叶有助于很好地抖落积雪。在冬季，水还保持着冰冻的时候，植物上小小的蜡质针叶将冬季失水降到最低的水平。这些常绿植物可以通过保留树叶来储存能量，落叶树将这些能量用在长新叶上，而针叶树已经准备抓住春天来临的最佳生长机会。大型哺乳动物，如黑熊、麋鹿、梅花鹿和狼，以及体型较小的动物，如狼獾、猞猁、狐狸、短尾猫和雪兔，都在北方针叶林里生活着。针叶林同时也哺育了北美众多的鸟类。

8）苔原

位于地球最北边的生物群系是北极苔原，它是一片广阔而没有树木的地区，在北冰洋附近。苔原的气候险恶，冬季气温常常低至-55℃以下，还伴随着狂风，降水量在 25cm 左右，因此这是一片荒凉的雪原。即使是在夏天，苔原也常有霜冻，而适宜万物生长的季节只有短暂的几周。类似的苔原气候在世界上的高海拔地区也会见到。极端严寒、短暂的生长季节和土壤之下的永久冻土层限制了植物根的深度，因此苔原上长不出树木。不过，多年生的野花、矮柳和北美驯鹿所钟爱的驯鹿苔却在这片土地上争奇斗艳。夏天的苔原沼泽为蚊子提供了完美的栖息地。蚊子和其他昆虫为大约100种不同的鸟类提供食物。这些鸟类中大部分是迁徙而来的，利用这里短暂却食物丰富的生长季节养育雏鸟。苔原植被同样为北极兔和旅鼠（一种小型啮齿类动物）提供食物，而狼、猫头鹰和北极狐又以北极兔和旅鼠为食。

3. 水生生态系统

1）湖泊生态系统

淡水湖泊是由渗出的地下水、溪流或下雨、融雪造成的径流所盈满的洼地形成的。温和气候带的大型湖泊有不同的生物区。靠近湖岸的是较浅的沿岸区，对植被而言，沿岸区阳光充沛、营养充足。沿岸区群落也是淡水湖泊中最多样的区域。这里不仅有水藻，更有香蒲、芦苇和水莲长在靠近岸边的水底，在略深的水域中，沉水植物生长得十分茂盛。

沿岸区的动物最具多样性。沿岸区有脊椎动物，如青蛙、水蛇、乌龟、梭鱼、翻车鱼和鲈鱼等；有无脊椎动物，如昆虫幼虫、蜗牛和扁形虫及淡水螯虾等甲壳动物。沿岸区的水域也同样生存着数目巨大、体积微小的生物，这些生物统称为浮游生物。可以进行光合作用的原生植物被称为浮游植物，原生动物和以浮游植物为食的小型甲壳类动物属于浮游动物。随着水的深度不断增加，植物难以在底部站稳并吸收充足的阳光用于光合作用。开阔水域分为上层的湖沼区（此处有足够的光照来维持浮游植物的光合作用）和较深的深水区（此处由于光照太弱，光合作用难以发生）。浮游植物和鱼类在湖沼区占主导地位。深水区的生物主要依靠从沿岸区和湖沼区沉下来的有机物和从泥土里冲来的沉淀物生存。深水区的动物主要有在底部捕食的鲶鱼，以及淡水螯虾、水虫、蛤蜊、水蛭和细菌等腐食动物和分解者。

2）淡水湿地

淡水湿地，也称为沼泽、水洼或泥塘，是指那些土壤表面富含水的地区。在湿地中，水藻类的浮游植物密集生长，包括漂浮植物和有根植物、耐水草及一些树木，如中山杉。湿地也为鸟类、哺乳动物、淡水鱼、淡水螯虾和蜻蜓等动物提供繁殖地、食物和栖息地。

湿地大多数位于湖泊边缘或河流冲积平原，它仿佛是一块大型海绵，可以吸收水然后缓慢释放到河流中，这使湿地成为防止洪涝侵蚀的重要守卫兵。湿地植物同时也是水的过滤器和纯化器，有毒的物质，包括杀虫剂和重金属（如铅和汞），会被湿地植物和沉淀物所吸收。土壤细菌也可将这些杀虫剂分解成无害的物质。

3）海洋生物群

海洋可以根据它们受到的光照和离岸远近来划分生物区。透光区主要在相对较浅的水域（约200m），那里光照较强，足以支持光合作用。在透光区下是无光区，无光区一直延伸至海底，最深可达11km。无光区的光照不足以支持光合作用。在无光区的上层，有模糊的微光穿过，但是深水区十分黑暗。在无光区，几乎所有维持生命的能量都来自无光区上层沉降下来的有机排泄物和尸体。

海水随着潮汐涨落起伏，所以海洋并没有一个明确的海岸线。相反，潮间带，也就是陆地和海洋相接的地方，则随着潮起潮落被海水覆盖或裸露出来。近岸区从低潮线延伸至海里，随着大陆架坡度下降，海水逐渐变深。近岸区结束的地方就是开阔海面开始之处，那里有足够的水深让海浪不会影响到海底，即使海面上有惊涛骇浪，海面下仍然十分平静。

10.3.2 生态系统中能量流动

1. 食物链

生态系统中各种成分之间最本质的联系是通过营养来实现的，即通过食物链把生物与非生物、生产者与消费者、消费者与消费者之间连成一个整体。食物链是一个线性的营养关系，包括每个营养级的物种，它们分别是位于自己上面营养级中的物种的食物（图 10-7）。不同的生态系统容纳了不同的食物链。根据食物链起点的不同，它可分为两大类型：牧食食物链和腐食食物链。牧食食物链又称捕食食物链，一般为活体绿色植物→草食动物→一级食肉动物→二级食肉动物→顶级食肉动物。腐食食物链又称碎屑食物链，一般为动物尸体→蠕虫→鸟；或植物残体→蚯蚓→线虫→节肢动物等。植物在陆地生态系统中是主要的生产者。植物支撑着食草昆虫、爬行动物、鸟类和哺乳动物的生存，而这几种动物中的每一种都会被其他动物所捕食。相反，被统称为浮游植物的光合原生生物和细菌等微生物是大多数水生食物链的主要生产者，如位于湖泊和海洋中的食物链。浮游植物支撑着多种多样的浮游动物的生命，浮游动物主要包括原生生物和类似小虾的甲壳类动物。这些动物主要会被小鱼吃掉，而小鱼反过来又会被更大的鱼吃掉。

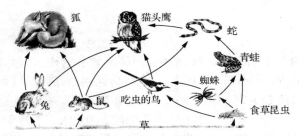

图 10-7 简单的食物链结构

自然群落中的动物经常不会正好是简单食物链中的初级、次级和三级消费者。有些动物，如鸡、鸭、狗和人类被称为杂食动物，因此它们可作为初级消费者、次级消费者，有时还作为三级消费者存在。例如，当鹰以老鼠（食草动物）为食时，它是次级消费者，而当它吃一只以昆虫为食的草地鹨时，又变成了三级消费者。食肉植物，如捕蝇草会使食物网变得更加错综复杂。它既是进行光合作用的生产者，又是会捕食蜘蛛的三级消费者。

2. 生态系统中的物质循环

1）水循环

水循环（图 10-8）是指水从它的主要储存库——海洋，经历大气层、更小的储存库（如淡水的湖泊、河流和地下水），然后再回到海洋。水循环与其他大多数物质循环不同，在水循环过程中，生物只起非常小的作用。换句话说，就算地球上的生物都消失了，水循环还会继续进行。

水循环的动力是太阳的热能，它使水从海洋、湖泊和溪流中蒸发出来。水汽在大气层中凝结后，以雨或雪的形式落回到大地上。之后，水形成河流，并最终流入大海。海洋覆盖了地球表面大约 70% 的面积，含有地球全部水量的 97%，还有 2% 的水包含在冰层中，只有 1% 的水以液态淡水的形式存在。因为在地球上海洋占有的面积太大，因此绝大多数蒸发作用都在海洋发生，同时绝大多数降水也在海洋发生。

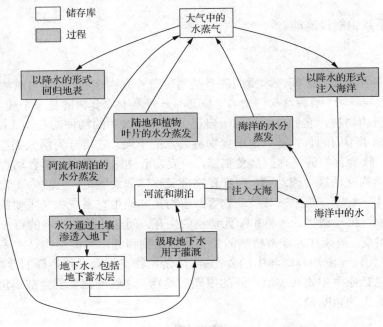

图 10-8　水循环

2）碳循环

碳原子是所有有机分子的框架，碳循环是指碳元素从它在大气和海洋中的暂时储存库中，通过生产者进入消费者和分解者的体内，之后再返回储存库的过程（图 10-9）。当生产者在光合作用过程中捕获 CO_2 时，碳元素就进入了生物群落。在陆地上，光合生物直接从大气中吸收 CO_2，后者在大气的所有气体中所占比例约为 0.03%，溶解于水的 CO_2 给水生产者如浮游植物提供光合作用所需的 CO_2。光合生物吸收的 CO_2 会被"固定"在生物分子，如糖类和蛋白质中。生产者通过细胞呼吸作用将部分碳元素交还给大气或水，但大部分碳元素被储存在它们的体内。当初级消费者吃掉生产者时，它们获得这部分碳元素。初级消费者及位于更高营养级的消费者通过呼吸作用释放 CO_2，通过粪便排出碳的化合物，并将剩余的碳元素储存在体内，所有的生物最终都会死亡，尸体被食腐质者和分解者降解掉，而后两者通过细胞呼吸作用将 CO_2 交还给大气和海洋。生物通过光合作用摄入 CO_2，并通过呼吸作用释放 CO_2，这两个互补的过程不断地将碳元素从生态系统的非生物成分转移到生物成分，然后再转移回去。

3）氮循环

氮元素是蛋白质、很多种维生素、核苷酸（如 ATP）和核酸（如 DNA）的重要组成成分。氮循环是氮元素从其最主要的储存库——大气层中移动到土壤和水中的铵盐和硝酸盐中，随后通过生产者、消费者和分解者，再回到储存库中的过程（图 10-10）。

大气层中 78% 的气体是氮气，但植物和大多数其他生产者无法直接利用氮元素的这一形式，它们需要通过铵盐（NH_3）或硝酸盐（NO_3^-）进行利用。有几种生活在土壤或水中的细菌可以通过固氨作用，将 N_2 转化成铵盐。苜蓿、大豆、三叶草和豌豆等豆科植物在农田中广为种植，部分是因为它们释放出根瘤菌可合成多余的铵盐，使土壤变得肥沃。其他一些生活在土壤和水中的细菌可以将铵盐转变成硝酸盐。雷电也会产生少量的硝酸盐，闪电的力量将氨气和氧气结合起来，形成氮氧化合物。这些氮氧化合物溶解在雨水中，落到土地上，最终被转化成硝酸盐。

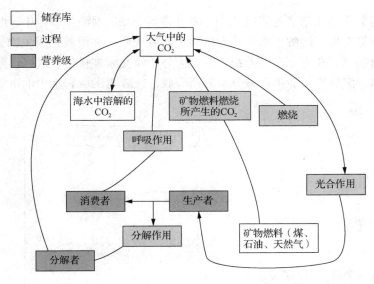

图 10-9　碳循环

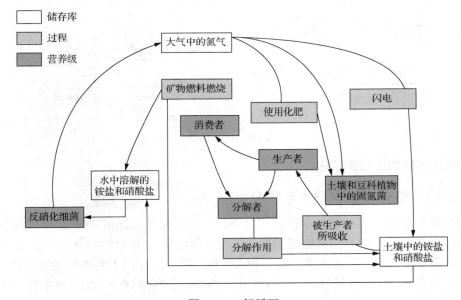

图 10-10　氮循环

　　铵盐和硝酸盐被生产者吸收，然后被整合进蛋白质和核酸等生物分子中。这些物质经过各个营养级。每个营养级的尸体和排泄物都被分解者降解，然后将铵盐交还给土壤和水，反硝化细菌负责完成氮循环的最后一步。

　　4）磷循环

　　磷元素在核酸和构成细胞膜的磷脂分子等生物分子中存在，也是脊椎动物牙齿和骨骼中的主要组成成分。磷循环是磷元素从其主要储存库——岩石中移动到土壤和水这两个较小的储存库，通过生产者进入消费者和分解者体内，再回到储存库中的过程（图 10-11）。在整个循环中，几乎所有的磷元素都和氧气相结合，形成磷酸根（PO_4^{3-}）。磷元素没有气体形式，因此在磷元素的循环中，没有大气储存库。地质活动将富含磷元素的岩石暴露在外，其中一部分磷元素会溶解于雨水或者地表径流中，将其带到土壤、湖泊和海洋中，形成生态群落能够直接获得的小储存库。溶解于水的磷元素被生产者吸收，并用其合成生物分子。之后，磷元素经过整个食物网，在每一个营养级，都有额外的磷元素被排出。最终，分解者将磷元素交还给土壤和水，然后它可能再次被分解者所吸收，或者与土壤和水中的沉淀物结合，再次生成岩石。

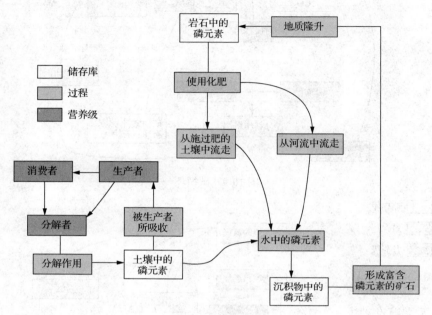

图 10-11　磷循环

10.3.3　保护地球的生物多样性

1. 生物多样性减少的现状及面临的威胁

化石记录显示在没有灾难性事件的情况下，自发的物种灭绝极其缓慢。《千年生态系统评估报告》指出，物种的自发灭绝速率大约是每千年的每 1 万个物种中有 0.1～1 个物种灭绝。然而，化石也记录下了 5 次主要的物种大灭绝，即短时间内大量物种迅速消亡。最近的一次大灭绝发生在 6500 万年前，使恐龙年代戛然而止。环境剧变，如巨大的陨石撞击和急剧的气候变化，是物种大灭绝最有可能的原因解释。

《千年生态系统评估报告》估计，人类活动导致的物种灭绝速率为每千年的每 1000 个物种中有 50～100 个物种灭绝，也就是在没有人类活动干扰情况下的物种灭绝速率的 50～1000 倍。尽管不是所有的生物学家都赞同此观点，但是大多数的生物学家还是得出了人类正在导致第 6 次物种大灭绝的结论。

2. 保护生物多样性

生物保护学的研究可以帮助制定保护生物多样性的战略。生物保护学的四个重要目标是：①理解人类活动对物种数目、群落和生态系统的影响；②保护并复原自然群落；③阻止生物多样性的进一步损失；④促进地球资源的可持续利用。在生命科学领域，生物保护学家需与地质学家、野生动物管理员、基因学家、植物学家和动物学家通力协作。卓有成效的生

物保护工作同样依赖于其他领域专家的意见和支持，包括为环境保护制定政策法规的各级政
府领导人、帮助实施法律保护物种及其栖息地的环境律师，以及帮助为生态系统估值的生态
经济学家。社会学家也为不同文化背景的民族如何利用环境提供意见。教师则帮助学生更好
地理解生态系统功能是如何支撑着人类生活，而人类又是如何破坏或保护它们的。环境保护
组织提出了需要保护的区域，提供了教育资料，并通过个人和团体的活动进行环境保护事业。
最后，每一个人的选择与行动都会或多或少地决定着环境保护事业能否成功。

参 考 文 献

廖元锡，毕和平，2016. 自然科学概论[M]. 武汉：华中师范大学出版社.

田清涞，2000. 普通生物学[M]. 北京：海洋出版社.

王镜岩，2010. 生物化学[M]. 3 版. 北京：高等教育出版社.

王铁鹏，张金莉，2019. 生物化学[M]. 吉林：吉林科学技术出版社.

威廉•恩道尔，2015. 粮食危机[M]. 赵刚，胡钰，等译. 北京：中国民主法制出版社.

文祯中，2012. 自然科学概论[M]. 南京：南京大学出版社.

袁婺洲，2019. 基因工程[M]. 北京：化学工业出版社.

AUDESIRK T, AUDESIRK G, BYERS B, 2016. 生物学与生活[M]. 钟山，闫宜青，译. 北京：电子工业出版社.

第11章　环境科学

人类生活在地球上，以地球为栖身之所，从地球上获取生存和发展所必需的各种自然资源，与环境发生了密切的联系。在长期的生活中，人类从环境中寻求更多的自然资源，也对环境造成了一定程度的污染和破坏。自 20 世纪中叶以来，工业的迅速发展不仅带来了经济的飞速发展、人口数量的急剧升高，同时也带来了不可忽视的环境问题，特别是煤、石油等化石燃料的使用导致全球变暖，酸雨、雾霾、水污染等问题引起了全球各个国家的重视。据研究报道，2018 年全球有 900 万人因环境污染导致的疾病丧生，其中空气污染是头号杀手，室外和室内空气污染分别导致 450 万人和 290 万人死亡，水源污染则导致每年 180 万人因消化道疾病和寄生虫感染死亡。铅污染和工作环境污染导致逾百万人丧生。美国康奈尔大学的科学家研究认为，现今全球大约 40% 的死亡病例应归咎于环境因素（如污染、气候变化、人口剧增和新生疾病等）。从 20 世纪 80 年代起，国际社会开始注重环境问题的治理，也取得了一定的成绩，但由于污染速度远远超过治理速度，全球整体的环境状况持续恶化，诸如全球变暖、臭氧层破坏、生物多样性减少、酸雨蔓延、森林锐减、土地荒漠化、水体污染、危险废弃物等一系列环境问题正使人类面临空前的挑战。

全球环境的持续恶化也推动了环境科学和生态学进入一个新的发展历程。当前，人们不仅考虑从工程技术领域和自然科学领域来解决环境问题，同时也考虑从社会科学、经济学、法学等社会科学领域来共同解决环境问题。随着人类对环境与发展认知水平的提高，环境与可持续发展成了目前全世界最为关注的问题之一。

11.1　环境科学的定义

11.1.1　环境的概念

环境是一个广泛的概念，围绕着某一中心事物周围的所有事物的集合，就是这个中心事物的环境。随着中心事物的变化，周围的环境与中心事物的关系也在不断发生着变化。通常我们认为的环境是以人类作为中心事物，而其周围一切要素的总和即构成人类的环境。

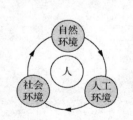

图 11-1　人类环境的结构

人类的环境与其他生物的环境不同，它由自然环境、社会环境与人工环境三个部分组成（图 11-1）。自然环境伴随着地球的存在而存在，在人类出现前就存在，为人类的生存、生活和生产提供了必需的自然条件和自然资源，包括水、大气、土壤、岩石、阳光、温度、微生物、动植物等自然因素，是直接或间接影响人类的一切自然形成的物质、能量和自然现象的总体。社会环境是人类生存、组织和发展的具体环境，包括社会的政治环境、经济环境、法律与宗教、哲学与艺术，与组织生存、发展都有紧密的联系。而人类利用地球上的自然资源和环境来维持生存和发展，这个过程中利用和改造了环境，这种由人工形成的物质、能量和精神产品共同构成了人工环境。人工环境的好坏，对人类的工作、生活，以及社会的进步都有巨大的影响。严格地说，当今地球上几乎所有的自然环境都受到人类活动的影响，许多原始森林、湿地、草原被改造成了农田、牧场和旅游休闲地。自然环境往往因为兴建工厂、矿山、各种建筑，以及交通、通信设备等而得到改造。需指出的是，人工环境与自然环境一样具有非常广大的范围，已涉及地球表层的大气圈、水圈、土壤圈、岩石圈和生物圈，其向上可达大气圈对流层顶部，向下可至岩石圈底部。

11.1.2 环境科学的诞生与发展

1. 环境科学的诞生

环境科学是在人类社会长期发展过程中诞生出的一门新兴的综合性交叉学科。随社会生产力的发展、生产方式的演变和工艺技术的提高，人类面临着越来越严重的环境问题。人类与环境之间矛盾的凸显，使人类开始重视对环境问题的认知。尽管人类自远古时代就有了对环境的认识，并逐步发展了人类的环境观，然而将环境观系统化并用科学的态度来研究环境，却发生在 20 世纪 70 年代。自工业革命开始至 20 世纪 60 年代，全球出现了十分严重的环境问题，也促使不同学科领域的科学工作者开始投身到环境保护的研究工作中，经过较长时期的研究和总结，终于在 20 世纪 70 年代初初步形成和产生了一门新兴学科——环境科学。环境科学自诞生起发展迅速，有科学家称自 20 世纪 70 年代，全球进入了环境科学与电子计算机的时代。

2. 环境科学的研究内容

环境科学是研究人类活动与环境演化规律之间关系的科学。从广义上说，环境科学是对人类生活的自然环境进行综合研究的科学，是研究人类周围空气、大气、土地、水、能源、矿物资源、生物和辐射等所有环境因素及其与人类的关系，以及人类活动如何改变这种关系的科学。从狭义上说，它只是研究由人类活动所引起的环境质量的变化，以及保护和改进环境质量的科学，只限于次生环境问题，其研究对象是人类与其生活环境之间的矛盾。这一对矛盾中，人是矛盾的主要方面。因此，环境科学将"人类-环境"作为研究对象，研究该系统的发生和发展、保护和改善、调节和控制、改造和利用的规律。环境科学的主要任务包括：①通过探索人类生产、生活和决策与环境质量的关系来了解人类与环境的发展规律，以及人类与环境的关系；②通过研究环境污染物质在自然环境中的迁移、转化、循环和积累的过程和规律来分析环境问题产生的途径并探索解决环境问题的方式；③通过环境监测、环境状况调查与评价和环境预测来探索人类活动强烈影响下环境的变化；④通过环境区域规划、环境管理来开发环境污染防治技术与制定环境管理法规。

3. 环境科学的分支学科

环境科学是关于自然科学、社会科学和技术科学三大科学领域的一门交叉学科（图 11-2）。环境科学在不同学科领域知识体系的相互渗透和相互交叉中又形成了许多边缘学科和分支学科。在环境科学的分支学科中，环境学是其核心组成部分，它着重于对环境科学基本理论和方法论的研究。环境科学中属于自然科学学科的有环境生物学、环境物理学、环境化学、环境生态学、环境医学、环境地质学等；属于技术学科的有环境控制学、环境工程学、环境工效学等；属于社会科学的有环境法学、环境经济学、环境监测与管理学、环境教育学、环境美学、环境心理学、环境伦理学等。环境科学的不同分支如图 11-3 所示。

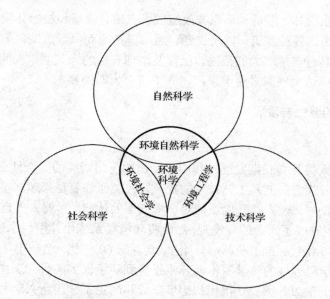

图 11-2   环境科学与相邻学科关系

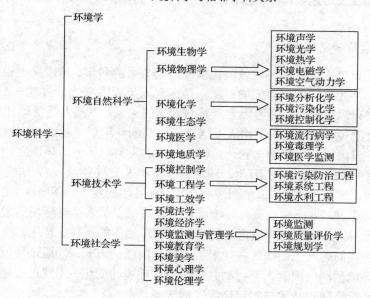

图 11-3   环境科学的不同分支

　　总之，环境科学所涉及的学科范围非常广泛，各个学科领域相互交叉渗透。同时，环境问题又与地域、经济、生产、人口等方面具有很强的相关性。环境中的污染物质包括天然物质和人类活动产生的物质，这些物质的种类不同，且污染路径复杂，使得环境科学既有综合性又有区域性特点。因此，在环境科学的研究过程中，需要各个学科协同合作，才能提出最优方案，最大限度地解决当前存在的环境问题。

11.2　环境问题

11.2.1　全球面临的环境问题与挑战

　　人类社会经历了由原始社会、农业社会到工业社会的发展，同时也创造了前所未有的文明，随之而来的是环境问题的产生。特别是在工业社会阶段，随着人口数量的激增和工业的发展，带来了不可小觑的环境问题。自工业革命开始至 20 世纪 80 年代，全球出现了"十大环境公害"事件（表 11-1），给高速发展的国家都敲响了警钟。自 20 世纪 80 年代起，各个国家都开始重视环境污染治理和环境保护。1992 年 6 月，由联合国发起，有 103 位国家元首或者政府首脑和 180 多个国家代表参加的"环境与发展"大会在巴西里约热内卢召开，大会讨论和签署了《里约环境与发展宣言》《21 世纪议程》《联合国气候变化框架公约》《保护生物多样性公约》等四个重要文件。这次大会也被称为"20 世纪地球盛会"。1997 年 12 月，为了进一步控制全球温室气体的排放量，控制全球变暖的速率，全球 149 个国家和地区的代表齐聚日本东京召开了《联合国气候变化框架公约》缔约方第三次会议，会议通过了旨在控制全球变暖的《京都议定书》，进一步对全球环境的改善与区域经济发展的具体措施进行了规范。

表 11-1　全球"十大环境公害"事件

事件名称	时间	地点	污染源	危害
马斯河谷烟雾事件	1930 年	比利时马斯河谷	工厂排放的含有烟尘及 SO_2 的废气蓄积于长条形山谷中无法扩散	诱发心脏病、肺病，造成 60 多人丧生，许多牲畜死亡
洛杉矶光化学烟雾	1943 年 1955 年 1970 年	美国洛杉矶市	汽车排放的 NO_x 和 C_xH_y 废气在日光的照射下形成的光化学烟雾	刺激五官，1955 年事件造成 400 余人死亡
多诺拉事件	1948 年	美国宾夕法尼亚州多诺拉镇	炼锌厂、钢铁厂、硫酸厂排放含烟尘和 SO_2 的废气蓄积于马蹄形深谷中	诱发呼吸道疾病，造成 6000 多人患病，10 余人死亡
伦敦烟雾事件	1952 年	英国伦敦	含烟尘及 SO_2 的废气	诱发呼吸道疾病，5 天内造成 4000 余人死亡，2 个月内造成 8000 人死亡
水俣病	1953～1956 年	日本熊本市水俣湾	工厂排放的含汞废水在环境中形成的甲基汞	中枢神经受伤，听觉、语言、运动系统失调，造成 1000 余人死亡
骨痛病	1955～1972 年	日本富山县	锌冶炼厂排放的含镉废水	骨骼畸形、剧痛，骨脆易折
米糠油事件	1968 年	日本北九州市	米糠油中残留的多氯联苯	13000 人受害，10 余人死亡，几十万只鸡死亡
博帕尔事件	1984 年	印度博帕尔市	农药厂爆炸释放的异氰酸甲酯	刺激眼睛及五官系统，20 万人受害，2500 余人死亡，5 万人失明
切尔诺贝利核电站事故	1986 年	乌克兰基辅市	核反应堆爆炸起火导致放射性物质泄漏	31 人死亡，237 人遭受严重核辐射，影响长达 20 年
莱茵河污染事件	1986 年	瑞士巴塞尔市	化工仓库失火导致近 30 多种剧毒的硫化物、磷化物与含有水银的化工产品随灭火剂和水流入莱茵河	50 多万条鱼被毒死，500km 以内河岸两侧的井水不能饮用

　　从广义上来说，环境问题涵盖了所有由于环境变化所导致的环境问题，包括由自然力或

人力所引起的环境破坏,而环境问题最终导致了人类的生存和发展受到影响。从狭义上来说,环境问题只是由于人类的生产和生活所导致的引发人类生存和发展受限的问题。

如果将广义环境问题分为两类,则一类是原生环境问题,是指由于自然力引起的环境破坏,如地震、洪涝灾害、海啸、干旱等自然灾害都会带来环境问题;一类是由于人类活动所引起的生态破坏和环境污染的问题。生态破坏是指人类的活动使得生态环境恶化的效应,会导致生态系统结构和功能发生变化,从而影响人类生存发展的质量及环境本身的发展。常见的生态破坏的形式包括土地荒漠化、湖泊富营养化、生物多样性减少等。环境污染是指人类的生活、生产排放出的废弃物进入环境中,而这些物质被称为环境污染物,它们会对大气环境、水环境、土壤环境造成扰乱和侵害,引起环境质量的恶化。主要的环境污染形式包括生活废水、工业废水、废气、废渣、固体废弃物等。

一般认为,主要威胁人类的十大环境问题,即:①全球气候变暖;②臭氧层的耗损与破坏;③生物多样性减少;④酸雨蔓延;⑤森林锐减;⑥土地荒漠化;⑦大气污染;⑧水污染;⑨海洋污染;⑩危险性废物越境转移。

环境问题具有其特殊的性质,包括:①具有不可根除和不断发展的属性,与人类的欲望、经济的发展、科技的进步同时产生、同时发展;②范围广泛而全面,存在于生产、生活、政治、工业、农业、科技等全部领域中。

11.2.2　大气污染与防治对策

1. 温室效应

地球大气有类似玻璃温室的温室效应,其作用的加剧是当今全球变暖的主导因素。太阳表面温度高达6000K,辐射的最强波段为可见光,波长约为500nm,而当地球吸收了太阳光的热量之后,辐射出的最强波段为红外光,波长为2000~50000nm。可见光可以透过大气层照射至地面,地球吸收热量,地表温度升高,长波辐射较难透过大气层散失,因此,导致地球温度逐步升高,这样的作用类似于栽培农作物的温室中的效应,故称为温室效应。假若没有大气层,就不存在温室效应,那么地球表面的平均温度不会是现在适宜的15℃,而是十分低的-18℃;反之,随着大气层增厚,温室效应就会不断加强,地球表面的温度也必将持续升高。

自工业革命以来,人类活动排放出大量的CO_2和氮氧化物等气体进入大气层,这些气体具有吸热和隔热的功能,使太阳辐射到地球的热量无法向外层空间发散,造成大气的温室效应增强。

温室效应增强具有极大的危害,常见的温室气体见表11-2。其中,CO_2含量最高,增速最快,100多年来增长了将近30%。CO_2的排放增长与化石燃料的大量消耗和森林面积的大幅锐减有关。甲烷(CH_4)作为天然气的主要成分,是一种清洁能源,但是其温室效应是二氧化碳的20倍,因此甲烷浓度的持续增长也不容忽视。

温室气体浓度的迅速增加导致全球气温迅速上升,而气温上升又可引起冰川消融、海平面升高,从而引发一系列重大的环境灾害。据研究,在过去的一个世纪中,海平面平均升高了10~25cm,而根据目前全球变暖的进度,预计到2075年海平面将上升30~200cm。海平面升高将淹没大量耕地,给居住在沿海地区约占全球人口50%的人们带来严重的影响,而大洋中的部分岛国甚至会不复存在。此外,温室效应增强还可引起全球自然带发生变迁,其结果是中纬度地区将变得更加干燥，到处都可能出现干燥的土壤和灼热的阳光，热带面积将持续扩大，寒带面积逐步减少，半干旱地区的降雨量可能进一步减少；热带潮湿地区的气候可能变得酷热且干燥，热带风暴将变得更加频繁和更加严重。

表 11-2　常见温室气体的现有浓度及增长率

常见温室气体	现有浓度/（mL=m³）	估计年增长率/%
CO_2	350	0.4
平流层臭氧	0.1~10	−0.5
对流层臭氧	0.02~0.10	0~0.7
CH_4	1.70	1~2
N_2O	0.30	0.2
CO	0.12	0.2
CFC_{11}	$0.23×10^{-3}$	5.0
CFC_{12}	$0.40×10^{-3}$	5.0

针对当前全球变暖的严峻形势，各国都在严控温室气体的排放，主要措施包括：①调整能源战略，开发新型清洁能源，包括水能、风能、太阳能等，减少化石燃料的使用，改进工艺，提高能源利用效率，加强废旧物质回收利用；②加强绿化，通过植树造林可以加强植被的固碳作用，造林 10 亿 hm^2，可吸收二氧化碳约 200 亿 t，达到阻滞温室效应加剧的目的；③控制人口、提高粮产、限制毁林，在全球推行控制人口数量、提高人口素质、发展生态农业政策，摒弃毁林从耕的落后农业生产方式；④加强环境意识教育，促进全球合作，通过各种教育和宣传渠道，使全人类认识到温室效应所带来的灾害在逐步加剧，人类应为自身及子孙后代考虑，建立长远规划，防止气候恶化。

2. 臭氧层破坏

臭氧层存在于距地表 16~40km 的平流层中，浓度最大值通常出现在 25~30km 的高度。臭氧层气体非常稀薄，即使最大浓度处，臭氧与空气的体积比也只有百万分之二，若将它折算成标准状态，臭氧的总累积厚度一般只有 0.3cm 左右。然而，臭氧层对地球上生命的重要性就像氧气和水一样，如果没有臭氧层这把"保护伞"的保护，到达地面的紫外线辐射就会达到使人致死的强度，地球上的生命就会像失去氧气和水一样遭到灭绝。20 世纪 80 年代中期，科学家首先发现在南极上空存在一个臭氧层空洞。1998 年 9 月中旬至 12 月中旬，南极上空臭氧层空洞的面积达到 2720 万 km^2，是观测史上最大的臭氧层空洞，而且持续时间也最长。专家们认为，导致臭氧层空洞的出现是人类大量使用氯氟烃化学制品（冰箱、空调的制冷剂）而引起的恶果。

臭氧层被破坏对地球上的动植物均可产生不利影响。据估计，如果大气中的臭氧量下降 10%，紫外线辐射强度则有可能增加 20%，人类皮肤癌患者比例会增加 20%~30%。过量紫外线辐射还可限制植物的正常生长，使叶绿素的光合作用能力下降 20%~30%，造成主要农作物的减产，进而威胁人类的生存。此外，过量紫外线辐射还会引起海洋生物的大量死亡，进而影响食物链，造成某些生物的灭绝。

臭氧层的破坏主要是由于氯氟烃类制冷剂引发的，因此要控制臭氧层进一步被破坏，首先，要逐步禁止使用破坏臭氧层的物质；其次，研究开发破坏臭氧层物质的替代物；最后，臭氧层破坏是全球性的问题，需要加强全球合作，共同开展淘汰破坏臭氧层物质的国际行动。

3. 酸雨

酸雨最早是由英国化学家史密斯（Smith）在 19 世纪中叶发现的。酸雨的形成是人类活动向大气层排放大量的硫氧化物、氮氧化物造成大气环境酸化所致。20 世纪 70 年代初，酸雨还只是局部问题，但目前酸雨已经广泛地出现在北半球，成为当今世界面临的主要环境问题之一。

酸雨对环境的危害极大。它可以毁坏土壤，导致农作物产量与品质下降；可以毁坏植物根叶，使植物无法获得充足的养分而枯萎、死亡；可以导致淡水生态系统改变，引起淡水生物死亡；可以使建筑物遭到腐蚀，造成人类经济及文化遗产的损失；甚至还可以通过直接刺激人类的各种器官，威胁人体健康。当前，全世界酸雨最严重的地区分布在北欧、西欧、美国东北部及加拿大等广大地区，这些地区的酸雨已成为大气污染的主要特征。20 世纪 80 年代以来，亚洲的日本和中国也出现不同程度的酸雨危害，有些地区的 pH 值已接近欧美的污染值。

中国酸雨主要分布在秦岭、淮河以南，其中西自四川峨眉山、重庆、广州佛山、贵州遵义、广西柳州、湖南洪江和长沙，向东至安徽徽州，形成一条突出的酸雨带，酸雨频率均在 80% 以上。该酸雨带的 pH 值已和北美、西欧、北欧、日本重酸雨区的 pH 值接近，说明我国这些地区的酸雨污染已达到相当严重的程度。

酸雨的排放主要与含硫化合物和含氮化合物的排放有关。一部分排放是天然排放，包括非生物源与生物源，非生物源排放包括海浪溅沫、地热排放气体与颗粒物、火山喷发等。生物源排放包括有机物腐败排放、细菌分解有机物的过程排放。大气中大部分含硫化合物和含氮化合物的排放与人类活动有关，其中化石燃料的使用是产生酸雨的根本原因。特别是我国，能源消耗以煤为主，而煤中含有大量的硫化物，因此我国的酸沉降主要来自二氧化硫。

酸雨对水生生态系统、陆生生态系统、人体健康、建筑材料、文物古迹都有着不可逆转的破坏作用。酸雨会使水体 pH 值下降，造成水生生物死亡。加拿大安大略省已有 2000~4000 个湖泊变成酸性，使鳟鱼和鲈鱼无法生存。美国部分湖泊的 pH 值已降至 5 以下，82 个湖泊无鱼类生存。酸雨还会使土壤酸化，导致金属元素溶解，破坏植被的生长。酸雨严重腐蚀建筑材料，破坏文物古迹，我国故宫的汉白玉雕刻、雅典帕特农神庙、罗马的图拉真纪功柱等珍贵古迹都在遭受着酸雨的破坏。因此，需要探索治理手段来控制酸雨的进程，一般对策包括：①开发新能源，如氢能、太阳能、水能、潮汐能、地热能等，降低化石燃料的使用量；②使用燃煤脱硫技术，减少 SO_2 排放，利用 $CaCO_3$ 来脱除烟道气中的 SO_2；③控制汽车尾气排放，少开车，多乘坐公共交通工具。

4. 雾霾与 $PM_{2.5}$

按气象学定义，雾是水汽凝结的产物，主要由水汽组成；按中华人民共和国气象行业标准（QX/T 113—2010）《霾的观测和预报等级》的定义，霾是大量极细微的干尘粒等均匀地浮游在空中，使水平能见度小于 10.0km 的空气普遍混浊现象。通常将相对湿度大于 90% 时的低能见度天气称为雾，而相对湿度小于 80% 时称为霾，相对湿度为 80%~90% 时则是由霾和雾的混合物共同形成的，称为雾霾。

大量空气动力学当量直径小于等于 $2.5\mu m$ 的悬浮颗粒物排放到大气当中，导致了严重的空气污染，这类微小悬浮颗粒物被称为 $PM_{2.5}$，是造成雾霾天气的"元凶"。引发雾霾的原因主要包括建筑工地的扬尘，特别是随着城市建设的更新换代，拆迁作业带来了大量的微小颗粒物，供暖火电站燃煤废气中也含有大量的颗粒态污染物质，其中包括重金属氧化物、烟尘等。另外，汽车尾气排放及工业喷涂排放的有机废气也是形成雾霾的重要原因。北方地区秋冬季节大量采用燃煤供暖，导致雾霾天气严重，空气质量恶化。因此，我国政府现已将雾霾天气作为灾害性天气进行预警预报，并责令污染严重地区加强治理，提高空气质量。

由于雾霾中含有大量的有毒有害微小颗粒物，这些微小颗粒物会通过呼吸系统进入人体中，进一步破坏人体的血液系统，引发心脑血管疾病。国际上也有多项研究数据表明，孕妇在雾霾环境中暴露时间的长短和胎儿早产、新生儿智商水平、胎儿发育畸形率等呈正相关。雾霾还会引发人类心理疾病。有研究表明，长期暴露在雾霾环境中的人群抑郁症发病率显著增加，专家将其称为雾霾抑郁症。同时，雾霾会导致空气能见度降低，增加交通事故的发生率。因此，需要采取相应的手段来控制雾霾：①加强对建筑工地文明施工监督监管，让各工地采取切实有效的防扬尘措施；②尽快采用天然气、水能电、核能电等更干净的清洁能源替代燃煤来发电；③提高汽油、柴油质量，执行更严格的汽车尾气排放标准；④工业喷涂尽量在密闭的地方进行，喷涂完成后，需对喷涂室处理后才能排放到空气中；⑤降低水泥厂等工厂生产排放，在有条件的地方应对排放前的废气进行处理再排放。

11.2.3　水污染与防治对策

1. 我国水资源利用现状

我国水资源总量丰富，但时空分布不均，人均水资源量缺乏。特别是随着全球变暖的影响，旱灾频发，水资源蒸发量大。随着人口的不断增长，到 2030 年我国人均水资源占有量将从现在的 2200m^3 降至 1700～1800m^3，可开发利用的水资源达到极限，我国将面临更为严重的缺水问题。

导致水资源短缺的自然因素：①人口众多。我国水资源总量约为 2.8124 万亿 m^3，居世界第 6 位，但我国现有人口约 14 亿人，人均水资源占有量仅为世界人均水量的 25%，排在世界第 121 位。②水资源分布不平衡。我国水资源分布同人口、耕地分布极不协调。水资源的不均衡分布，严重地制约了国民经济的健康发展。

导致水资源短缺的人为因素：①水资源观念落后。片面的经济发展观忽视了水资源与人口、经济的协调发展，把经济增长与环境保护、物质财富与精神价值、人与自然对立起来，无限度耗竭水资源的粗放型经济发展模式导致了水资源紧缺矛盾日益加剧，水资源过度开发、水环境恶化和水质污染迅速蔓延。②水资源利用率低。目前，全国农业灌溉年用水量约3800 亿 m^3，占全国总用水量的近 70%，但全国农业灌溉用水利用系数大多只有 0.3～0.4。③涉水行为失当。人类对水循环和自然因素的影响具有突变性，可以马上明显地改变水量、径流等分布。人类活动对水循环影响的失误，虽然部分具有可逆性，如水资源的浪费行为，可通过更新观念、提高科技水平加以克服，但是人类错误的涉水行为造成的严重后果大多是不可逆的，可能会使人类几十年、几百年甚至更长时间痛尝苦果。各种不当的涉水行为对水循环的影响越来越大，更加剧了我国的水资源危机。

2. 水体污染现状（河流、湖泊、海洋）

水污染是指进入水体的污染物含量超过水体本底值和自净能力，使水质受到损害，破坏了水体原有的性质和用途。水污染主要来自工业废水、生活污水、农业废水等。据统计，全世界污水排放量已达到 4000 亿 m³，使 5.5 万亿 m³ 水体受到污染，占全世界径流总量的 14% 以上。

据我国环境部门监测，全国近 80% 的生活污水未经处理直接进入江河湖海，造成全国 1/3 以上水域受到污染。我国污水的处理能力只占 20% 左右。全国每年排污量约 300 亿 t。全国各大城市地下水不同程度受到污染。全国 78 条主要河流有 54 条遭到污染。

据《2018 中国生态环境状况公报》报道，长江、黄河、珠江、松花江、淮河、海河、辽河七大流域和浙闽片河流、西北诸河、西南诸河的 1613 个水质断面中，Ⅰ 类占 5.0%，Ⅱ 类占 43.0%，Ⅲ 类占 26.2%，Ⅳ 类占 14.4%，Ⅴ 类占 4.5%，劣 Ⅴ 类占 6.9%（图 11-4）。与 2017 年相比，Ⅰ 类水质断面比例上升 2.8 百分点，Ⅱ 类上升 6.3 百分点，Ⅲ 类下降 6.6 百分点，Ⅳ 类下降 0.2 百分点，Ⅴ 类下降 0.7 百分点，劣 Ⅴ 类下降 1.5 百分点。西北诸河和西南诸河水质为优，浙闽片河流、长江和珠江流域水质为良好，黄河、松花江、淮河和辽河流域为轻度污染，海河流域为中度污染。

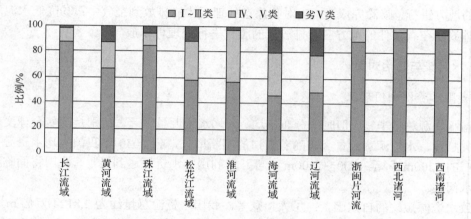

图 11-4　2018 年七大流域和浙闽片河流、西北诸河、西南诸河水质状况

2018 年，监测的 111 个重要湖泊（水库）中，Ⅰ 类水质的湖泊（水库）7 个，占 6.3%；Ⅱ 类 34 个，占 30.6%；Ⅲ 类 33 个，占 29.7%；Ⅳ 类 19 个，占 17.1%；Ⅴ 类 9 个，占 8.1%；劣 Ⅴ 类 9 个，占 8.2%。主要污染指标为总磷、化学需氧量和高锰酸盐指数。107 个监测营养状态的湖泊（水库）中，贫营养状态的 10 个，占 9.3%；中营养状态的 66 个，占 61.7%；轻度富营养状态的 25 个，占 23.4%；中度富营养状态的 6 个，占 5.6%（图 11-5）。

3. 水污染的防治

水污染防治是任重而道远的，具体的措施如下：①从源头杜绝污染，有关部门通过立法立规来保护水源取水口，加强水源地的绿化工作，定期巡查，一旦发现有破坏水源地取水口的行为，从严从重处罚。②当前我国城市化进程加剧，城市人口数量增加，污水排放量不断增加，需要加快城市污水处理厂的建设，增加污水处理回用效率，提高居民生活质量。③通过加强宣传教育来提高国民对于环境保护的重视程度，国民环保意识增强，一方面会减少破坏环境的行为，一方面还会积极保护环境。④革新技术手段，增加废水资源回收利用率，通过深度处理来净化污水厂二级出水，使三级出水达到回用标准，用于灌溉、浇花、洒水、冲厕等，实现废水资源化利用。

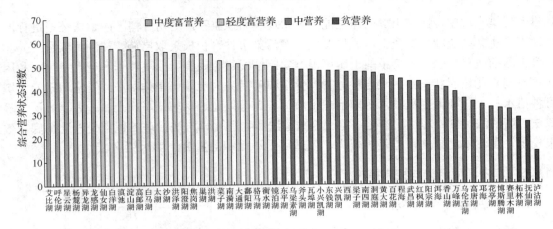

图 11-5 2018 年重要湖泊营养状态比较

11.2.4 土壤污染与防治对策

1. 土壤污染的途径和危害

土壤污染是指由于人类活动产生的有害、有毒物质进入土壤，积累到一定程度，超过土壤本身的自净能力，导致土壤性状和质量变化，构成对农作物、人体的影响和危害的现象。土壤污染主要来源于工业和城市的废水及固体废物、农药、化肥、牲畜的排泄物及大气污染物（如 SO_2、氮氧化物、颗粒物等）通过沉降和降水落到地面的沉降物等。

一旦土壤受到污染，其物理、化学性质会发生改变。土壤污染主要来源于酸雨、雾霾、污水灌溉、施肥过量等，会导致土壤酸化、土壤毒化、土壤板结硬化等危害。另外，随着雨水淋溶及下渗，土壤中的污染物会进一步转移到地下水或地表水中，导致水质污染和恶化。污染土壤上种植的农作物会吸收和富集土壤中的污染物，这些有毒有害物质会通过食物链进入人体中，危害人体的健康。我国土壤污染总体形势相当严峻，据统计，目前受污染的耕地约有 1.5 亿亩（1 亩≈666.67m²)，约占全国耕地的 1/10 以上，每年造成的直接经济损失超过200 亿元。

2. 受污染土壤的净化（物理、化学、生物）

土壤污染治理难度很大，因此治理土壤污染，必须贯彻"预防为主，防治结合"的环境保护方针。主要的措施如下：①源头控制。土壤污染一般与大气污染和水污染有关，如酸沉降会导致土壤酸化，利用污水灌溉会导致土壤污染，因此改善大气和水污染是从源头控制的重要手段，可以通过坚持灌溉水水质标准、农用污泥标准及其他环境标准来控制污染物的流入，通过立法立规和监督体制来防治土壤污染。②科学施用化肥和农药。为控制水体富营养化及保护地下水水质，必须控制化肥的用量，增加高效生物肥料的使用。对于国家禁止使用的剧毒农药坚决取缔，大力发展高效、低毒、低残留农药，加强生物防治措施的使用。采用科学的方法施用农药，制定使用农药的安全间隔期。采用综合防治措施，既要做到防治病虫害对农作物的威胁，又要做到既高效又经济地把农药对环境和人体健康的影响限制在最低程度。③增加土壤容量并提高土壤净化能力。通过施加生物肥料增加土壤有机质的含量，通过掺黏土来改良砂性土壤，以增加和改善土壤胶体的种类和数量，提高土壤本身对污染物的吸附截留性能，从而减少植物的吸收量。采用生物技术培育出可降解污染物的微生物种群，将其投入污染土壤中，提高土壤的净化能力。④政府加强监管，定期对辖区内土壤环境进行质量检查，建立系统的档案资料，一旦发生土壤污染事件，积极采取措施，控制污染程度。⑤污染土壤的改良。已经污染了的土壤可根据实际情况进行改良，改变耕作和管理制度：利用元素不同氧化还原状态下的稳定性差异，受汞和砷污染的土壤可旱作种植，受铬污染的土壤可种植水稻。⑥利用工程技术手段治理土壤污染。可以通过用客土、换土、去表土方法，隔离法，清洗法，热处理法，电化法等。机械方法和物理化学方法治理的优点是净化彻底、效果稳定，是治本的措施，但是投资大，仅适用于小面积的重度土壤污染区域。

11.2.5 室内环境污染与控制措施

1. 吸烟引起的家居环境污染

吸烟是室内的主要污染之一，香烟在燃吸过程中产生两部分烟气，其中 10%被吸烟者直接吸入体内，其余 90%则弥散在空气中。据药学家的分析，发现烟草的烟雾中含有毒物质250 余种，除我们大家熟悉的尼古丁外，还有氢氰酸、烟焦油、CO、芳香化合物等一系列有毒物质。在烟草点燃后形成的烟雾中，含有刺激性和细胞毒性物质。据报道，90%的肺癌死亡者、25%的心血管病死亡者、5%的慢性支气管炎病死亡者均与吸烟有一定关系。在居室中吸烟，会造成居室空气污染。科学家研究发现，烟雾中的有害物质在主烟流中和侧烟流中并非平均分布，通常侧烟流中有毒有害物质要高于主烟流。对于同一居室内的被动吸烟者来说，会吸入大量的二手烟。经过试验证明，凡吸烟所能引起的种种疾病，在主动吸烟者和被动吸烟者身上都有可能发生。此外，女性吸烟者会导致妊娠期胎儿生长延迟、婴儿体重不足等问题，吸烟也会影响婴儿的智力发育。因此，吸烟不仅损害自己的身体健康，造成居室污染，使家庭中其他成员被动吸烟，还会影响后代的健康。吸烟有害健康不仅是一句口号，而且是一个需要全球关注的室内环境问题。

2. 室内装饰污染

室内空气污染对人体健康的影响具有长期性、低剂量等特性。现代人居住的房屋是经过精致装修后才能入住的，在装修过程中大量使用的材料包括涂料、木地板、胶合板、壁纸、地毯、混凝土外加剂、有放射性的建筑装饰材料等，而这些建筑材会释放出有毒有害物质，包括甲醛、氨、芳香族化合物，以及可溶性的重金属如铅、镉、铬、汞、砷等。人们长期居住在含有这些有毒有害气体的环境中，会对身体造成极大伤害，这种伤害若长期存在甚至会导致基因突变，并成为其他疾病的诱因。例如，甲醛是一种强还原性毒物，能与蛋白质中的氨基结合生成甲酰化蛋白而残留体内，其在室内释放的年限长达 15 年，长期暴露在甲醛超标的环境中，人们会出现头痛、头晕、软弱无力、月经紊乱、神经衰弱等症状。有研究表明，空气中苯等芳香烃类化合物超标会引发神经系统病变，甚至产生致癌等症状。此外，一些天然石材中含有放射性核素氡，而氡的迁移性大，易被人体吸收，已成为仅次于吸烟的第二号引发肺癌的"杀手"。

3. 建立健康的居室

室内空气污染持续时间长，对人类健康影响巨大，因此必须采取一定的措施来建立健康的居室，保证居住者在身体上、精神上、社会上均具有良好的状态，具体措施如下：①控制建筑装修材料。选择有环保标识的产品，或者开发环保替代材料；加强无机非金属装修材料的放射性检测、人造木板的甲醛释放量检测，涂料、胶黏剂的有毒有害物质检测；树立科学的装修观念，避免在室内打造过多家具，简化装修。②通风换气。通风换气是降低室内空气污染最有效、最简单的方法，夏天的通风效果明显优于其他季节。③空气净化——物理吸附和植物吸收。利用活性炭吸附和绿色植物吸收。有研究表明，芦荟、吊兰、虎皮兰等绿色植物能吸收空气中的有毒有害物质。④严格禁烟。通过立法，制定行业规定，严禁在室内及公共场所吸烟。⑤空气检测和治理。请专业的环境检测部门进行室内空气质量检测，检测合格再入住。

11.3　生态技术在环境保护中的应用

11.3.1　生态系统的调节能力

在生态系统中，存在着物质循环和能量流动，当受人类活动或者自然因素影响时，生态系统有着保持其自身相对稳定的能力。即使系统内一部分发生了异常，生态系统的调节能力可以通过其他部分的调节来改善或恢复。通常来说，结构越复杂的生态系统调节能力越强，而结构越简单的生态系统，其调节能力越弱，系统越脆弱。

在环境污染的防治中，这种调节能力又称为生态系统的自净能力。被污染的生态系统依靠其本身的自净能力，可以恢复原状。我们应该尽量有目的地、广泛地利用这种自净能力来防治环境的污染。

采用物理方法解决环境问题需要消耗大量的能量，采用化学方法则有可能产生二次污染物质。如果能够很好地利用生态系统的自净能力来解决环境问题，则可以弥补物理方法和化学方法的不足。当前，国内外很多研究也针对此类问题，如利用人工湿地来净化自然水体，大力发展海绵城市来减少地表径流补充地下蓄水，不仅获得了环境效益也带来了可观的经济效益。在我国广大的农村地区推广的土地处理系统便是一种良好的生态处理系统，生活污水流过土壤，土壤本身具有吸附截留污染物质的能力，土壤中植物根系和微生物也具有良好的污染综合净化能力，部分景观植物也可以吸收污水中的污染物质。经过处理的水可以用于农作物的灌溉，也可以直接排入水体中。土地处理系统一般由集水池、进水管网、排水系统组成，污水经过沉淀池或者生物塘处理后，通过地表漫流或者渗滤等方式进入土地处理系统，进行处理。土地处理系统可以作为深度处理系统来使用，其基本建设成本和运行成本低，不需要外加药物试剂，处理效果好，特别是在分散型污水处理需求较高的农村地区应用广泛。

11.3.2　生态工艺与生态农场

1. 生态工艺

生态工艺要求整个工艺系统无污染排放，整个工艺为一个完整的生态系统，进入该系统的物质和能量要得到最大限度的利用，排出的废弃物量最少且均能完全被自然界的动植物、微生物分解、吸收或利用。与传统工艺相比，生态工艺的资源利用率最高、浪费最少，且整个系统最优化。图 11-6 是造纸工业闭路循环工艺流程图。该系统中火力发电产生的能量用于造纸厂的生产，而造纸厂的废液中的无机盐与火力发电厂的废气 SO_2 反应可以生成 Na_2SO_4，可回用于造纸系统，同时火力电站的余热还可以用于供暖。该系统体现了资源和能源的综合利用，既减少了污染，又保护了环境。

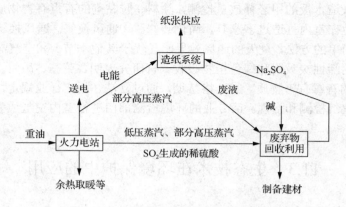

图 11-6　造纸工业闭路循环工艺流程图

2. 生态农场

根据生态学原理建立的生态农场是新型农业生产模式。它可以因地制宜地利用不同的技术,来提高太阳能的转化率、生物能的利用率和废弃物的再循环率,使农、林、牧、副、渔,以及加工业、交通运输业、商业等都获得全面的发展。在生态农场中由于有效地利用生态学原理,扩大和提高能流和物流在生态系统中的数量、质量及其效率水平,使太阳能变为生物能的转化率比野生植物、粮食作物或高产作物高出 4～12 倍,做到最大限度地把无机物转变为有机物。此外,农作物收割后的秸秆、树叶和杂草如果直接燃烧会导致大气污染,而在生态农场中,将这些农林业的废料作为堆肥的原料,通过沼气池的发酵作用,转化为有机肥。这些有机肥还田后,可以减少化肥的使用所带来的环境污染,大大提高生物能的利用率和废物的再循环率。生态农场还可以充分利用农、林、牧产品和沼气能源,开办面粉厂,以及油料、奶粉、黄油和肉类制品等加工厂,以提高农牧业产品的经济效益,增加农民的收入并满足社会的基本需要。菲律宾的玛雅农场(Maya Farms)便是一个典型的生态农场。它由庄稼地、猪场、牛场、饲料加工厂、沼气厂及其他农牧产品加工厂,污泥处理池和养鱼池等组成。该农场的废物循环过程如图 11-7 所示。

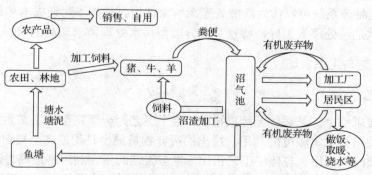

图 11-7　玛雅农场的废物循环途径

11.4 环境科学与可持续发展

11.4.1 人口、资源与可持续发展

1. 人口与可持续发展

人口是实现总体可持续发展的关键。人口持续增长会增加对自然资源和生态环境的压力，导致资源的过度开采和人类生存环境不断恶化，阻碍经济发展和人们生活水平的提高，最终威胁人类生存。人口与自然资源和生态环境之间的关系主要表现在：人口增长不仅可导致土地、森林和水资源等能源及其他矿物资源短缺，还可导致环境污染和退化，并最终影响人类的健康。总之，只有在人口规模和增长速度与自然资源和生态环境的长期承载能力相协调的条件下，可持续发展才可能实现。

世界人口发展进程显示，20 世纪 60 年代迎来的"婴儿高潮"创造了这一时期人口年平均增长率 2%的纪录：70 年代略有下降，80 年代以后继续下降，人口增长速度才有所放缓，而依据联合国 2000 年的预测，世界人口到 2050 年将达到 93 亿。由此可见，未来 40 年全球将增加 30 亿人口，整体来讲，人口增长速度依然较快。因此，要实现可持续发展，必须有计划地控制人口增长，实现现代型的低出生率、低死亡率、低增长率的人口增长模式，以求达到最优人口规模，确保人口数量与生态环境的负载能力相适应。

我国自 20 世纪 70 年代以来，随着计划生育政策的实施，人口增势逐渐趋缓。据联合国预测，中国人口将从 2000 年的 12.78 亿人增长到 2040 年的 15 亿人，随后，人口规模将呈下降趋势，2050 年降至 14.78 亿人，2100 年进一步降至 13.4 亿人。尽管中国人口增长趋势弱于世界，并在 21 世纪 40 年代人口总数达到 15 亿人左右时即可实现零增长，但与现在相比，届时人口仍将再增加 2 亿人。因此，控制人口增长率也是我国保证自然资源和生态环境的可持续性，实现国民经济可持续发展的前提条件。

当然也应该看到，人口增长并不是造成一些主要的环境问题和资源消费问题的唯一原因或最主要原因。因为许多资源和环境危机形成的主要原因是发达国家的生产模式和消费模式。例如，人口快速增长的发达国家每年所耗费的资源占世界资源总消耗量的 75%~80%，一部分发展中国家由于也采用了发达国家的生产和消费模式，进一步加剧了环境的压力，从而陷入不可持续发展的恶性循环。因此，无论是发达国家还是发展中国家，都应改变非可持续的生产和消费模式，用可持续的生产和消费模式去实现经济增长，并减少环境污染和浪费资源的现象。

2. 资源与可持续发展

资源是实现可持续发展的前提条件。严格来说，根据自然资源的可持续性分类，只存在可再生能源和可再生资源。可再生能源一般不会因为人类的开发利用而明显减少，它包括太阳能、风能、水能、生物质能、地热能和海洋能等。它可借助于自然循环而不断更新，因而具有可持续性。可再生资源是指通过天然作用或人工活动能再生更新而为人类反复利用的自然资源，如土壤、植物、动物、微生物和各种自然生物群落、森林、草原、水生生物等。可再生资源在现阶段自然界的特定时空条件下，能持续再生更新、繁衍增长，保持或扩大其储量，依靠种源而再生。需指出的是，正常情况下可再生能源和可再生资源具有可持续性，但

若对环境施加持续的破坏，其再生过程就会中断，也有丧失其可持续性的危险。20 世纪后半叶，人口的迅速增长、工业生产的不断扩大和消费模式的泛滥，使得生态环境恶化，许多生物资源面临着丧失它们生存和发展的可持续性的危险，有些物种甚至已濒临灭绝。这表明，生物资源的可持续性同样是有条件的，人类只有按照生物资源生存和发展的规律进行生产和再生产，才能保证生物资源的可持续性。

地球上的非再生资源是不具有持续性的，但如果人们不断优化资源的开发、使用和管理手段，采用可持续的生产和消费模式，提高新资源的开发利用率，最大限度地重复使用和循环利用非再生资源，就可以大幅度地延长许多非再生资源（如矿产资源）的使用年限。

鉴于自然资源的特征，要实现自然资源的可持续性是有前提条件的。这些前提条件主要包括：防止全球环境特征不稳定性的出现；保护重要的自然资源和生态系统；对于可再生资源要加强保护，加快其更新速度，增加其产量；大力开发和利用新技术，节约对紧缺资源的消耗，并积极开发其替代品种；对于非再生资源，要尽可能最大限度地重复使用和循环利用；向空气、土壤和水中排放污染物和废物，不得超过它们的临界承载力；合理开发利用自然资源和生态环境，谋求资源再生与消耗之间的平衡，提高资源综合开发利用率；控制人口数量增长，减轻其对自然资源和生态系统的压力。

11.4.2　环境与可持续发展

环境是可持续发展的终点和目标。环境是由各种自然条件所组成的相互联系、相互制约、相互作用的生态平衡系统的统一整体，在自然界生态系统中，如果各种因素之间能够保持正常的能量交换和物质循环，那么它的各种因素就能维持正常生存和发展，从而有利于社会的发展；反之，生态平衡遭到破坏，必然导致严重后果，进而阻碍社会的发展。

环境保护与环境建设一直以来都是实现可持续发展的重要内容，因为环境保护与环境建设不仅可以为发展创造出许多直接或间接的经济效益，而且可为发展提供适宜的环境与资源。20 世纪中叶以来，生态环境的破坏与失衡不仅导致可再生资源遭到毁灭性的损失，而且人类对资源过度地开发和浪费也导致非再生资源面临枯竭，以至于为发展提供的支撑越来越有限。事实告诉我们，越是高速发展，环境与资源越显得重要。因此，只有加强环境保护，才可以保证可持续发展的目标最终实现。

工业社会以来的环境破坏不仅导致资源衰竭，而且对人类生存与发展产生巨大威胁，"公害"事件就是环境遭受破坏后对人类的"报复"。当前，土地沙漠化、环境污染、各种灾害的频繁发生已严重影响经济的发展。据保守估计，我国由于环境污染和生态破坏所造成经济损失高达 4000 亿元，自然灾害损失占 GDP 的 5%~8%。联合国环境规划署发表的项目报告认为，如果各国在未来 50 年中不能采取有效措施减少温室气体的排放，每年就将有高达 3000 亿美元的经济损失。而英国政府《斯特恩报告》则指出，全球范围内，因气候变暖造成的经济损失占到 GDP 的 5%~10%。由此可见，环境破坏将严重阻碍经济的发展。

总之，人口、资源、环境三者之间具有相互联系、相互影响、相互制约的关系，三者组成一个相互制约的巨大系统。人口是总系统中的主体，资源是人类生存发展的基础，环境是人类生存发展的前提，只有处理好人口、资源和环境三者之间的关系，保持人口、资源、环境的协调发展，维持人口与自然资源和生态环境之间的平衡和良性运转，才能真正实现人类社会的可持续发展。

参 考 文 献

郝吉明，马广大，王书肖，2010．大气污染控制工程[M]．3 版．北京：高等教育出版社．

何强，井文涌，王翊亭，2017．环境学导论[M]．3 版．北京：清华大学出版社．

江元汝，2017．化学与健康[M]．北京：科学出版社．

梁明月，2016．室内环境污染研究及预防控制措施[J]．化学工程师，30（10）：51-53．

廖元锡，毕和平，2016．自然科学概论[M]．武汉：华中师范大学出版社．

任仁．2019．化学与环境[M]．北京：化学工业出版社．

王云生，2019．化学热点漫话[M]．北京：化学工业出版社．

温路新，2014．化工安全与环保[M]．北京：科学出版社．

文祯中，2012．自然科学概论[M]．南京：南京大学出版社．

GRADY C P L JR, DAIGGER G T, LIM H C，2003．废水生物处理：改编和扩充[M]．2 版．张锡辉，刘勇弟，译．北京：化学工业出版社．

CUNNINGHAM W P, CUNNINGHAM M A，2018．环境科学：全球关注的问题[M]．13 版．北京：清华大学出版社．

第 12 章　互联网+生活

互联网来了，使每个人都感受到了变化，但是这种变化到底是怎么发生的，对我们又意味着什么，尤其是我们应该怎么适应互联网带来的变化，这是每个人都会关注的。今天的互联网时代，更多地体现出"+"、体现出融合创新。随着新兴业态的成长及传统业态的升级与转型，互联网已经成为经济社会的基础设施，"互联网+"成为经济社会创新发展的重要驱动力。互联网带来的大变革，正催生着各种业态的跨界融合。

12.1　互联网的发展

2019 年是中国正式接入国际互联网的第 25 年，随着互联网功能和应用的不断完备和智能手机的进一步普及，我国网民数量快速攀升。根据中国互联网络信息中心（China Internet Network Information Center，CNNIC）发布的第 44 次《中国互联网络发展状况统计报告》显示，截至 2019 年 6 月，我国网民规模达 8.54 亿，较 2018 年年底增长 2598 万，互联网普及率达 61.2%，较 2018 年年底提升 1.6 个百分点；我国手机网民规模达 8.47 亿，较 2018 年年底增长 2984 万，我国网民使用手机上网的比例达 99.1%，较 2018 年年底提升 0.5 个百分点。与 5 年前相比，移动宽带平均下载速率提升约 6 倍，手机上网流量资费水平降幅超 90%。互联网、云计算、移动互联网、大数据等技术的不断成熟，其经济性、便利性和性价比越来越高，从而为"互联网+"打开局面，为互联网的发展夯实了物质基础和技术基础。

12.1.1　互联网的概念

互联网（Internet）又称国际网络。21 世纪是计算机网络的时代，通过网络可以将分散在各地的计算机紧密地联系在一起，并完成资源共享、数据传输、实时通信等任务。共享的思想一直贯穿整个网络的发展历史，所以也可以说网络是指利用通信设备、线路连接设备和通信线路将分散在各地的具有自主功能的多个计算机系统连接起来，利用功能完善的网络软件（网络通信协议和网络操作系统等）实现资源共享和信息传递的系统。

互联网是由全世界千千万万台计算机通过 TCP/IP 协议互相连接而成的世界上最大的网络。这个网络现在还在不断扩大，不仅新的计算机在持续接入，而且新的技术也在不断融入。简单地说，互联网是指"全球性的信息系统"，它是计算机与通信技术相结合的产物，是一个由无数局域网络联结起来的世界性信息传输电子网络。1998 年 5 月联合国新闻委员会正式把互联网定义为继报纸、广播、电视之后的第四大传播媒体。

12.1.2　从阿帕网到互联网

1968 年，美国国防部高级研究计划局组建了一个计算机网，名为阿帕网（Advanced Research Projects Agency Network，ARPANET）。新生的阿帕网获得了美国国会批准的 520 万美元的筹备金及 2 亿美元的项目总预算，是当年中国国家外汇储备的 3 倍。如此大手笔是为了国家安全。时逢美苏"冷战"，美国国防部认为，如果仅有一个集中的军事指挥中心，万一被苏联摧毁，全国的军事指挥将处于瘫痪状态，所以需要设计这样一个分散指挥系统。

它由多个分散的指挥点组成，即使部分指挥点被摧毁，其他点仍能正常工作，并且这些分散的点还能通过某种形式的通信网取得联系。

1969 年，阿帕网第一次投入使用。当时有 4 个节点，分别是加利福尼亚大学洛杉矶分校、加利福尼亚大学圣塔芭芭拉分校、斯坦福大学，以及位于盐湖城的犹他大学。位于各个节点的大型计算机采用分组交换技术，通过专门的通信交换机（interface message processor，IMP）和专门的通信线路互相连接。早期的阿帕网结构如图 12-1 所示。一年后阿帕网扩大到 15 个节点。1973 年，阿帕网跨越大西洋利用卫星技术与英国、挪威实现连接。阿帕网后来发展成为世界范围内的计算机网络——因特网（Internet）。

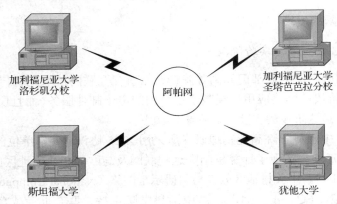

图 12-1　阿帕网结构

1975 年，阿帕网由美国国防部通信处接管。在全球，已有大量新的网络出现，如计算机科学研究网络（Computer Science Research Network，CSNET）、加拿大网络（Canadian Network，CDNET）、因时网（Because It's Time Network，ITNET）等。

1982 年中期阿帕网被停用过一段时间，直到 1983 年阿帕网被分成两部分，即用于军事和国防部门的军事网（MILNET）和用于民间的阿帕网版本。用于民间的阿帕网改名为因特网。

在同一年，阿帕网的 TCP/IP 协议在众多网络通信协议中最终胜出，成为至今共同遵循的网络传输控制协议。TCP/IP（transmission control protocol/Internet protocol）即传输控制协议/因特网协议，又名网络通信协议，是 Internet 最基本的协议、Internet 国际互联网络的基础，由网络层的 IP 协议和传输层的 TCP 协议组成。TCP/IP 协议定义了电子设备如何连入 Internet，以及数据如何在它们之间传输。从此，全球的通信设施用上了同一种语言。

另一个推动互联网发展的广域网是美国国家科学基金会（National Science Foundation，NSF）网。它最初是由美国国家科学基金会资助建设的，目的是连接全美的 5 个超级计算机中心，供 100 多所美国大学共享它们的资源。NSF 网也采用 TCP/IP 协议，且与因特网相连。

阿帕网和 NSF 网主要为用户提供共享大型主机的宝贵资源。随着接入主机数量的增加，越来越多的人把因特网作为通信和交流的工具，一些公司还陆续在因特网上开展商业活动。随着因特网的商业化，其在通信、信息检索、客户服务等方面的巨大潜力被挖掘出来，使因特网的应用有了质的飞跃，因特网的快速发展为世界全球化提供了可能。

1991 年 8 月，蒂姆·伯纳斯·李将万维网项目简介的文章贴上 alt.hypertext 新闻组，通常认为这一天是万维网公共服务在互联网上的首次亮相。万维网是我们熟知的环球信息网

（World Wide Web，WWW）的缩写，有时也称之为"Web"或"W3"，中文名字为"万维网""环球网"等。万维网可以让 Web 客户端访问浏览 Web 服务器上的页面。

超文本传送协议（hypertext transfer protocol，HTTP）则定义了 Web 客户端怎样向万维网服务器请求万维网文档，以及服务器怎样把文档传送给浏览器。HTTP 提供了访问超文本信息的功能，是 Web 浏览器和 Web 服务器之间的应用层通信协议。

与 HTTP 一同构成计算机间交换信息所使用的语言的还包括超文本标记语言（hyper text markup language，HTML），是为"网页创建和其他可在网页浏览器中看到的信息"设计的一种标记语言。"超文本"是指页面内可以包含图片、链接，甚至音乐、程序等非文字元素。

12.1.3　中国互联网的发展

1. 1986～1993 年：研究实验阶段

在此期间中国的一些科研部门和高等院校开始研究互联网技术，并开展科研课题和科技合作的工作。这个阶段的网络应用仅局限于小范围的电子邮件服务，而且仅为少数高等院校、研究机构提供服务。这阶段的主要标志性事件如下。

（1）1988 年，中国科学院高能物理研究所采用 X.25 协议，使本单位的 DECnet 成为西欧中心 DECnet 的延伸，实现了计算机国际远程联网及与欧洲和北美地区的电子邮件通信。

（2）1989 年 11 月，中关村地区教育与科研示范网络（National Computing and Networking Facility of China，NCFC）正式启动，由中国科学院主持，联合北京大学、清华大学共同实施。

（3）1990 年 11 月，中国注册了国际顶级域名 CN，在国际互联网上有了自己的唯一标识。最初，该域名服务器架设在卡尔斯鲁厄理工学院计算机中心，直到 1994 年才移交给中国互联网信息中心。

（4）1992 年 12 月，清华大学校园网（TUnet）建成并投入使用，是中国第一个采用 TCP/IP 体系结构的校园网。

（5）1993 年 3 月，中国科学院高能物理研究所接入美国斯坦福线性加速器中心（Stanford Linear Accelerator Center，SLAC）的 64K 专线，正式开通中国连入 Internet 的第一根专线。

2. 1994～1996 年：起步阶段

1994 年中国实现了和 Internet 的 TCP/IP 连接，从而开通了 Internet 的全功能服务，被国际正式承认为有互联网的国家，成为接入国际互联网的第 77 个国家。截至 1996 年，中国的互联网用户数达到 20 万，利用互联网开展的业务与应用也开始逐步增多。

3. 1997～2003 年：快速发展阶段

从 1997 年起，中国的互联网进入快速发展阶段。统计显示，截至 2003 年，中国的互联网用户从 1996 年的 20 万增长到超过 5000 万。即时通信、免费邮箱、搜索引擎、音乐下载等一时间充满公众视野。2000 年中国三大门户网站（新浪、网易、搜狐）先后登陆纳斯达克。中国互联网行业第一次浪潮到来。

4. 2004～2008 年：多元发展阶段

依靠对国外互联网已有模式的借鉴，中国的互联网行业也在努力向前追赶，并从中找到符合中国国情的盈利发展模式，互联网应用呈多元化局面，电子商务、视频网站、社交娱乐、网络游戏、信息检索等全面开花。伴随着中国互联网的新一轮高速增长，中国互联网用户数也不断攀升，2008 年 6 月首次大幅度超越美国，达 2.53 亿。

2007 年，美国苹果公司的第一代 iPhone 2G 发布，正是这款产品，对整个移动互联网产生了巨大的推进作用。

5. 2009 年至今：移动互联时代

2009 年（3G 元年）iPhone 4 的发布，让新浪微博等社交网站及基于位置服务（location based service，LBS）的移动 App 和手机游戏在移动端上广泛出现，人们花在移动端上的时间越来越多，并有逐渐超过 PC 端的趋势。2013 年年底，中国进入 4G 时代，中国传统企业开始向互联网时代转型。2019 年，中国 5G 元年启幕，5G 是下一代移动通信技术，5G 的应用将渗透到社会生活和生产的各个领域，如沉浸式媒体、自动驾驶汽车、智慧工厂/城市/建筑、互联健康、下一代教育等。

12.1.4 "互联网+"时代

"互联网+"代表着一种新的经济形态，它是指依托互联网信息技术实现互联网与传统产业的联合，以优化生产要素、更新业务体系、重构商业模式等途径来完成经济转型和升级的经济发展新形态。"互联网+"计划的目的在于充分发挥互联网的优势，将互联网与传统产业深入融合，以产业升级提升经济生产力，最后实现社会财富的增加。

"互联网+"计划具体分为两个层次的内容来表述。一方面，可以将"互联网+"概念中的文字"互联网"与符号"+"分开理解。"互联网+"概念的中心词是互联网，它是"互联网+"计划的出发点。符号"+"意为加号，代表着添加与联合，表明了"互联网+"计划的应用范围为互联网与其他传统产业，它是针对不同产业间发展的一项新计划，应用手段是通过互联网与传统产业进行联合和深入融合的方式进行；另一方面，"互联网+"作为一个整体概念，其深层意义是通过传统产业的互联网化完成产业升级。

在 2015 年两会期间，"互联网+"进入大众的视线，腾讯公司董事长兼首席执行官马化腾的全国人民代表大会议案即为《关于以"互联网+"为驱动，推进我国经济社会创新发展的建议》。而在这之前，至少有两个场合，出现过这个词：一个是 2012 年 11 月 6 日，马化腾在众安保险银行开业仪式上的发言；另一个是 2012 年 11 月 14 日，易观国际董事长于扬在易观第五届移动互联网博览会上，也提到过。

李克强总理在 2015 年政府工作报告中提出，制定"互联网+"行动计划，推动移动互联网、云计算、大数据、物联网等与现代制造业结合，促进电子商务、工业互联网和互联网金融健康发展，引导互联网企业拓展国际市场。

2015 年 7 月 4 日，国务院印发《关于积极推进"互联网+"行动的指导意见》，是推动互联网由消费领域向生产领域拓展，加速提升产业发展水平，增强各行业创新能力，构筑社会经济发展新优势和新动能的重要举措。

2015 年 12 月 16 日，第二届世界互联网大会在浙江省桐乡市乌镇开幕。在举行的"互联网+"论坛上，中国互联网发展基金会联合百度、阿里巴巴、腾讯共同发起倡议，成立"中国互联网+"联盟。

纵观整个互联网的发展史，从互联网诞生到 1.0、2.0 及 3.0 时代，所有的互联网商业模式都是"互联网+传统商业"的模式。1.0 时代是"互联网+信息"，2.0 时代是"互联网+交易"，3.0 时代是"互联网+综合服务"。互联网技术和商业模式虽然在不断推陈出新，但都一直遵循"互联网+360 行"的模式。经过多年的发展，互联网从第一阶段的"联"发展到了第二阶段的"互"，也就是人们常说的社交时代。互联网正在潜移默化地改变着人们的日常生活。

1．互联网+便捷交通

随着互联网尤其是移动互联网的发展，以及移动支付广泛普及，共享经济在中国发展得很快。2018 年，中国共享单车用户人数达到 2.35 亿人。2019 年 3 月交通运输部部长李小鹏表示共享单车日均使用量约 1000 万人次。共享单车的出现解决了市民短途出行的问题，是绿色交通的体现，对绿色社会做出了重大贡献。

2．互联网+教育

互联网让人们获得知识、接受教育的成本空前降低，使学习变得更加全球化、开放化、共享化、协作化、移动化。欧阳修说读书要用"三上"，即在马上、枕上、厕上都要学习。在互联网时代，已经完全实现了随时随地碎片化学习。随时拿出智能设备看书、听音频、看视频。无论身在何处，只要连接互联网，通过网易公开课、新浪公开课、中国大学 MOOC、学堂在线等网络视频教学平台都能听到国内外名校公开课。

3．互联网+购物

互联网促进了 App 的快速增长。不论是美食还是购物，消费模式已经大不相同。

吃饭这件事在互联网时代变得更加便捷，团购有"大众点评""美团"等 App；自己做饭，可以在"小红书""下厨房"等 App 上找菜谱；不想在家做饭，可以在"饿了么""美团外卖""百度外卖"等 App 上点外卖，甚至可以在"好厨师""爱大厨"上找一个厨师到家做饭。

在购物时，除了我们熟知的淘宝、京东，有像魅力惠、唯品会等专注做品牌折扣的购物 App，还有像美丽说、蘑菇街等专注于服装搭配技巧的购物 App，移动购物逐渐成为日常主流。

在这个时代，人们开始成为互联网的主体，开始在网上生活，电子产品已经成为人们身体器官的延伸。互联网不再是一种补充，而是主体，未来甚至可能是全部。

4．互联网+传媒

从互联网作为信息传播的媒介开始，它对传统传媒产业的影响就渗透到了大众传播模式的每一个环节。随着智能手机的普及，传统传媒产业每况愈下的命运不可逆转，2012 年 12 月，《新闻周刊》出版了最后一期纸质版。在今天，人们使用像微信这样的社交 App 看新闻的频率上升成为普遍现象。像今日头条、一点资讯等资讯平台还可以根据读者的阅读喜好，推荐其想要的新闻信息。

12.2　物　联　网

物联网（internet of things，IOT）就是将所有物品通过自动识别、传感器等信息采集技术与互联网连接起来，实现物品的智能化管理。物联网是信息技术发展到一定阶段后出现的集成技术，被认为是继计算机、互联网之后世界信息产业的第三次浪潮。

12.2.1　物联网概念的提出

物联网的起源，最早要追溯到 1991 年，剑桥大学特洛伊计算机实验室的科学家们，常常要下楼去看咖啡煮好了没有，但又怕会影响工作，为了解决麻烦，他们编写了一套程序，在咖啡壶旁边安装了一个便携式摄像头，利用终端计算机的图像捕捉技术，以 3 帧/s 的速率传递到实验室的计算机上，以方便工作人员随时查看咖啡是否煮好，这就是物联网最早的雏形。1993 年，作为首个 X-Windows 系统案例，"特洛伊咖啡壶服务器"事件还被上传到了网上，近 240 万人点击过这个名噪一时的"咖啡壶"网站。

物联网概念最早出现于比尔·盖茨 1995 年出版的《未来之路》一书中。在书中，比尔·盖茨已经提及物联网概念，只是当时受限于无线网络、硬件及传感设备的发展，并未引起世人的重视。真正的"物联网"概念出现于 1999 年，是由麻省理工学院的自动识别中心（Auto-ID）的学者提出来的，是指把所有物品通过射频识别等信息传感设备与互联网连接起来，实现智能化识别和管理。其设想是基于射频识别（radio frequency identification，RFID）、电子产品代码（electronic product code，EPC）等技术，在物联网的基础上，构造一个实现全球物品信息实时共享的实物联网。这一理念包含两层含义：一是强调物联网的核心和基础是互联网，它是在互联网基础上延伸和扩展的网络；二是说明用户端延伸和扩展到了任何物体与物体之间，并进行信息交换和通信。

2005 年，国际电信联盟（International Telecommunication Union，ITU）发布了《ITU 互联网报告 2005：物联网》，正式提出了"物联网"的概念，其包括了所有物品的联网和应用。

2010 年，温家宝在第十一届全国人大三次会议上所作政府工作报告中对物联网做了如下定义："物联网：是指通过信息传感设备，按照约定的协议，把任何物品与互联网连接起来，进行信息交换和通讯，以实现智能化识别、定位、跟踪、监控和管理的一种网络。它是在互联网基础上延伸和扩展的网络。"

目前较为公认的物联网的定义是：通过射频识别、红外感应器、全球定位系统、激光扫描器等信息传感设备，按约定的协议，把任何物品与互联网连接起来，进行信息交换和通信，以实现智能化识别、定位、跟踪监控和管理的一种网络。需要注意的是，物联网中的"物"，不是一般日常而言的物体，这里的"物"包含以下几部分内容：

（1）具有数据收发器。

（2）具有数据传输通道。

（3）具有操作系统。

（4）具有一定的计算和存储功能。

（5）具有专门的应用程序。

（6）遵循物联网的通信协议。

（7）在世界网络中有可被识别的唯一编号。

12.2.2 物联网的基本特征

从通信对象和过程来看，物与物、人与物之间的信息交互是物联网的核心。物联网的基本特征可概括为整体感知、可靠传输和智能处理。

1）整体感知

可以利用射频识别、二维码、智能传感器等感知设备感知获取物体的各类信息。

2）可靠传输

通过对互联网、无线网络的融合，将物体的信息进行实时、准确地传送，以便信息交流、分享。

3）智能处理

使用各种智能技术，对感知和传送到的数据、信息进行分析处理，实现监测与控制的智能化。

12.2.3 物联网的生活

物联网时代的来临使人们的日常生活发生了许多变化，同时也给人们的工作和生活带来了许多意想不到的惊喜。物联网的应用范畴如图 12-2 所示。

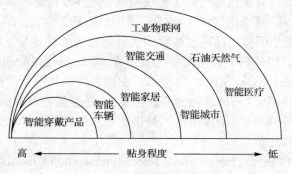

图 12-2　物联网的应用范畴

1. 智能穿戴产品

智能穿戴产品是物联网技术应用初期的热门产品。智能手表、智能手环等穿戴式产品一经问世就引起了众多消费者的关注，其功能体现在语音关怀、健康监测等方面。用户不仅可以记录自己健康的实时数据，同时可以上传数据同步指导健康。目前，随着物联网技术的更新换代，智能穿戴产品的设计思路也趋向成熟，将更符合用户的实际需要。例如，有些手环类产品，能够自动判断是否进入睡眠状态，分别记录深睡、浅睡并汇总睡眠时间，帮助用户监测自己的睡眠质量，还可以解决人们运动时能量计算的问题。

2. 智能车辆

智能车辆是一个集环境感知、规划决策、多等级辅助驾驶等功能于一体的综合系统，它集中运用了计算机、现代传感、信息融合、通信、人工智能及自动控制等技术，是典型的高新技术综合体。目前，对智能车辆的研究主要致力于提高汽车的安全性、舒适性，以及提供优良的人车交互界面。近年来，智能车辆已经成为世界车辆工程领域研究的热点和汽车工业增长的新动力，很多发达国家都将其纳入各自重点发展的智能交通系统中。智能汽车的出现将会大幅减少交通安全事故的发生。汽车交通事故在很大程度上取决于人为因素，无人驾驶汽车由行车电脑进行精确控制，可以有效减少酒驾、疲劳驾驶、超速等人为因素造成的不遵守交通规则而发生的交通事故。

中国人民解放军国防科技大学自主研制的红旗 HQ3 无人车，在 2011 年 7 月首次完成了从长沙到武汉 286km 的高速全程无人驾驶实验，创造了中国自主研制的无人车在一般交通状况下自主驾驶的新纪录，标志着中国无人车在环境识别、智能行为决策和控制等方面的新技术实现了突破。2018 年 4 月，美团和百度达成协议，计划率先在雄安新区试验无人驾驶送餐。百度员工表示，无人驾驶送餐可提升传统送餐的安全性、人员分配，并节约成本，不过使用场景更偏向封闭性和限制性，如新浪员工团购午餐，就可用无人驾驶送餐。2018 年 11 月，百度世界大会上，百度与中国一汽共同发布 L4 级别无人驾驶乘用车。

3. 智能家居

目前我国已经进入了老龄化社会，人们也日益关注下一代的健康与安全问题，对老人和儿童的个人健康监护需求将不断扩大。无线传感器网络的出现将为健康的监测和控制提供更方便、更快捷的技术实现方法和途径，其应用空间十分广阔。健康监测主要可用于人体的监护和生理参数的测量等，可以对人体的各种状况进行监控，并将数据传送到各种通信终端。监控的对象可以是病人，也可以是正常人。各种传感器可以把测量数据通过无线方式传送到专用的监护仪器或者各种通信终端上（如 PC、手机、PDA 等）。目前，市场上已有的设备主要是在需要护理的中老年人身上安装特殊用途的传感器节点，如心率和血压监测设备，通过无线传感器网络，使医生可以随时了解被监护患者的病情，进行及时处理；还可以应用无线传感器网络长时间地收集个人的生理数据，这些数据在研制新药品的过程中是非常有用的。例如，老人看护系统，利用信息采集技术搜集老人的活动信息，再将这些信息通过无线网络传到计算机上，分析后传到子女的手机里，以便照护。年长者佩戴嵌入三轴加速器、温度计、血压器的手表，或是在其鞋子上嵌入压力传感器以便记录一天的活动状态，传感器会将收集到的资料通过 ZigBee 经由家中布建的 Access point 传输到计算机进行分析，进而判断其身体状况。若出现异常状态，通过无线网络建立传送信息让子女实时知晓。老人看护系统无论对个人还是对家庭都有很大用处，让子女在忙于工作的同时也能关心父母的身体状况。

4. 智能交通

在公路和铁路的关键点设置传感器，可以监控交通基础设施的健康运作状况，以及监控交通流量和拥堵情况。这些物联网传感器发回总部的信息，被用于向驾驶者通知拥堵点，并提供备用路线。它还用于预测哪些设备故障是迫在眉睫的，这样就可以在实际发生故障和交通堵塞之前，分派维修人员到故障点去维修脆弱的设备。

乘客出发去机场，有步行、公交、地铁、出租汽车等多种出行方式。智慧交通的发展可以实现大数据智能测算，分析最佳出行组合，不但能够提高出行效率，也能在价格上带来实惠。便捷的交通使出行变得高效省时，也可让人们享受更舒适、更宜居的生活环境。例如，电子不停车收费系统（electronic toll collection，ETC）和交通一卡通就是城市智能交通的一个典型应用。

5. 智能城市

智能城市产品包括对城市的数字化管理和城市安全的统一监控。数字化管理利用"数字城市"理论，基于 3S（地理信息系统 GIS、全球定位系统 GPS、遥感系统 RS）等关键技术，深入开发和应用空间信息资源，建设服务于城市规划、城市建设和管理，服务于政府、企业、公众，服务于人口、资源环境、经济社会可持续发展的信息基础设施和信息系统。

2013 年，首批确定为国家"智慧城市"技术和标准试点城市共有 20 个城市，分别是济南、青岛、南京、无锡、扬州、太原、阳泉、大连、哈尔滨、大庆、合肥、武汉、襄阳、深圳、惠州、成都、西安、延安、杨凌示范区和克拉玛依。

韩国松岛市被视为全球第一个智能城市。该城市拥有十几座能源与环境设计先锋（Leadership in Energy and Environmental Design，LEED）认证大楼，并有气动垃圾处理系统，能够将居民家中的垃圾通过管道"吸"至处理中心，然后系统会自动分类，并再次回收利用。未来，松岛市计划将垃圾转变为可再生资源。在松岛市的大街上，传感器能够实时监测交通路况，并依据交通拥堵情况来改变信号灯。自行车、汽车都配置了无线身份识别标签来反馈交通路况。无锡市走在我国智慧城市建设的前面，目前是国家唯一的传感网创新示范区，唯一的国家云计算创新服务地级试点城市，同时，又是云计算服务安全审查国家标准应用试点城市、首批国家智慧城市建设试点城市、首批国家智慧旅游试点城市、TD-LTE 试点城市、下一代互联网试点城市、三网融合试点城市、电子商务试点示范市、信息惠民试点城市、国际电气和电子工程师协会（IEEE）倡议实施的智慧城市试点计划中国唯一的试点城市、软件名城创建试点城市、国家金卡工程试点城市等近 20 个国家级试点城市。商业模式是智慧城市建设必须考虑的问题，无锡市深入研究智慧城市模式，从 2008 年开始，很多项目都是按照政府主导、企业主体、社会参与、市场化运作的模式来推进。例如，市民卡、免费 Wi-Fi、社区智慧停车场等项目，无锡市均采用 PPP（Public-Private-Partnership）模式，达成合作共赢的效果。

6. 工业物联网

工业物联网（industrial internet of things，IIoT）是将具有感知、监控能力的各类采集、控制传感器或控制器，以及移动通信、智能分析等技术不断融入工业生产过程各个环节，从而大幅提高制造效率，改善产品质量，降低产品成本和资源消耗，最终实现将传统工业提升到智能化的新阶段。从应用形式上，工业物联网的应用具有实时性、自动化、嵌入式、安全性和信息互通互联性等特点。通过工业资源、数据和系统的网络互联，实现了制造原材料的柔性配置，生产过程的按需执行，制造过程的合理优化和制造环境的快速适应，资源的高效利用，从而构建了服务驱动的新型工业生态系统。

具体来说，工业物联网是物联网和互联网服务的交叉网络系统，同时也是自动化与信息化深度融合的突破口。

7. 石油天然气

石油工业是以石油、天然气等为对象，进行地质勘测、钻井、开采、炼制等以提供燃料油、润滑油、化工原料等石油化工产品的重要工业部门。石油行业是一个资金和技术投入密集的行业，也是高投入、高风险的领域。油气勘测开发风险高，炼油化工生产环境苛刻，石油产品运输安全性要求高。物联网作为信息化与工业化融合的组合技术，可以帮助石油石化企业对产业链各环节进行有效管理，提高过程管理的实时性和敏捷性，提升生产经营管理水平。例如，将实时井下钻井数据与附近油井生产数据进行比较后，企业可以调整其钻井策略。贝恩公司表示，这种能见度可以帮助石油和天然气企业将产量提高 6%～8%。

8. 智能医疗

智能医疗是最近才兴起的专有医疗名词，也是物联网技术应用的新领域。通过利用最先进的物联网技术，联通各种诊疗仪器、硬件设备，实现患者与医务人员、医疗机构、医疗设备之间的互动，逐步达到信息化，构建一个有效的医疗信息平台。在医院里，医务人员可以通过 PAD 随时掌握患者的病历信息和最新诊疗报告，快速制订诊疗方案；医护人员也可以随时随地查询医学影像资料和医嘱；同时，医疗信息平台可以帮助多家医院有效共享患者的转诊信息及病历。例如，智慧病房里的智慧输液闭环管理系统，借助红外传感技术精准感知输液滴速，通过 ZigBee 技术实时监控输液进程变化情况；输液监控终端自动匹配输液瓶或输液袋数据规格，实时精准监控输液余量与输液速度，对即将完成输液或输液异常情况及时发出报警。

12.3　5G 技术

在现代生活中，移动通信技术发挥着越来越重要的作用。随着智能移动端在人们生活中的普及，移动通信技术的发展受到了人们的广泛关注。

第五代移动通信技术（5th generation mobile networks）简称"5G 技术"，是最新一代蜂窝移动通信技术，也是继 4G 系统之后的延伸。5G 作为新一代的移动通信技术，对社会的发展有着重要的意义。5G 网络的理论下行速度为 10GB/s（相当于下载速度为 1.25GB/s）。中国移动表示，5G 网络的网速预计比 4G 要快 40 倍，拥有更低的时延，对于追求高画质电影或爱打游戏的人们来说无疑是福音。

5G 的发展也来自对移动数据日益增长的需求。随着移动互联网的发展，越来越多的设备接入移动网络中，新的服务和应用层出不穷。到 2020 年，预计移动通信网络的容量需要在当前的网络容量上增长 1000 倍。

移动数据流量的暴涨将给网络带来严峻的挑战。首先，如果按照当前移动通信网络发展，容量难以支持千倍流量的增长，网络能耗和比特成本难以承受。其次，流量增长必然带来对频谱的进一步需求，而移动通信频谱稀缺，可用频谱呈大跨度、碎片化分布，难以实现频谱的高效使用。再次，要提升网络容量，必须智能高效利用网络资源，如针对业务和用户的个性进行智能优化，但这方面的能力不足。最后，未来网络必然是一个多网并存的异构移动网络，要提升网络容量，必须高效管理各个网络，简化互操作，增强用户体验。为了解决上述挑战，满足日益增长的移动流量需求，急需发展新一代 5G 移动通信网络。

12.3.1　5G 技术的发展前景

当前全球多个国家和组织已竞相展开 5G 网络技术开发，中国和欧盟投入了大量资金用于 5G 网络技术的研发。

华为在 2016 年 11 月 17 日举行的一场 3GPP RAN1 87 次会议的 5G 短码讨论方案中，凭借 59 家代表的支持，以极化码（polar code）战胜了高通主推的 LDPC 及法国的 Turbo2.0 方案，拿下 5G 时代的话语权。

12.3.2   5G 技术的应用

1. 车联网与自动驾驶

车联网技术经历了利用有线通信的路侧单元及 2G/3G/4G 网络承载车载信息服务的阶段，正在依托高速移动通信技术，逐步进入自动驾驶时代。根据中国、美国、日本等国家的汽车发展规划，依托传输速率更高、时延更低的 5G 网络，将在 2025 年全面实现自动驾驶汽车的量产，市场规模将达到 1 万亿美元。

2. 外科手术

5G 技术将开辟许多新的应用领域，以前的移动数据传输标准对这些领域来说还不够快。5G 网络的速度和较低的延时性首次满足了远程呈现甚至远程手术的要求。

2019 年 1 月，一台特殊的 5G 远程外科动物手术试验在福建医科大学成功实施。利用华为 5G 网络技术搭建的网络环境，北京 301 医院肝胆胰肿瘤外科的刘荣主任利用远程控制机器为远端一只小猪进行手术，在不到 10min 的时间内，将小猪的肝小叶顺利切除。这是全球首例基于 5G 网络的远程动物手术，延时少于 0.1s，标志着中国 5G 应用再上新台阶。

3. 智能电网

因电网高安全性要求和全覆盖的广度特性，智能电网必须在海量连接及广覆盖的测量处理体系中，做到 99.999% 的高可靠度；超大数量末端设备的同时接入、小于 20 ms 的超低时延，以及终端深度覆盖、信号平稳等是其可安全工作的基本要求。

中国联通网络技术研究院副总经理朱常波说道："在 5G 时代，万物互联下，真正的科幻式生活会成为日常。比如，您还有 20min 到家，电饭煲开始煮饭，还有 10min 到家，空调自动开启。走进房间，电视就会自动开机播放您喜欢的节目。前些年提出的智慧家居、智慧城市都会实现。"在 5G 网络下，通过 VR、AR 技术，足不出户就可以处理很多事情。例如，通过佩戴 VR 眼镜，就可以游览远在十几公里外的博物馆。2019 年，南昌八一起义纪念馆"5G 红色旅游示范区"利用 5G 的高速特性与 VR 科技的沉浸感相融合，推出了"5G+VR 红色旅游直播巡展"，让每一位外地游客可以在互联网上进行 VR 实景沉浸式直播参观，身临其境地了解八一起义的历史背景、意义，真实感受八一起义的壮美。

5G 技术的其他好处还包括大幅减少了下载时间，下载速度从每秒约 20MB 提升到每秒 50MB，相当于在 1s 内下载超过 10 部高清影片。5G 技术最直接的应用很可能是改善视频通话和游戏体验，但机器人手术很有可能给专业外科医生为世界各地有需要的人实施手术带来很大希望。

5G 时代离我们越来越近。家里墙上的一幅画、厨房的切菜板甚至阳台的冰箱，都可能变成一个 5G 的终端。如果你想做麻婆豆腐，你的切菜板上，立刻会显示麻婆豆腐制作步骤的视频。5G 时代，让人们的生活更精彩、更便利。

参 考 文 献

程慧，2018．互联网运营的秘密[M]．北京：北京邮电大学出版社．

高泽涵，惠钢行，卢伟，等，2018．"互联网+"基础与应用[M]．西安：西安电子科技大学出版社．

江林华，2018．5G 物联网及 NB-IoT 技术详解[M]．北京：电子工业出版社．

李阳德，林亮，郑舟，等，2017．5G 网络典型应用场景与关键支撑技术探讨[J]．广西通信技术（3）：6-10，16．

邵欣，刘继伟，曹鹏飞，2018．物联网技术及应用[M]．北京：北京航空航天大学出版社．

吴冬升，2019．5G 车联网发展之道，人车路网云五维协同[J]．通信世界，26: 16-19．

许文静，2019．共享经济：共享单车存在的问题及实践建议[C]// Proceedings of 2019 5th International Conference on Humanities and Social Science Research (ICHSSR 2019)(Advances in Social Science, Education and Humanities Research,VOL.319): 426-430．

于朝晖，2019．CNNIC 发布第 44 次《中国互联网络发展状况统计报告》[J]．网信军民融合（9）：30-31．

赵建光，范晶晶，2018．物联网技术研究综述[M]．长春：东北师范大学出版社．

第13章 机　器　人

机器人的诞生和机器人学的建立与发展，是 20 世纪人类科学技术进步的重大成果之一。机器人技术是现代科学与技术交叉和综合的体现，先进机器人技术的发展代表着国家综合科技实力和水平，因此目前许多科技强国都已经把机器人技术的发展列入了国家的发展战略。随着机器人应用领域的不断扩大，机器人不仅应用在制造业，而且在人类生活领域也得到了快速的发展。

随着需求范围的扩大，机器人结构和形态的发展呈现多样化，各类机器人系统逐步趋于智能化。

13.1　机器人概述

13.1.1　机器人的起源与发展

1. 机器人的起源

1920 年，捷克作家卡雷尔·恰佩克在他的剧本《罗素姆的万能机器人》中描述了一位叫罗素姆的哲学家研制出一种机器人，起名为罗伯特，英文名为 Robot，作为人类生产的工业品推向市场，让它充当劳动力代替人类劳动的故事，最后引起了人们的关注。再后来，这个故事就被当成了机器人的起源。

机器人学（robotics）出自 1942 年美国科幻作家艾萨克·阿西莫夫的科幻小说 *Runaround*。他首次提出了机器人三大定律：

第一，机器人必须不危害人类，或不会目睹人类个体将遭受危险而袖手旁观。

第二，机器人必须绝对服从人类，除非这与第一定律矛盾。

第三，机器人必须保护自身不受伤害，除非这与第一或第二定律矛盾。

早在我国古代就有类似机器人的装置出现，如西周时期，就有能工巧匠偃师研制出了能歌善舞的伶人；春秋后期，鲁班制造了一只木鸟，据说该鸟能在空中飞行“三日不下”；东汉时期，我国著名的科学家张衡发明了地动仪、记里鼓车和指南车，他的这些发明都具有机器人构想方面的装置；三国时期，蜀国的诸葛亮制造了可以运送粮草的“木牛流马”。

国外机器人的研究也比较早。1738 年，法国的杰克·戴·瓦克逊发明了一只机器鸭，该鸭子能进食、排泄。瓦克逊发明机器鸭的目的想把生物的功能加以机械化来进行医学分析。1773 年，瑞士的钟表匠杰克·道罗斯和他的儿子利·路易·道罗斯研制出了自动书写玩偶、自动演奏玩偶等，这些玩偶外表华丽，可以进行画画、写字，曾在欧洲盛行一时。它是应用机械的齿轮和发条原理构成的，但是由于当时技术条件的限制，慢慢地也消失了。目前保留下来的最早的机器人是存放在瑞士努萨蒂尔历史博物馆的少女玩偶，它可以用两只手进行风琴的演奏，现在还在定期演奏供参观者欣赏，以此来展示古代人的智慧。

到了现代社会，机器人的研究与开发越来越引起更多人的关注。1984 年，美国橡树岭国家实验室研制出能搬运核原料的遥控操纵机械手。这是一种主从型控制系统，该系统可以使操作者获知施加力的大小。在主、从机械手之间有防护墙隔开，操作者可以通过观察窗或闭路电视对从机械手操作机进行有效监视。主、从机械手系统的出现为机器人的产生，以及近代机器人的设计与制造做了铺垫。

1954 年，美国发明家乔治·德沃尔设计了世界上第一台电子可编程机器人实验装置，发表了《适用于重复作业的通用性工业机器人》一文，并获得了美国专利。

1959 年，第一台现代工业机器人由乔治·德沃尔和约瑟·英格柏格创造，他们被称为"机器人之父"。

1962 年，美国通用公司在汽车生产线上使用全球第一台机器人 Unimate，这种机器人目前还在使用。

1998 年，丹麦乐高公司推出机器人（Mind-storms）套件，让机器人制造变得像搭积木一样，相对简单又能任意拼装，使机器人开始走入个人世界。

2. 机器人学的发展

1）历史回顾

1962 年美国通用公司研发出第一台机器人，20 世纪 60～70 年代机器人研究发展停滞，当时人们对机器人的认识不充分，机器人的发展缓慢。

20 世纪 70～80 年代，机器人产业发展迅速，机器人技术发展成了专门的学科，称为机器人学。随着工业技术的发展，人们对机器人的认识也在不断地加深，机器人的使用领域也在不断地扩大，尤其是大规模集成电路和计算机技术的飞速发展，促使机器人的成本不断下降，控制性能大大提升，机器人的发展进入了高速时期。

20 世纪 80～90 年代，机器人技术的快速发展，使机器人市场进入了快速发展阶段，在工业领域中尤其明显，同时机器人学还在不断发展，促使了机器人产业向其他领域进行转型发展。

20 世纪 90 年代至今，机器人又进入了快速的发展时期，尤其在一些危险性的行业领域，机器人发展成了特种机器人，可以帮助人们从事危险性的活动，社会经济也在不断地发展，从而又促使了工业机器人的发展，从此，机器人的发展就处于不断的上升阶段。

2）目前发展概况

（1）日本成为机器人生产大国，美国成为机器人研究大国。目前，美国和日本均是对于机器人技术发展最有影响的两个国家。虽然美国在机器人技术的综合研究水平方面起到主导性作用，但是日本在机器人的生产种类、数量等方面居世界首位。世界上第一台机器人是美国研发的，但是美国将 Unimate 机器人技术转给了日本，从此，日本进行了大量生产，目前日本发那科（FANUC）、川崎等工业机器人的生产占全球生产量的 60%以上。

（2）随着机器人技术的发展，越来越多的国家参与到机器人的研发工作中。目前全球有很多国家成立了机器人协会，美国、日本、英国等国家也设立了机器人学学位。

（3）机器人学科得到了快速的发展，20 世纪 70 年代以来，很多大学开展了机器人的研究，同时也开设了机器人方面的课程，像麻省理工学院、伦斯勒理工学院、斯坦福大学等都是研究机器人学的著名学府。随着机器人学的发展，相关的国际学术交流活动也日渐增多。目前最有影响的国际协会是美国电气和电子工程师协会（Institute of Electrical and Electronics Engineers，IEEE），它是一个国际性的电子技术与信息科学工程师的协会，是世界上最大的专业技术组织之一，每年举行机器人学和自动化国际会议。

3）中国的机器人研究现状

我国机器人的研究始于 20 世纪 70 年代后期。1979 年 8 月，首届国际人工智能研讨会在日本东京召开，蒋新松受邀参加，他最大的愿望就是购买一台日本机器人，然而得到的回复竟然是"你们会用吗？15 年之内我们不打算与中国合作"。受到侮辱的蒋新松并没有妥协，相反，这件事彻底激发了他的民族自尊心，他发誓要用毕生精力研制出中国自己的机器人，改变中国装备制造业的落后面貌，赶超世界先进水平。1982 年中国科学院沈阳自动化研究所研制出了我国第一台工业机器人，仅用一年时间就走完了国外几十年的路。1985 年 12 月，中国"海人一号"机器人在大连首次试航成功，但面对美国、日本、苏联等下潜千米以上的水准，还有巨大差距。1986 年，国家"863 计划"启动，机器人产业由此进入快速发展阶段。国家将机器人技术作为一个重要的发展主题，投入几亿元的资金进行机器人研究，使机器人这一领域得到迅速的发展。

我国的机器人技术研究的科研院所主要有中国科学院沈阳自动化研究所、中国科学院自动化研究所等，主要高校有哈尔滨工业大学、北京航空航天大学、清华大学等。这些单位在机器人技术研究方面均取得了很多的成果。随着机器人技术的发展，中国的机器人的研究单位也在不断地扩大。目前，我国比较有代表性的研究，有工业机器人、水下机器人、核工业机器人等。但是，总体上中国与发达国家相比，还存在一定的差距。

13.1.2 机器人的定义与分类

1. 机器人的定义

虽然机器人的使用领域越来越广泛，但是对于机器人这个名词并没有严格、统一、准确的定义。因为机器人的发展还在继续，机器人的功能和机型也在不断地发展，又因为随着智能型机器人的发展，机器人又涉及了一些人工智能的概念，使机器人的定义成为了一个模糊的、难以定义的问题。因此，各个国家均给出了不一样的说法，下面列出一些具有代表性的定义。

（1）美国机器人工业协会（Robotic Industries Association，RIA）的定义：机器人是一种用于移动各种材料、零件、工具或专用的装置，通过可编程序动作来执行各种任务，并具有编程能力的多功能机械手。

（2）日本工业机器人工业协会（Japan Industrial Robot Association，JIRA）的定义：工业机器人是一种装备有记忆装置和末端执行器的，能够转动并通过自动完成各种移动动作代替人类劳动的通用机器。

（3）我国蒋新松院士曾建议把机器人定义为一种拟人功能的机械电子装置。

（4）国际标准化组织（International Organization for Standardization，ISO）的定义较为全面和准确，涵盖以下内容：

① 机器人的动作机构具有类似于人或其他生物体的某些器官（肢体、感官等）的功能。

② 机器人具有通用性，工作种类多样，动作程序灵活易变。机床、车床与机器人不一样。同一个机器人可以干不同的事，如机械手可以写字，也可以弹琴等。机器人的通用性不是漫无边际的，而是受结构制约的。

③ 机器人具有不同程度的智能性，如记忆、感知（对温度敏感的机器人有温度传感器）、推理、决策、学习等。

④ 机器人具有独立性，完整的机器人系统在工作中可以不依赖于人的干预。

共同属性：①像人或人的一部分，并模仿人的动作；②具有智能或感觉与识别能力；③是人制造的机器或机械电子装置。

2. 机器人的分类

中国的机器人专家从应用环境出发，将机器人分为两类：工业机器人和特种机器人。所谓工业机器人，就是面向工业领域的多关节机械手或多自由度机器人；特种机器人则是除工业机器人之外，用于非制造业并服务于人类的各种先进机器人，包括服务机器人、水下机器人、娱乐机器人、军用机器人、农业机器人等。

目前，国际上的机器人学者，从应用环境出发也将机器人分为两类：制造环境下的工业机器人和非制造环境下的服务与仿人型机器人。这和中国的分类是一致的。

1）按机器人的应用分类

按用途分类，可分为两类：民用机器人和军用机器人。

（1）民用机器人包含工业机器人、农业机器人、服务机器人、仿人机器人等。

工业机器人是指在工业生产中使用的机器人的总称，主要用于完成工业生产中的某些作业，如焊接机器人、装配机器人、码垛机器人等。

农业机器人是指应用于农业生产的机器人的总称，如水稻插秧机器人、果实采摘机器人等。

服务机器人是指应用于非制造业和服务行业的机器人的总称，如扫地机器人、炒菜机器人等。

仿人机器人是指外表和人很相似的机器人，如舞蹈表演机器人等。

（2）军用机器人包含水下军用机器人、地面军用机器人、空中机器人等。

水下军用机器人又称为水下无人潜水器，分为遥控型、半自主型及自主型。在海战中有不可替代的作用。目前，各国为了开发海域及取得制海权，都在竞相开发各种用途的水下机器人。

地面军用机器人是指在地面上使用的机器人系统，它不仅可以帮助士兵执行运输、侦察和攻击等任务，还可以协助民警执行非常时期的安全任务。

空中机器人，又叫无人机。最近几年来，无人机是军用机器人家族中最活跃、技术进展最快的一员。目前无人机不仅被广泛用于军用领域的侦察、监视、目标攻击及预警等，而且在民用领域中也有广泛应用。

2）按坐标形式分类

机器人依据坐标形式的不同可分为直角坐标型机器人、圆柱坐标型机器人、球坐标型机器人和关节坐标型机器人。

直角坐标型机器人的手部空间位置可以通过改变沿三个互相垂直的轴线的移动来实现，即沿着 X 轴的纵向移动、沿着 Y 轴的横向移动及沿着 Z 轴的升降。该类机器人具有位置精度高、避障性好等特点，但是也由于结构庞大，占地面积较大，使其动作范围小、灵活性差，难以与其他机器人协同作业。

圆柱坐标型机器人主要通过两个移动和一个转动实现手部空间位置的改变。圆柱坐标型机器人的位置精度仅次于直角坐标型机器人，其控制简单、避障性好，但结构也较庞大，难以与其他机器人协同工作。

球坐标型机器人手臂的运动由一个直线运动和两个转动所组成,即沿手臂方向 X 轴的伸缩,绕 Y 轴的俯仰和绕 Z 轴的回转。UNIMATE 机器人是其典型代表。该类机器人的优点是位置精度比较精确、结构紧凑、占地面积较小、能与其他机器人协同工作,缺点是避障性差。

关节坐标型机器人主要由立柱、前臂和后臂组成,机器人的运动由前、后臂的俯仰及立柱的回转构成。该机器人的优点是灵活性大、避障性好、结构最紧凑、占地面积最小、能与其他机器人协同工作,缺点是位置精度较低、控制存在耦合性。

3）按驱动方式分类

电力驱动式是利用各种电动机产生的力或力矩,直接或经过减速机构驱动机器人,以获得机器人所需要的位置、速度、加速度等性能。该类机器人具有易控制、运动精度高、成本低及无污染等优点。

液压驱动式是利用液压驱动产生机器人的抓举能力。该类机器人具有传动平稳、动作灵敏、结构紧凑等优点,却不宜在高温或低温的场合工作,因此对机器人的制造精度要求较高,并且制造成本较高。

气压驱动式是利用压缩空气来驱动执行机构。该类机器人的优点是动作迅速、结构简单,但是由于控制具有可压缩性,故工作速度的稳定性较差。

13.1.3　机器人的组成及主要技术参数

1. 机器人的基本组成

机器人系统一般由三大部分,即六个子系统组成,如图 13-1 所示。其中,三大部分分别是机械部分、传感部分、控制部分;六个子系统分别是驱动系统、机械系统、感知系统、控制系统、机器人-环境交互系统、人机交互系统。

1）驱动系统

驱动系统主要是指驱动机械系统的驱动装置。根据不同的驱动源,可以将电动、液压、气动三个驱动系统单独进行应用,也可以结合起来综合进行应用。驱动系统可以与机械系统直接相连,也可以通过不同的外部装置与机械系统进行间接相连。

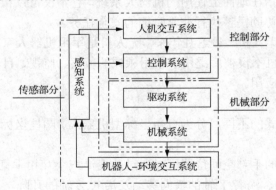

图 13-1　机器人的基本组成

2）机械系统

机器人的机械系统被称为操作机或者执行机构系统,是由一系列连杆、关节或其他形式的运动副所组成。机械系统通常是由立柱、腰关节、臂关节、手爪和机座等构成一个多自由度的系统。例如,工业机器人的机械结构由手臂、机身和末端执行器组成。

3）感知系统

机器人的感知系统是由各种传感器模块组成的，可以分为内部传感器和外部传感器两部分，主要是为了获取内部和外部环境状态中的信息。例如，智能传感器能提高机器人的智能化、适应性等水平。

4）控制系统

机器人的控制系统主要是根据作业指令程序或从传感器反馈回来的信号支配执行机构完成规定的运动和功能。例如，工业机器人若不具备信息反馈特征，则为开环控制系统；若具备信息反馈特征，则为闭环控制系统。

5）机器人-环境交互系统

机器人-环境交互系统主要是为了实现机器人与外部环境中的设备相互联系和协调的系统。例如，焊接机器人可与外部设备集成为一个功能单元，即焊接单元。

6）人机交互系统

人机交互系统是使操作人员参与机器人控制，并与机器人进行联系的装置。人机交互系统可分为两部分：指令给定装置和信息显示装置，如计算机的指令控制台、信息显示板及危险信号报警器等。

2. 机器人的主要技术参数

一个机器人是否具有有效的工作效率，主要取决于机器人的技术参数。该参数是选择、设计、应用机器人所必须考虑的条件。机器人的主要技术参数一般有自由度、分辨率、精度、重复定位精度、工作范围、最大工作速度及承载能力等。

1）自由度

自由度是指机器人所具有的独立坐标轴运动的数目，不包括手爪（末端执行器）的开合自由度。一般来说，在三维空间中描述一个物体的位置和姿态需要 6 个自由度。工业机器人的自由度是根据其用途而设计的，可能小于也可能大于 6 个自由度。例如，A4020 装配机器人具有 4 个自由度，可以在印制电路板上接插电子器件；PUMA 562 机器人具有 6 个自由度，可以进行复杂空间曲线的弧焊作业。

2）分辨率

机器人的分辨率由系统设计检测参数决定，并受到位置反馈检测单元性能的影响。

分辨率分为编程分辨率与控制分辨率，统称为系统分辨率。编程分辨率是指程序中可以设定的最小距离单位，又称基准分辨率。控制分辨率是位置反馈回路能够检测到的最小位移量。

3）精度

机器人的精度主要依存于机械误差、控制算法误差及分辨率系统误差。

机械误差主要产生于传动误差、关节间隙与连杆机构的挠性。传动误差是由轮齿误差、螺距误差等引起的。控制算法误差主要指算法能否得到直接解和算法在计算机内的运算字长所造成的比特误差。分辨率系统误差可取 1/2 基准分辨率。其理由是基准分辨率以下的变位既无法编程又无法检测，故误差的平均值可取 1/2 基准分辨率。机器人的精度可认为是 1/2 基准分辨率与机构误差之和，即

$$机器人的精度 = 1/2 \ 基准分辨率 + 机构误差$$

4）重复定位精度

重复定位精度是关于精度的统计数据。任何一台机器人即使在同一环境、同一条件、同一动作、同一命令之下，每一次动作的位置也不可能完全一致。因重复定位精度不受工作载荷变化的影响，通常用重复定位精度这一指标作为衡量示教再现型工业机器人水平的重要指标。

5）工作范围

工作范围是指机器人手臂末端或手腕中心所能到达的所有点的集合，也叫作工作区域。由于不同的末端执行器的形状和尺寸各有不同，为真实反映机器人的特征参数，工作范围是指不安装末端执行器时的工作区域。

6）最大工作速度

对于不同的厂家而言，不同的工作机器人定义不同的最大工作速度，一般情况下会在机器人的技术参数说明书中给出。

7）承载能力

承载能力是指在工作范围内，机器人能在任何位置上所能承受的最大重量。该承载能力不仅决定于负载的重量，而且与机器人运行的速度和加速度的大小、方向有关。一般情况下为安全起见，机器人承载能力技术指标被规定为高速运行时的承载能力。因此，承载能力不仅指负载重量，而且包括机器人末端执行器的重量。

13.2　机器人的应用

13.2.1　服务机器人

1. 服务机器人的概述

1）服务机器人的定义

服务机器人作为机器人家族中一位年轻的成员，不同国家对服务机器人的认识不同，目前没有严格的定义。根据国际机器人联合会给出的定义：服务机器人是一种半自主或全自主工作的机器人，它能完成有益于人类健康的服务工作。

2）服务机器人的发展现状

随着机器人技术的发展和人们生活的日益改善，机器人已经从工厂的结构化环境进入了人们的日常活动中。服务机器人不仅能够与人共同协同完成工作，而且能自主完成工作。例如，导游机器人、保姆机器人、警卫机器人等都得到了快速的发展，目前已经成为服务机器人发展的重点。

近年来，随着日本人口增长率的下降，老龄化趋势严重，需要服务机器人来承担劳力工作。因此，日本将服务机器人作为一个战略产业，给予了大力支持，也培养起浓厚的服务机器人文化。

美国作为机器人的发源地，尽管在机器人的发展过程中有过重理论轻应用的过程，但是这几年美国也开始重视应用研究，服务机器人也发展得技术更全面、适应性更好。

目前，虽然我国服务机器人研究技术已跨入世界先进行列，但与日本、美国等发达国家的技术相比还是有差距的。我国科技工作者正在努力向前，致力开发出水平更高、功能更强的服务机器人。

3）服务机器人的分类

服务机器人种类繁多，一般可以分为家用机器人与专业服务型机器人两类。其中，家用机器人以扫地机器人为代表；专业服务机器人以脑外科机器人、消防机器人等适用于特殊场合的服务型机器人为代表。

2. 服务机器人的主要研究内容

服务机器人技术在本质上与其他类型的机器人是相似的，其主要研究内容包括以下方面。

1）环境感知传感器和信号处理方法

服务机器人系统中一般采用多传感器信息融合技术。该技术可以充分利用多个传感器资源，通过对多个传感器测量信号的使用，将各种传感器在空间和时间上的互补与冗余信息依据某种优化准则组合起来，产生对观测环境的一致性解释和描述。

2）智能控制系统

服务机器人控制系统采用智能控制系统，主要包括模糊控制、神经网络控制等多种控制方式。通过该智能控制，可以使服务机器人展现出一个完美的服务效果。

3）导航与定位

自主导航是服务机器人的核心技术，是服务机器人研究的重点和难点问题。常用的定位导航技术有视觉定位导航、超声波定位导航、红外线定位导航、激光定位导航等。

4）路径规划

路径规划是指在服务机器人工作空间中找到一条从起始状态到目标状态，可以避开障碍物的路径。一般情况下可以分为传统方法和智能方法两类。其中，传统路径规划方法包括自由空间法、图搜索法、栅格法和人工势场法等；而智能路径规划方法是将神经网络、遗传算法等人工智能方法应用到路径规划中，来提高机器人路径规划的避障精度，加快规划速度，满足实际应用的需要。

3. 服务机器人的应用

图 13-2 所示，是我国首台具有国际一流语音交互水平和复杂动作及智能运动控制水平的"美女机器人"。这款"美女机器人"具有仿真的美女外形，服装和发型可以根据应用场合更换。她能够根据工作人员说出的指令，马上完成相应的动作，能够讲英语，还能唱歌、讲笑话，可以与游客进行语音聊天和知识问答。在移动行走时，她能自动识别途中碰到的障碍物，并做语音提示。

由北京理工大学牵头，中国科学院沈阳自动化研究所、中国兵器工业集团惠丰机械有限公司、中国科学院自动化研究所等单位参加，通过三年的奋斗，研制的"汇童"仿人机器人（图 13-3）取得了重大成果。"汇童"仿人机器人是具有视觉、语音对话、力觉、平衡觉等功能的自主知识产权的仿人机器人，其功能达到了国际先进水平。"汇童"仿人机器人首次实现了模仿太极拳、刀术等人类复杂动作。

图 13-2　美女机器人

图 13-3　"汇童"仿人机器人

13.2.2　工业机器人

1. 工业机器人的概述

1）工业机器人的定义

工业机器人由操作机、控制器、伺服驱动系统和检测传感装置构成，是一种仿人操作、自动控制、可重复编程、能在三维空间完成各种作业的机电一体化自动化生产设备。

2）工业机器人的发展特点

目前，随着各国工业智能化程度的提高，国内外的工业机器人发展速度得到飞快提升，主要表现在以下几个方面。

（1）工业机器人性能得到了的不断提高，主要包括精度、速度、可靠性等方面。

（2）机械结构发生变革，主要面向模块化、可重构化方向发展。

（3）控制系统面向开放型控制器方向发展，以便于实现标准化、网络化等。元器件面向集成化、模块化等方向发展。这样不仅可以提高系统的可靠性，还能增加系统的可操作性，降低了系统维修难度。

（4）加大了传感器的作用，在传统的位置、速度、加速度等传感器的应用基础之上，增加了视觉、声觉、力觉、触觉等多传感器的融合技术。

3）工业机器人的种类

按照作业任务可将工业机器人分为焊接机器人、装配机器人、喷涂机器人、码垛机器人及搬运机器人等。

2. 工业机器人的主要研究内容

1）示教再现型工业机器人产业化技术研究

示教再现型工业机器人可以按照预先设定的程序，自主完成规定动作或操作，在当前工业中应用最多。该类机器人的产品标准化、模块化、通用化、系列化设计比较高，如喷涂机器人、焊接机器人等。

2）机器人化机械研究开发

机器人化机械研究开发主要包括两方面的内容。

（1）并联机构机床（virtual machine tool，VMT）与机器人化加工中心（robotized machining center，RMC）开发研究，主要包括 VMT 与 RMC 智能化结构实现技术，VMT 与 RMC 加工、装配、摆放、涂胶、检测作业技术等。

（2）机器人化无人值守和具有自适应能力的多机遥控操作的大型散料输送设备的研发，包括散料输送系统监控和遥控操作的传感器融合和配置技术、采用智能传感器的现场总线技术。

3）以机器人为基础的重组装配系统

该类机器人主要研究内容包括开放式模块化装配机器人、面向机器人装配的设计技术、机器人柔性装配系统设计技术、可重构机器人柔性装配系统设计技术、装配力觉和视觉技术，以及智能装配策略及其控制技术等方面。通过应用视觉基本环境的动态重构机器人柔性装配系统、视觉识别与定位、装配状态实时检测与监控、装配顺序与路径智能规划及控制等技术手段，实现了以机器人为基础的重组装配系统。

3. 工业机器人的应用

图 13-4 所示是辽宁沈阳大连复合材料喷涂机器人，应用于新型复合材料制品行业，配备集成工艺设备的高效机器喷涂系统，具有加速度高、荷重能力超强、工作范围大等特点。摆脱传统危险的手工作业方式，减少涂料消耗，提高喷涂质量，确保漆膜的均匀一致。采用精密机器协同运动和传送带跟踪给胶技术，显著提高零件质量，缩短周期时间，告别以往手工涂胶模式。

图 13-5 所示是日本川崎 RS80N 码垛机器人。该码垛机器人即使在狭窄的空间也可有效使用；全部控制可在控制柜屏幕上操作即可，操作非常简单。它可全天候作业，配备机械手可替代不少工人的工作量，由此每年能节省几十万元的人力资源成本，可减员增效。它可以对饲料、化肥、面粉、水泥、淀粉等编织袋状包装物的成品进行装箱和码垛。

图 13-4　喷涂机器人

图 13-5　码垛机器人

13.2.3　特种机器人

1. 特种机器人的概述

1）特种机器人的概念

特种机器人主要指非制造业中的各种先进机器人及其相关高技术，就是具备自主运动和自主决策能力、能适应特定作业环境的智能化装备。特种机器人是代替人在危险、恶劣环境下作业必不可少的工具，可以辅助人类无法完成的作业。

2）特种机器人的研究意义

特种机器人是在特殊环境下工作的，具有对环境信息的获取和智能决策能力，因此对于特种机器人来说更强调感知、思维和复杂行动能力。由于特种机器人的特殊性，该类机器人更需要多学科交叉融合。特种机器人的研究不仅能促进机器人学科的发展，还能带动其他学科的共同进步，尤其是特种机器人特别强调对智能性和环境适应性的研究，使其具有更广阔的应用领域。

3）特种机器人的发展趋势

特种机器人技术将沿着自主性、智能化和适应性三个方向发展。智能化是未来特种机器人的主要特征，是具备自控能力的高级特种机器人的主要方向发展。在农业领域，特种农业机器人将向智能化、精细化、大型化及多功能化发展，以实现农业机械从机械部分转向机器视觉、人工智能方面，可以完成果蔬采摘、农业施肥等农活。

在应急救援装备领域，特种机器人主要以处理自然灾害为主，包括灾情检测、预警、处置、遇难者搜救等功能。

2. 特种机器人的主要研究内容

特种机器人各种各样，虽然在每一类的特种机器人中都存在一些关键性技术，但是在特种机器人中仍存在以下共性技术问题。

（1）遥控与监控技术。该技术主要包括操作者与多机器人之间的协调控制技术及在网络化范围内的机器人遥控技术等。

（2）导航和定位技术。该技术特种机器人研究的重点和难点问题。目前常用的技术主要有轨道导航定位、光学导航定位、感应导航定位等。

（3）虚拟机器人技术。该技术基于多传感器、多媒体和虚拟现实、临场感的虚拟遥控操作和人机交互，是需要共同发展的一项技术。

（4）多智能体协调控制技术。该技术主要用于特种机器人在实现决策和操作自主的多智能体组成的群体行为控制。

（5）机器智能化技术。特种机器人的智能化体现在对环境的感知、信息的处理、自学习等方面。

（6）传感器和信息融合技术。采用智能化传感器和信息融合技术是为了使特种机器人为遥控者提供环境参数，实现特种机器人在动态环境中的自主控制。

（7）机器人网络协作。该技术主要包括网络接口技术与装置、众多信息组的压缩与解压方法及传输方法的研究。

3. 特种机器人的应用

1）中国水下机器人实例

作为我国"863 计划"重大专项，由中国船舶重工集团公司第 702 研究所研制成功的7000m 潜水器长 8m、高 3.4m、宽 3m，如图 13-6 所示。该潜水器由特殊的钛合金材料制成，在 7000m 的深海能承受 710t 的重压，运用了当前世界上最先进的高新技术，实现载体性能和作业要求的一体化；与世界上现有的载人深潜器相比，具有 7000m 的最大工作深度和悬停定位能力，可到达世界 99.8%的海洋底部。

2）地面移动机器人实例

"龙行者"是一种微小型四轮地面侦察机器人，由美国宾夕法尼亚州匹兹堡的卡耐基·梅隆大学机器人技术研究所联合美国弗吉尼亚海军研究实验室共同研制。它实际上是一种新型的便携式地面传感器，通过建立侦察、监测、搜索及目标信息获取的传感器网络，可以为特种单兵等提供视野之外的战场情况信息，协助单兵执行危险的军事行动或者充当岗哨监听系统。尤其在城市战中，士兵可以事先抛掷这种机器人到窗外、楼梯上或者墙后、街道拐角处等可能有敌人隐蔽埋伏的潜在危险场所，侦察收集现场信息，从而实施精确打击，减少伤亡，如图 13-7 所示。

图 13-6　潜水器机器人

图 13-7　微小型四轮地面侦察机器人

13.2.4　娱乐机器人

1. 娱乐机器人概述

1）娱乐机器人的定义

娱乐机器人以供人观赏、娱乐为目的，具有机器人的外部特征，可以像人、像某种动物、像童话或科幻小说中的人物等；可以行走或完成动作，可以有语言能力，会唱歌，有一定的感知能力。娱乐机器人的基本功能主要是使用超级 AI（artifical Intelligence）技术、声光技术、可视通话技术、定制效果技术：AI 技术为机器人赋予了独特的个性，通过语音、声光、动作及触碰反应等与人交互；声光技术通过多层 LED 灯及声音系统，呈现声光效果；可视通话技术是通过机器人的大屏幕、麦克风及扬声器，与异地实现可视通话；定制效果技术可根据用户的不同需求，为机器人增加不同的应用效果。

2）娱乐机器人的分类

根据娱乐的方式，娱乐机器人可分为三类：观感型、互动型、观感互动型。

（1）观感型。通过人类视听获得身心愉悦的娱乐，如舞蹈机器人、足球机器人等。

（2）互动型。人们可以通过与机器人互动，从中获得乐趣。该类机器人一般可以无具体的实体，如小米智能管家、棋牌类互动机器人、游戏类互动机器人等。

（3）观感互动型。该类机器人能够实现与人互动，并具有与人或其他物种相似的实体，能够实现各种仿人或动物表演娱乐的功能，如仿人机器人、宠物狗机器人，特殊服务机器人也属该类。

2. 娱乐机器人主要研究内容

1）情感计算

当今机器人的情感识别大多是通过视觉化信息进行数据采集分析。人类对外界信息的获取 91%是通过视觉的方式，而机器要想和人类进行更好的情感交互，也需要具备强大的计算机视觉系统。

2）理解与交互技术

理解与交互技术即自然语言处理和对话技术，包括三部分：语音识别，把语音转换成文字；自然语义理解，基于统计的模型；神经网络等语音合成，就是把文字变成有感情的声音。

3）深度学习

深度学习的思想就是堆叠多个层，也就是说这一层的输出作为下一层的输入。通过这种方式，实现对输入信息进行分级表达。

3. 娱乐机器人的应用

1）"北京 8 分钟"，新松移动机器人震撼世界

沈阳新松机器人自动化股份有限公司的移动机器人与轮滑舞者互动，他们携手从平昌穿越到 2022 年的北京。这是中国新一代智能机器人第一次在国际赛事上表演高难度舞蹈动作，机器人不但要完成动作编排，更要与演员、地面投影联动表演，同样实现了技术领域的升级创新。

2）足球机器人"世界杯"

1997 年 8 月 23～29 日，第一届 RoboCup 比赛及会议在日本的名古屋举行。足球机器人主要具有模式识别、自主定位、行走和智能决策等能力。机器人首先要识别出球、球门、边界线等，然后根据图像、里程等信息对这些目标物进行定位，再快速平稳地行走，同时多个机器人要相互配合，规划路径选择行动策略，如图 13-8 所示。

3）优必选公司研制机器人 Alpha 2

Alpha 2 是一款标准的观感互动型娱乐机器人，是优必选公司打造的一款全新产品，在第一代 Alpha 机器人上加入了更多互动功能，实现了娱乐与生活便捷一体化，如图 13-9 所示。

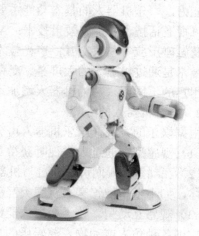

图 13-8　足球机器人"世界杯"　　　　　　图 13-9　观感互动型娱乐机器人

13.3 机器人与人类之间的关系

13.3.1 机器人时代：人类的变革

目前，随着社会的快速发展，社会分工越来越细，尤其是在现代化的生产过程中，人们的工作往往被细化，会出现一种周而复始的工作，渐渐地人们就会出现疲劳的职业感。因此，我们说机器人就是人类在强烈希望用某种机器代替自己工作而出现的产物。于是人们研制出了机器人，代替人完成那些枯燥、单调、有危险的工作。

随着机器人产生，使得一部分人失去了原有的工作，于是就有人对机器人产生了某种的敌意，认为"机器人上岗，人就下岗"。这样的想法蔓延在机器人的发展过程中，其实这种担心是多余的，随着工业技术的发展，任何先进的机器设备都会提高劳动生产率和产品质量，创造出更多的社会财富，也就必然提供更多的就业机会，这已被人类生产发展史所证明。英国一位著名的政治家针对关于工业机器人的这一问题说过这样一段话："日本机器人的数量居世界首位，而失业人口最少；英国机器人数量在发达国家中最少，而失业人口居高不下。"这也从另一个侧面说明了机器人是不会抢人饭碗的。

然而不论是哪一类的机器人都会存在一个问题，那就是能否与人友好相处。从各领域的发展形势来看，发展机器人是一条必由之路。没有机器人，人将变为机器；有了机器人，人仍然是主人，人与机器人可以友好相处。

过去在机器人的发展中也存在一些机器人伤人事件。首次机器人意外伤人事件出现在日本，最后通过日本邮政和电信部门组织专家进行研究，专家认为机器人发生事故的原因主要表现为三个方面：①硬件系统故障；②软件系统故障；③电磁波干扰。随着机器人技术的不断提高，这种意外伤人事件越来越少，尤其是近几年再也没有听说过类似事件的发生。正是由于机器人能安全、可靠地完成人类交给的各项任务，所以人们使用机器人的热情高涨。机器人的发展也为人类社会的发展带来了不同的变革，主要表现在以下方面。

1. 对工业生产的变革

在没有机器人作业之前，即使是发达国家的工业发展，也是依靠人力为主要劳动力，但是随着机器人技术的发展，世界各国以机器人代替工业流水线作业成为趋势。机器人作业不但可以提高流水线的效率，而且还节省了人力和物力，从而使工业产品降低了成本，增加了产量，也降低了产品的价格，使越来越多的人可以使用到价格低廉、质量有保证的产品。

2. 对特种作业的变革

特种作业是环境复杂、危险系数高的作业。在没有机器人作业之前，人类在特种作业过程中容易受到伤害，并且人类很难进入地形复杂、环境恶劣的场所进行作业。但是随着机器人技术的发展，尤其是特种机器人的快速发展，特种作业的效率逐年上升，人员伤亡情况逐年下降。例如，军事部门和警察机关可以通过机器人做炸弹探测等。

3. 对服务行业的变革

随着服务机器人种类的增加及成本的降低，服务机器人将广泛进入医院、家庭、工地、办公室和体育娱乐场馆，直接与人类共处，为人类排忧解难。

13.3.2　机器人时代：机器人的变革

1. 机器人创新发展进程时期

机器人的发展经历了发展萌芽期、产业孕育期、快速发展期及智能应用期四个时期。各个时期都有不同的发展形势，伴随着机器人的应用领域不断扩大，从工业走向农业、服务业，从工厂业走进医院、家庭，从陆地潜入水下、飞往太空，机器人展现出它们的能力与魅力。

2. 机器人产业规模加速增长

自 1954 年世界上第一台机器人诞生以来，世界工业发达国家已经建立起完善的工业机器人产业体系。与此同时，服务机器人发展迅速，应用范围日趋广泛，以家庭服务和以医疗服务为代表的机器人形成了较大产业规模。

虽然我国机器人研发起步较晚，但是近年来，在政策支持和市场需求的拉动下，我国机器人产业也得到了飞速发展。自主品牌工业机器人销量增加，服务机器人在科学考察、医疗康复、教育娱乐、家庭服务等领域已经研制出一系列代表性产品并实现应用。自 2013 年起，我国成为全球第一大工业机器人应用市场。虽然我国机器人产业已经取得了进步，但是与工业发达国家相比，还有较大差距。

3. 机器人的智能化程度在增加

从第一台机器人的诞生，到现在各领域机器人的应用，机器人的智能化进度不断加快。今后在机器人的应用方面，智能化程度将会成为机器人应用的主要方面。

参 考 文 献

高德东，2019. 大话机器人[M]. 北京：机械工业出版社.

郭彤颖，安冬，2017. 机器人技术基础及应用[M]. 北京：清华大学出版社.

郭彤颖，张辉，朱林仓，等，2019. 特种机器人[M]. 北京：化学工业出版社.

李征宇，郭彤颖，2018. 人工智能技术与智能机器人[M]. 北京：化学工业出版社.

马丁·福特，2015. 机器人时代：技术、工作与经济的未来[M]. 王吉美，牛筱萌，译. 北京：中信出版社.

青岛英谷教育科技股份有限公司，吉林农业科技学院，2019. 工业机器人集成应用[M]. 西安：西安电子科技大学出版社.

孙宏昌，邓三鹏，祁宇明，2017. 机器人技术与应用[M]. 北京：机械工业出版社.

王彬，2000. 中国焊接生产机械化自动化技术发展回顾[J]. 焊接技术（3）：38-41.

魏巍，2014. 机器人技术入门[M]. 北京：化学工业出版社.

杨杰忠，2017. 工业机器人技术基础[M]. 北京：电子工业出版社.

约翰·克雷格，2018. 机器人学导论[M]. 负超，王伟，译. 北京：机械工业出版社.

赵小川，2013. 机器人技术创意设计[M]. 北京：北京航空航天大学出版社.

第 14 章　人　工　智　能

1956 年从达特茅斯会议首次定义"人工智能"（artificial intelligence，AI）开始，AI 的研究已经历经了 60 多年，在三次热潮的交替变化过程中，人工智能无论在理论上还是在应用中都取得了重大的进步，尤其以大数据携手深度学习来袭的第三次的人工智能热潮，在技术上取得了突破性的进展，从而使更多的科技强国将人工智能上升为国家战略。

我国对于人工智能的发展非常重视。2015 年 7 月，国务院印发《关于积极推进"互联网+"行动的指导意见》指出要大力发展"互联网+"人工智能。目前，人工智能的应用范围越来越广泛，不仅重塑了传统行业，同时使制造、交通、医疗、物流、家居等行业在人工智能的应用下飞速发展。

14.1　人工智能的概述

14.1.1　人工智能的起源与发展

1. 人工智能的起源

在公元前 900 多年我国有歌舞机器人流传的记载，公元前 850 年古希腊有制造机器人帮助人们劳动的神话传说，这两个传说虽然没有出现人工智能的说法，但是都有表达了人类想用机器代替人们脑力劳动的幻想。直到亚里士多德（Aristotle，公元前 384—前 322，古希腊伟大的哲学家和思想家）创立了演绎法，提出了三段论说法。他的三段论至今仍然是演绎推理的最基本出发点。随着科技的进步，德国数学家和哲学家莱布尼茨（G.W. Leibniz，1646—1716）把形式逻辑符号化，从此奠定了数理逻辑的基础。1936 年英国数学家图灵（Turing）创立了自动机理论，自动机理论也称图灵机，是一个理论计算机模型。1946 年，美国数学家、电子数字计算机的先驱莫克利（J.W.Mauchly，1907—1980）和他的研究生埃克特（J.P.Eckert）合作研制成功了世界上第一台通用电子数字积分计算机（Electronic Numerical Integrator and Computer，ENIAC）。随着计算机技术的发展，美国神经生理学家麦克洛奇（W. McCulloch）和皮兹（W.Pitts）于 1943 年建成了第一个神经网络模型（MP 模型）。1948 年，美国著名数学家维纳（N.Wiener，1894—1964）创立了控制论，它向人工智能渗透，形成了行为主义学派。直到 1950 年，图灵发表题为《计算机器与智能》的著名论文，明确提出了"机器能思维"的观点。

可见，在人工智能诞生之前，一些著名科学家就已经创立了数理逻辑、神经网络模型和控制论，并发明了通用电子数字计算机。为人工智能的诞生准备了必要的思想、理论和物质技术条件。

人们将 1956 年以前划分为人工智能的孕育期，主要强调的是人工智能概念未被确切地提出之前，人们在这方面的研究。

2. 人工智能的发展

人工智能始于 20 世纪 50 年代，至今大致分为三个发展阶段。

1）第一阶段（20 世纪 50～80 年代）

AI 诞生于一次历史性的聚会。1956 年夏季，在达特茅斯大学，麦卡锡（J. McCarthy）、明斯基（M. L. Minsky）、罗切斯特（N. Lochester）及香农（C. E. Shannon）等学者发起会议，会议的目的是使计算机变得更"聪明"或者说使计算机具有智能。会议结果由麦卡锡提议正式采用了"artificial intelligence"这一术语。

在这一阶段，人工智能刚刚诞生，虽然基于抽象数学推理的可编程数字计算机已经出现，并且符号主义（Symbolism）也得到了快速发展，但是由于很多的事物不能很形式化地进行表达，在模型建立方面也存在着一定的局限性，在人工智能化的过程中，计算任务不但复杂，而且比较庞大，因此人工智能在发展过程中一度遇到了瓶颈，没有得到很好的发展。

2）第二阶段（20 世纪 80～90 年代末）

在这个阶段，虽然专家系统发展得比较迅速，也为人工智能在数学模型方面提供了有力的支持，尤其是语音识别技术的快速发展，使得数学模型取得了重大突破。但是在发展过程中，由于专家系统在知识获取、推理能力等方面的不足，导致人工智能的开发成本增加等原因，使得人工智能的发展又一次进入了寒冬时期。

3）第三阶段（21 世纪初至今）

21 世纪是科技迅速发展的时期，人工智能在经历了两次寒冬时期后，随着大数据的快速发展，迎来了它的第三个繁荣发展时期。

目前，人工智能上升到了很多科技强国的国家战略层面，尤其是伴随着大数据的积累、理论算法的革新、计算能力的提升，人工智能在很多的应用领域都取得了突破性进展，为行业领域的快速发展起了引领标杆作用。

14.1.2　人工智能的主要研究内容与特征

人工智能是研究、开发用于模拟、延伸和扩展人的智能的理论、方法、技术及应用系统的一门新的技术科学。它是计算机科学、控制论、信息论、神经生理学、心理学、语言学等多种学科互相渗透而发展起来的一门综合性学科。

1. 人工智能主要研究内容

人工智能研究内容较多，主要包括认知建模、知识学习、推理及应用、机器感知、机器思维、机器学习、机器行为和智能系统等。研究动机包括推理、知识、规划、学习、交流、感知、移动和操作物体的能力等。基础知识包括搜索和数学优化、逻辑、基于概率论和经济学的方法等。目前，市场上有大量的人工智能应用系统，如 AlphaGo、Siri 等。

2. 人工智能的特征

（1）人工智能系统必须以人为本，因为这些机器均由人类设计制造，是按照人类设定的程序逻辑或算法，通过硬件载体来工作的，其本质体现为计算，即可通过对数据的采集、加工、处理、分析和挖掘，形成有价值的信息流和知识模型，可为人类提供延伸人类能力的服务，来实现人类期望的一些"智能行为"的模拟。

在理想情况下必须体现服务人类的特点，而不应该伤害人类，特别是不应该有目的性地做出伤害人类的行为。

（2）人工智能系统不仅可以根据周围环境的变化产生反应，还可以与人进行交互，能与人进行互补。人工智能系统一般都是利用传感器对外界环境进行感知，它可以像人一样通过不同的"听觉、视觉、嗅觉、触觉"等来接收环境中的各种信息，并对外界输入产生文字、语音、表情、动作等必要的反应，甚至影响环境或人类。人与机器可以借助于键盘、鼠标、手势、表情及虚拟现实、增强现实等方式产生交互与互动，这样可以使机器设备越来越"理解"人类，甚至与人类共同协作、优势互补。通过这样的交互与互动的方式，人类就可以把自己不擅长、不喜欢的工作交给具有人工智能系统的机器去完成，而人类则可以去完成一些更具有想象力、多变性或需要情感的工作。

（3）人工智能系统具有很强的学习能力，适应性强，能演化迭代，而且还可以连接扩展。理想的人工智能系统都应具有一定的自适应特性和学习能力，即根据不同的环境、任务变化可以进行自适应参数调节或更新优化模型的能力。人工智能系统可以在云端与人、物之间进行深入的数字化连接扩展，以实现机器客体乃至人类主体的演化迭代，以使该系统具有良好的适应性、鲁棒性、灵活性、扩展性，便于应对不断变化的现实环境，从而使人工智能系统在各行各业产生丰富的应用。

14.1.3　人工智能的应用范围

目前，人工智能的研究在不同的研究学派中间存在着研究方法、理论基础等方面的差异化，但是这些并没有影响到人工智能的发展，反而促使人工智能的发展全面开花。尤其是与行业领域的深度融合方面，人工智能将改变或者重新塑造传统行业，使家居、医疗、制造、交通、金融、物流、安防行业在人工智能的应用下飞速发展。

1．智能家居

智能家居以住宅为平台，它的技术是基于物联网技术，由硬件（智能家电、智能硬件、安防控制设备、家具等）、软件系统、云计算平台构成的家居生态圈，可实现个人对自己家中的控制设备进行远程控制及设备自我学习等功能，可以为用户提供个性化生活服务，使家居生活更加安全、节能、便捷等。例如，借助智能语音技术，用户就可以应用自然语言对家中的智能家居系统的设备进行控制，如照明系统的开关、窗户的开关、打扫卫生及家用电器的使用等。人类还可以应用脸部识别、指纹识别等技术进行开锁等。

2．智能医疗

人工智能的快速发展，为医疗健康领域向更高的智能化方向发展提供了非常有利的技术条件。目前，智能医疗也取得了突破性进展，尤其是在辅助诊疗、疾病预测、医疗影像辅助诊断、药物开发等方面发挥着重要作用。

在辅助诊疗方面，医护人员依靠人工智能技术可以有效地提高工作效率及诊断治疗水平。例如，医护人员可以借助智能语音技术，进行自然语言的电子病历的录入；借助智能影像识别技术，实现医学图像自动读片；利用人工智能技术，构建辅助诊疗系统等。在疾病预测方面，人工智能监测系统可以对疫情进行监测，该方式可以使疫情得到及时有效的预测，并防止疫情的进一步扩散和发展。

3. 智能制造

智能制造是基于信息通信技术与制造技术深度融合，贯穿于设计、生产、管理、服务等各个环节，具有自感知、自学习、自决策、自执行、自适应等功能的新型生产方式。

智能制造对人工智能的需求主要表现在三个方面。一是智能装备。智能装备是智能制造的基础，其中包括工业机器人、人机交互系统等具体设备，应用的主要关键技术为自然语言处理、自主无人系统等。二是智能工厂。智能工厂是智能制造发展的必然产物，工厂的智能化能促进智能制造业的快速发展，其中主要包括智能设计、智能管理、智能生产等具体内容，涉及的主要关键技术为大数据分析、机器学习等。三是智能服务。智能服务的主要内容包括远程运维、预测性维护等。由于不同的厂商需要不同的经营模式，大规模个性化定制等具体服务模型目前深受各大厂商喜爱，主要涉及的关键技术是大数据分析、机器学习等。

4. 智能交通

智能交通系统是通信、信息和控制技术在交通系统中集成应用的产物。智能交通系统借助现代科技手段和设备，将交通系统中的各核心元素融合以实现信息互通与共享，并借助于平台实现交通元素的彼此协调、优化配置和高效使用，使人、车和交通组成了一个高效协同环境，建立安全、高效、便捷和低碳的交通。例如百度地图、高德地图等，都是通过交通信息采集系统采集道路中的车辆流量、行车速度等信息，通过对该采集的信息进行分析处理，最终形成实时路况，根据分析结果进行道路红绿灯时长调整或者说调整潮汐车道的通行方向等，通过信息发布系统将路况推送到导航软件中，让人们合理规划行驶路线。

5. 智能金融

人工智能的发展不仅体现在工业、医疗、服务等行业，也促进了金融行业的快速发展。人工智能技术在金融业中可以用于服务客户，支持授信、各类金融交易和金融分析中的决策，并用于风险防控和监督，将大幅改变金融现有格局，金融服务将会更加个性化与智能化。

智能金融对于金融机构的业务部门来说，可以依托大数据，精准服务客户，提高效率；对于金融机构的风控部门来说，以人工智能为内核，通过人脸识别、声纹识别等生物识别手段，再加上各类票据、身份证、银行卡等证件票据的 OCR 识别等技术手段，对用户身份进行验证，大幅降低核验成本，有助于提高安全性，同时通过大数据、算力、算法的结合，搭建反欺诈、防范信用风险等模型，帮助用户进行智能投资。

6. 智能物流

传统的物流企业基本上都是通过应用条形码、射频识别技术、传感器、全球定位系统等优化改善运输、仓储、配送装卸等物流业基本活动。人工智能物流是基于传统物流的，使用智能搜索、推理规划、计算机视觉及智能机器人等技术，实现货物运输过程的自动化运作和高效率优化管理，提高物流效率。例如，在货物搬运环节，加载计算机视觉、动态路径规划等技术的智能搬运机器人得到广泛应用，大大减少了订单出库时间，使物流仓库的存储密度、搬运的速度、拣选的精度均有大幅度提升。

7. 智能安防

传统的安防技术通常以人为依靠，对于人的依赖性非常强，而且非常耗费人力。智能安防技术是一种利用人工智能对视频、图像进行存储和分析，从中识别安全隐患并对其进行处理的技术。智能安防能够通过机器实现智能判断，从而尽可能实现实时的安全防范和处理。

目前，随着智能分析、图像处理等技术的快速发展，使得安防从传统的被动防御向主动判断和预警方向发展，安防行业也呈现多元化发展形势，不仅提高了生活智能化程度，而且提升了生产效率，为更多的行业和人群提供了可视化及智能化方案。人工智能技术可以作为专家系统或辅助手段，帮助用户在海量视频数据中实时分析视频内容，进行风险预测。

14.2　人工智能热潮

14.2.1　图灵测试与第一次人工智能热潮

机器会思考吗？图灵在1950年发表的论文《计算机器与智能》中第一行就提到这个问题。图灵被称为"计算机科学之父"，也是"人工智能科学之父"。第二次世界大战期间，他的团队在 1943 年研制成功了被叫作"巨人"的机器，用于破解德军的密码电报，这一贡献让战争提前 2 年结束，挽救了数千万人的生命。

1966 年美国计算机协会设立了图灵奖，这是当今计算机领域最负盛名、最崇高的奖项。图灵对后世最大的理论贡献之一就是图灵机。根据图灵的论文，图灵测试的程序为：首先在幕后安排一台机器和一个人，然后让一个裁判（人）同时与他们进行交流，如果裁判无法判断和自己交流的对象是人还是机器，就说明这台机器人拥有和人相等的智能。

图灵机的盒子可以自己进行判断，就仿佛具有智能的生物一样，可以自己不停地走下去，直到轨道上某个符号代表停止。图灵机至今仍然是计算机软件程序的最基本架构，也是机器智能的开端。图灵的另一个伟大理论贡献是图灵测试，至今仍然被当作人工智能水平的重要测试标准之一。图灵测试是指人们通过设备和另外一个人进行聊天，可以是文字形式的。

1956～1974 年是人工智能发展的第一个黄金时期。科学家将符号方法引入统计方法中进行语义处理，出现了基于知识的方法，人机交互开始成为可能。科学家发明了多种具有重大影响的算法，如深度学习模型的雏形贝尔曼方程。除在算法和方法论方面取得新进展外，科学家们还制作出具有初步智能的机器。例如，能证明应用题的机器 STUDENT（1964），可以实现简单人机对话的机器 ELIZA（1966）。人工智能发展迅猛，以至于研究者普遍认为人工智能代替人类只是时间问题。

1974～1980 年，人工智能的瓶颈逐渐显现，逻辑证明器、感知器、增强学习只能完成指定的工作，对于超出范围的任务则无法应对，智能水平较为低级，局限性较为突出。造成这种局限的原因主要体现在两个方面：一是人工智能所基于的数学模型和数学手段被发现具有一定的缺陷；二是很多计算的复杂度呈指数级增长，依据现有算法无法完成计算任务。先天的缺陷是人工智能在早期发展过程中遇到的瓶颈，研发机构对人工智能的热情逐渐冷却，对人工智能的资助也相应被缩减或取消，人工智能第一次步入低谷。

14.2.2　语音识别与第二次人工智能热潮

1965 年，在斯坦福大学美国著名计算机学家费根鲍姆（Feigenbaum）带领学生开发了第一个专家系统Dendral，这个系统可以根据化学仪器的读数自动鉴定化学成分。费根鲍姆还是斯坦福大学认知实验室的创始人，20 世纪 70 年代这个实验室还开发了另外一个用于血液病诊断的专家程序MYCIN，这可能是最早的医疗辅助系统软件。专家系统其实就是一套计算机软件，它往往聚焦于单个专业领域，模拟人类专家回答问题或提供知识，帮助工作人员做出决策。它不仅需要人类专家整理和录入庞大的知识库（专家规则），而且需要计算机专家编写程序，设定如何根据提问进行推理找到答案，也就是推理引擎。专家系统把自己限定在一个小的范围，避免了通用人工智能的各种难题。它充分利用现有专家的知识经验，务实地解决人类特定工作领域需要的任务。它不是创造机器生命，而是制造更有用的活字典、好工具。

计算机技术和人工智能技术的快速发展，促使了日本和美国发起了第五代计算机系统研究计划，目的是抢占未来信息技术的先机，创造具有划时代意义的超级人工智能计算机。

日本尝试使用大规模多 CPU 并行计算来解决人工智能计算力问题，并希望打造面向更大的人类知识库的专家系统来实现更强的人工智能。这个项目以失败结束，主要是当时低估了 PC 计算机发展的速度，尤其是 Intel 的 X86 芯片架构在几年内就很快发展到足以应付各个领域专家系统的需要。

1982 年美国数十家大公司联合成立微电子与计算机技术公司（Microelectronics and Computer Technology Corporation，MCC）。该公司 1984 发起了人工智能历史上最大也是最有争议性的项目——Cyc。这个项目至今仍然在运作，Cyc 项目的目的是建造一个包含全人类全部知识的专家系统——"包含所有专家的专家"。截至 2017 年，它已经积累了超过 150 个概念数据和超过 2000 万条常识规则，曾经在各个领域产生超过 100 个实际应用，它也被认为是当今最强人工智能 IMB Woston 的前身。但随着科技的发展，21 世纪到来之后，Cyc 这种传统依赖人类专家手工整理知识和规则的技术，受到了网络搜索引擎技术、自然语言处理技术及神经网络等新技术的挑战，未来发展并不明朗。

1982 年英国科学家霍普菲尔德几乎同时与杰弗里·辛顿发现了具有学习能力的神经网络算法，这使得神经网络一路发展，在 20 世纪 90 年代开始商业化，被用于文字图像识别和语音识别。

人工智能领域当时主要使用麦卡锡的 LISP 编程语言，所以为了提高各种人工智能程序的运行效率，很多研究机构或公司都开始研发和制造专门用来运行 LISP 程序的计算机芯片和存储设备，打造人工智能专用的 LISP 机器。

这些机器可以比传统计算机更加高效地运行专家系统或者其他人工智能程序。虽然 LISP 机器逐渐取得进展，但同时 20 世纪 80 年代也正是个人计算机崛起的时间。IBM PC 和苹果计算机快速占领整个计算机市场，它们的 CPU 频率和速度稳步提升，越来越快，甚至变得比昂贵的 LISP 机器更强大。

在第二次人工智能热潮中，语音识别是当时最具代表性的几项突破性进展之一，让计算机听懂人们说的每一句话、每一个字，这是人工智能这门学科诞生第一天科学家就努力追求的目标。

语音识别技术也称自动语音识别（automatic speech recognition，ASR），该技术不是用于确认或识别说话人员的身份，而是确认说话人的语句中包含的词汇，并将其转换为计算机的输入指令，如二进制编码等。

20 世纪 50 年代贝尔实验室的 Audry 系统，是第一个实现语音识别的系统，但是也只能识别 10 个英文字母。20 世纪 80 年代末，实验室语音识别研究取得了巨大突破：一方面，语音识别系统对小词汇量识别具备了较高的识别率；另一方面，"大词汇量、连续语音、非特定人"识别三大障碍也陆续得到了解决。

尽管语音识别技术在第二次人工智能浪潮中获得极大突破，但依旧没有能阻止"AI 之冬"的到来。因为专家系统本质上只是用最初设定好的解决方案解决遇到的问题，并没有自主学习能力，即不够"智能"。

14.2.3　深度学习携手大数据引领第三次人工智能热潮

人工智能大师、深度学习专家约书亚·本吉奥（Yoshua Bengio）说："没有可与深度学习竞争的人工智能技术。"2006 年开始的第三次人工智能热潮，绝大部分功劳要归于深度学习。

大数据时代的到来给人工智能的发展带来契机，人工智能全面融入人们的社会生活。深度学习可以通过一种深层次非线性网络结构学习，实现复杂函数逼近，表征输入数据分布式表示，并展现了强大的从少数样本中集中学习数据及本质特征的能力。深度学习的本质等于机器学习模型加海量训练数据。通过不断的学习，总结出特征、经验，最终演化为分类、诊断或预测。

1. 大数据加速了人工智能的快速发展

随着信息技术的快速发展，计算机的计算能力、数据处理能力和处理速度都得到了大幅度的增长，人工智能也在此基础之上得到了快速发展。尤其是新一代的人工智能是以大数据为基石，通过给定的学习框架，不断地根据环境信息变化，更新参数，具有高度的自主性。例如，在输入 30 万张人类对弈棋谱并经过 3 千万次的自我对弈后，人工智能 AlphaGo 具备了媲美顶尖棋手的能力。

对于大数据来说，主要的技术共性问题包括：数据采集与预处理、计算模式与系统、分析与挖掘、可视化计算及隐私与安全等，具有时效性强、处理能力高、可靠性好等特点。

2. 机器学习引导机器智能水平提升

对于人工智能系统来说，机器学习是它的一个重要的通用技术。对于机器学习来说，它是指通过数据和算法在机器上训练模型，并利用模型进行分析决策与行为预测的过程。主要技术体系包括监督学习和无监督学习，目前广泛应用在专家系统、认知模拟、数据挖掘、图像识别、故障诊断、自然语言理解、机器人和博弈等领域。例如，在人工智能的智能交通领域，应用机器学习进行图像识别，可以快速帮助人们将违章的车辆进行分拣，从而提高了工作效率；在机器人领域，深度学习可以帮助机器人训练各种模型，以达到机器人的实际应用能力。

在未来，深度学习将持续引导机器获取新的知识与技能，重新组织整合已有知识结构，有效提升机器智能化水平，不断完善机器服务决策能力。

3. 云计算增加了人工智能的交互性

随着新兴技术的发展，人工智能进入了一个新阶段。尤其是在互联网的普及之下，云计算成为人工智能的新的发展方向。对于云计算而言，主要包括虚拟化技术、分布式技术、计算管理技术、云平台技术和云安全技术等。云计算可具备实现资源快速部署和服务获取、进行动态可伸缩扩展及供给、面向海量信息快速有序化处理、可靠性高、容错能力强等特点，为人工智能的发展提供了资源整合交互的基础平台。

尤其与大数据技术结合，为深度学习技术搭建了强大的存储和运算体系架构，提高了神经网络模型的训练优化过程。对于语音、图片、文本等辨识对象来说，大幅度地提高了识别率，且数据在存储方面也节约了空间，增强了数据的传送能力。

14.3   人工智能时代

14.3.1   人工智能时代：人类的变革

1. 思想的变革

随着人工智能的快速发展，人类开始害怕 AI 会使人类大量失业，从而会被机器所代替。尤其是 2016 年年底，物理学家史蒂芬·霍金在英国《卫报》发表文章说："工厂的自动化已经让众多传统制造业工业失业，人工智能的兴起很有可能会让失业潮波及中产阶级，最后只给人类留下护理、创造和监管等工作。"霍金的话代表了相当一部分学者和公众对于人工智能取代人类工作、造成失业风险的担忧，这种担忧不能说完全没有道理。但是李开复觉得霍金对于未来科技与世界格局关系的思考，过于片面和狭隘。

因为在人工智能时代并不是所有的工作都会被 AI 替代，而是在人工智能快速发展的大背景下，人类某种工作被人工智能全部取代；人类某种工作被人工智能部分取代，人类某种工作转变为新的工作形式。对于哪种工作最容易被 AI 取代，李开复有一个著名的"五秒钟准则"：一项本来由人从事的工作，如果人可以在 5s 以内对工作中需要思考和决策的问题做出相应的决定，那么，这项工作就有非常大的可能被人工智能技术全部或部分取代。

因此，面临着人工智能时代的到来，我们不必害怕甚至恐慌，我们必须相信所有的智能化的工具都将是为人类的发展服务的，虽然也有一些弊端在里面，但是纵观工业革命的发展，所有的工业革命都不是以摧毁人类为目标的，而都是为了构建更加和谐美好的生活而存在。

2. 学习知识的能力要变革

人工智能是一门多学科交叉融合的学科，想要掌握人工智能，就需要我们成为一个全面的复合型人才，需要我们摒弃以前单一的知识型人才培养，要紧跟时代的变革，需要有强的应变能力，以及学习综合知识的能力。

14.3.2   人工智能时代：教育的发展

在第四届全国数据驱动教育改进专题研讨会上，北京师范大学中国教育创新研究院院长刘坚这样描述人工智能时代的课堂："未来人工智能环境下的课堂，可能是'双师型'的课堂，人机交互、人机结合将成为主要形态。一堂课可能由一名教师和一个机器人共同来上，布置和批改作业、知识点训练、监督学习、学习情况的分析等工作可能由机器人来完成。"

1. 增加了学习能力与学习兴趣

在 2017 年 12 月召开的教育大会上，教育部副部长杜占元提出，在机器能够思考的时代，教育应着重培养学生的 5 种能力，即自主学习能力、提出问题的能力、人际交往的能力、创新思维的能力及筹划未来的能力。

在人工智能时代，中关村学院学术委员会原负责人吕文清认为，人工智能时代应重点培养学生的终身学习素养、计算思维素养、设计思维素养和交互思维素养。终身学习素养，主要基于人工智能时代需要更强大和持续的学习力，强调学会学习和建构不断演化的知识框架；计算思维素养，主要基于学习和理解人工智能，强化思考的逻辑和精致化；设计思维素养，主要基于人工智能时代学生执行困难任务，需要关注项目设计、任务设计和路径设计等高层次管理，重点引导学生学会选择、决策、判断；交互思维素养，主要基于人工智能时代学生交往方式的变化，需要高级信息素养、媒体素养、沟通交流和技术伦理，重点引导学生学会开源共享、参与协商、组建社区等，理解复杂的相互关系。

2. 学生学习的方式呈现多样性

人工智能时代，学生应该如何学习？教育又该如何做出调整，以适应新的时代要求？吕文清曾说：“人工智能时代对学生的学习目标、学习内容、能力层级甚至心智模式，都提出了新的需求。”因此，在教学过程中，人工智能时代不仅要强调基于认知能力的信息加工、分析综合、逻辑推理等高阶思维的培养，还要增加和突出计算思维、设计思维和交互思维的培养。具体而言就是，不仅要强调概念性知识的教学，还必须重视原理等不可替代的知识。

人工智能对于当前的教育，也会带来促进和改良。教育部科技发展中心原主任李志民曾说：“人工智能时代的教育管理，无论是宏观层面还是微观层面，都更容易做到精细化，对教师的评价会更加全面而科学；可以根据每个学生的智力程度、思维习惯以及学习方式进行教学，实现真正的个性化学习和因材施教。”例如，目前许多学校已开设了大数据、物联网等与人工智能相关的课程，有些学校还以选修课的形式进行计算机编程、机器人等课程的开设，提升学生人工智能方面的信息化培养，促进学科知识融合。

3. 人工智能是否可以代替学习

随着人工智能的高速发展，目前越来越多的人工智能帮扶学习的能力都在快速地提高，互联网时代的教育也被认为是一次教育的“革命”。吕文清说：“高级阶段的人工智能具有类人脑的学习力和思考力，将来还能进化到自适应学习，在这个意义上，人工智能拓展了人的思维。人工智能改变的，不仅是教育的边界和方式，整个教育样态也将面临重塑。”

李志民说：“今天我们说知识就是力量，讲的是如何学习、记忆和掌握更多的知识，讲究知识的系统性，而在人工智能时代，知识是开放的，随时随地可查找、可检索，因此，记忆知识以及知识的系统性不再像今天这样重要了，学生更需要学习如何从已有的知识中挖掘出新应用、新知识，通过已有知识学习新知识，与之对应的知识结构或学习过程就是思维的训练。”

科大讯飞教育信息化研究院院长孙曙辉认为，人工智能不能代替人的思维，不能代替学习，技术也改变不了教育的本质。因此，在当前热炒人工智能概念的大背景下，一定要认清技术与教育的关系，搞清楚哪些是教育本身的问题，哪些是技术可以解决的问题。

14.3.3　人工智能时代：产业新趋势

1. 产业创新的变革

目前，全球正在经历科技和产业高度耦合、深度叠加的新一轮变革，人工智能时代使得传统的创新向新的创新方式转变，主要表现在单一的领域和单一的产品不再占主导地位，而转为以跨领域、高集成、群体性的方式进行创新转变，尤其在信息、材料、能源等领域取得了重大的突破性成绩。人工智能作为其中的一分子，表现出了引领标杆的作用，已站在了变革的风口浪尖。人工智能作为新时期的科技变革浪潮的新引擎，将渗透各行各业，助力传统行业实现跨越式升级，带来广阔的发展前景与良好的市场机遇。

例如，目前以微软、谷歌、Facebook，以及百度、阿里巴巴、腾讯等为代表的国内外科技公司纷纷积极布局人工智能全产业链，并也在竞相角逐人工智能产业的潜在增长点。在产业规模整体爆发式增长的背景下，基础层、技术层和应用层的各细分领域也将保持同步增长态势，尤其以应用层各产业领域的增长表现最为抢眼。

2. 人工智能的新局面

第三次人工智能热潮得到世界各主要科技强国广泛关注，成为以新一轮科技革命为基础的国家竞争制高点。目前，各个科技强国都将人工智能全面提升到了国家战略层面，如欧盟的"人脑计划"、日本的"人工智能/大数据/物联网/网络安全综合项目"及美国的"国家人工智能研究与发展战略规划"等。但是，美国还是凭借着数量众多、实力雄厚的科技企业和丰富资源、人才济济的高校与科研机构，成为全球人工智能产业发展的主导者。

从 2016 年起，我国也将人工智能建设上升到了国家战略层面，对于人工智能的相关政策的推出进入全面爆发期。目前我国也成为人工智能大国，对于国际的影响力也在稳步提升。人工智能对于各领域的产业发展都起到了促进作用，而且众多企业、高校及科研机构也将不断加大技术及应用研发投入力度，因此，我国的人工智能的局面在不断地扩大，不仅保持并发展自身竞争优势，而且还深度参与全球人工智能产业合作竞争。

3. 智能芯片呈持续性增长

传统的 API（application programming interface，应用程序编程接口）开放式和积木式创新已经无法满足人工智能的技术发展，人工智能不再单纯依靠数据来实现技术提升和实际应用，而是在数据与应用的共同作用下，呈上升发展趋势。在下一个阶段，智能芯片、智能机器人将以组合的形式进行大规模的发展，持续占领相当大的市场份额，智能芯片领域也将现有的 CPU+GPU 与 CPU+FPGA 异构模式，向新型人工智能专用芯片及量子芯片过渡，颠覆现有芯片产业格局。智能机器人开发公司或将开发出适用于多领域的通用型机器人来降低机器人的成本，提高机器人的产量化。

参 考 文 献

蔡自兴，2016. 人工智能及其应用[M]. 3 版. 北京：清华大学出版社.

国务院发展研究中心国际技术经济研究所，2019. 人工智能全球格局：未来趋势与中国位势[M]. 北京：中国人民大学出版社.

李开复，王咏刚，2017. 人工智能[M]. 北京：文化发展出版社.

玛格丽特. 博登，2017. 人工智能的本质与未来[M]. 北京：中国人民大学出版社.

史蒂芬·卢奇，丹尼·科佩克，2018. 人工智能[M]. 2 版. 北京：人民邮电出版社.

腾讯研究院，2017. 人工智能：国家人工智能战略行动抓手[M]. 北京：中国人民大学出版社.

余来文，林晓伟，封智勇，等，2017. 互联网思维 2.0：物联网、云计算、大数据[M]. 北京：经济管理出版社.

中国电子技术标准化研究院，2018. 人工智能标准化白皮书（2018 版）[Z]. 北京：中国电子技术标准化研究院.

第15章　神奇的激光技术

随着科技的发展和时代的进步，一种神奇的光源正在由一个遥不可及的高科技产品慢慢步入人们的日常生活，这种享有"神奇之光"美誉的光源就是我们现在所说的激光。"激光"一词是"LASER"的意译，是英文"受激辐射光放大"的缩写。它具有普通光源不具备的四大特性，即方向性好、亮度高、单色性好、相干性好。

1960 年 5 月 15 日，美国物理学家梅曼（Maiman）在进行实验时，突然有一束红色光源从实验装置中投射而出。究其原因，是由于实验装置里有一根人造红宝石棒，而红宝石受激发以后产生了一种亮度非常高的光束，这种全新的光源，在自然界中并不存在，这就是后来所说的激光，而产生激光的装置则被称为激光器。

50 多年来，激光技术发展迅速，科学家们不仅研制出多种多样的激光器，其应用领域也在不断拓展。目前，激光已经广泛应用于科技、医学、工业、通信等领域。我们熟知的有光纤通信、激光光谱、激光切割、激光焊接、激光裁床、激光打标、激光绣花、激光测距、激光雷达、激光武器、激光唱片、激光美容、激光扫描等。激光技术已成为当今新技术革命的"带头技术"之一。

15.1　激　光　概　述

物体被阳光照射后，表层材料都会吸收光的能量而被加热，当能量高到一定程度，物体表面就会软化、熔融。如果光线能量再高，并且汇聚于一点，物体表面就会气化，甚至电离，产生所谓的等离子体。

物质是由原子或分子构成的，而物质如果受到了与自身分子振荡频率相同的某种能量对其进行激励，就会产生一种高度汇聚而且不发散的强光，这种强光是在物质受激辐射状态下产生的光，所以也称为激光。激光最大的特点是能量高、发散性小，它的能量可以集中在面积很小的一块光斑上。在某些情况下，激光灼烧物体时，表层下的温度会比表层高，这样表层下的物质会迅速气化并引发爆炸。如果激光功率再高，照射时间更短，气化物或者等离子体就会高速向外喷出，像火箭发动机喷气一样，并产生反冲，作用在固体材料内部，引起变形、断裂等破坏形象。

什么是光？原子中的电子吸收能量之后，就可以实现从较低能级向较高能级的跃迁，之后又可以从较高能级向较低能级进行回落，回落时就会释放能量，这种能量会以光子的形式放出，就会产生光。那么什么又是激光？上述能量以光子的形式释放时，如果光子的光学特性和步调极其一致，就会产生高度汇聚的光源，也就是激光。激光的产生是在前期理论准备的基础上出现的，也顺应了当时的生产实际需求，所以在问世之后就发展迅速，在各个领域得到了广泛应用，同时也重新带动了光学技术的发展，使激光这一新兴技术得以有效应用，并带来前所未有的效益和成果。

15.1.1　激光产生的原理

光与原子之间存在的相互作用就可能会引起受激吸收、自发辐射和受激辐射三种跃迁过程，这也是产生激光的三种方式。

1. 受激吸收

粒子当处于较低能级 E_1 时，如果受到外界激发（如碰撞），就可以吸收能量，此时如果能够满足公式 $hv = E_2 - E_1$（h 为普朗克常量），那粒子就可以实现从较低能级 E_1 到较高能级 E_2 的跃迁，这种跃迁就是受激吸收。受激吸收原理如图 15-1 所示。

2. 自发辐射

粒子在跃迁之后会进入激发态，但是这种激发态并不是粒子的稳定状态，此时如果有较低能级可以接纳这部分粒子，哪怕没有外界的作用或者激发，粒子也可能会自发实现从较高能级 E_2 向较低能级 E_1 的回落，回落时就会辐射出光子，光子能量为 $hv = E_2 - E_1$，这种辐射的过程就是自发辐射。自发辐射原理如图 15-2 所示。

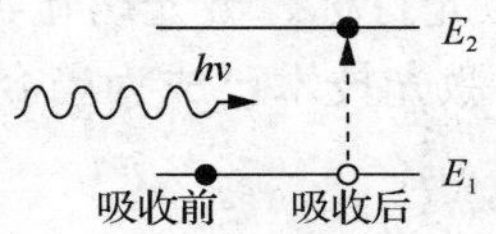

图 15-1　受激吸收原理 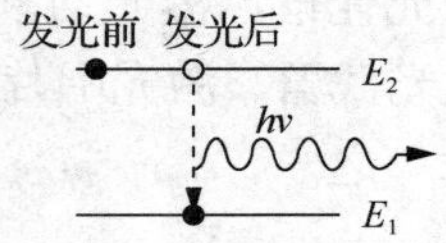　　　　　　　　　图 15-2　自发辐射原理

3. 受激辐射

除自发辐射可以实现粒子从较高能级 E_2 向较低能级 E_1 的回落外，处于高能级 E_2 上的粒子还存在另外一种跃迁方式。如果采用频率为 $v = \dfrac{E_2 - E_1}{h}$ 的光子进行入射，部分粒子也可能会迅速从较高能级 E_2 向较低能级 E_1 进行回落，同时向外辐射出一个光子，这个光子与外来光子的频率、偏振态、相位和传播方向都相同，这个过程就是受激辐射。受激辐射的过程如图 15-3 所示，受激辐射原理如图 15-4 所示。

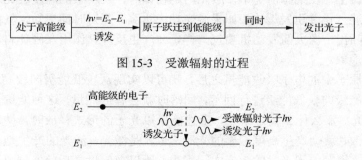

图 15-3　受激辐射的过程

图 15-4　受激辐射原理

如果在较高能级 E_2 上具有大量的原子，并且有一个光子进行入射，其能量满足 $hv = E_2 - E_1$，那么较高能级 E_2 上的原子就会受激辐射，得到两个特征和状态一模一样的光子，相当于光信号被放大，这种通过受激辐射产生并放大的光就是激光。

如果射入工作物质的光频率恒定，受激吸收过程可以使光子数增加，而受激辐射过程却使光子数减小，但是这两个过程其实同时存在。如果物质能达到某种热平衡态，那么粒子在各能级的分布情况就遵循平衡态下粒子的统计分布律。如果按照统计分布律，要达到热平衡态，那么较低能级 E_1 上分布的粒子数就必须比较高能级 E_2 的粒子数多，以此保证光穿过工作物质时，光能只减弱不加强。但是如果想使受激辐射在过程中占主导地位，就必须满足较高能级 E_2 的粒子数比较低能级 E_1 上的粒子数多。这与统计分布律相反，被称为粒子数反转分布，简称粒子数反转。要产生激光，就要从技术上实现粒子数反转，这也是产生激光的必要条件。

15.1.2　激光的发展历史

1. 光与物质相互作用理论的发展

1917 年爱因斯坦对"光与物质相互作用"的理论重新进行了阐述，并详细分析了激光的受激吸收、自发辐射和受激辐射。

1951 年美国物理学家查尔斯·哈德·汤斯进行了大胆设想，提出如果用分子代替电子线路，是否可以得到一种波长足够小的无线电波。在后续实验中，他发现由于分子的振动形式各不相同，恰好部分分子的振动和微波波段范围的辐射相同。

1953 年 12 月，汤斯带领他的学生阿瑟·肖洛制成了能产生微波束的装置。

1958 年，汤斯和肖洛在实验时发现用氖光灯泡所发射的光对稀土晶体进行照射时，晶体的分子就会产生高汇聚，并且产生颜色鲜红的强光。在此基础上他们提出"激光原理"，预示着激光的产生。根据实验的数据，他们发表了关于激光的重要论文，并获得 1964 年的诺贝尔物理学奖。

2. 首台激光器的出现

1960 年 5 月，梅曼设计了一个实验方案，采用高强度的闪光灯管在一块表面镀上反光镜的红宝石表面钻一个孔来照射激发红宝石（红宝石是一种刚玉，其成分中含有铬原子）。当红宝石受激发时，就会产生一种高汇聚的强照射红光，产生的红光可以从孔中溢出，形成一个高汇聚的纤细红色光柱。这个实验标志着世界上第一台激光器的诞生。梅曼设计和建造的激光器如图 15-5 所示。通过这个装置，梅曼发现了人类的第一束激光。

图 15-5　梅曼设计和建造的激光器

1960 年，苏联科学家巴索夫在激光理论的基础上发明了第一台半导体激光器。半导体激光器的工作物质为半导体，通常由 P 层、N 层和形成双异质结的有源层构成。

3. "激光"一词的由来

激光刚刚诞生时,其名称为"辐射受激发射的光放大"(light amplification stimulated emission of radiation,LASER)。1964年10月,中国科学院长春光学精密机械与物理研究所主办的《光受激发射情报》杂志编辑部请钱学森为LASER取中文名字。钱学森建议将中文名拟为"激光"。同年12月,在第三届光量子放大器学术会议上正式采纳钱学森的建议,将"LASER"正式翻译为"激光"。《光受激发射情报》杂志也随之改名为《激光情报》。

15.1.3　激光的特性

激光主要有四大特性:高单色性、高相干性、高方向性和高亮度性。

1. 高单色性

光的波长(或频率)决定了光的颜色。太阳辐射出的可见光的波长为0.76~0.4μm。太阳光不具有单色性,因为其对应了红、橙、黄、绿、青、蓝、紫7种颜色。除太阳光外,氖灯、氦灯、氪灯、氢灯等惰性气体填充的光源,只能发射出某种特定的颜色,这种能发射特定颜色的光源称为单色光源。单色光源的光波波长单一,并不代表其没有波长的分布范围,如单色性之冠的氪灯只发射红光,其单色性很好但是波长分布的范围仍有0.00001nm,可以将其细化为几十种红色。想要光源的单色性越好,就需要光辐射的波长分布区间越窄。激光器发出的光波分布范围极窄,颜色极纯,单色性非常好。例如,氦氖激光器,其光波分布范围在 2×10^{-9}nm 以内,是氪灯发射的红光波长分布范围的万分之二,这就能保证光束精确地聚焦于某个焦点之上。

2. 高相干性

相干性主要用来描述光波各个部分的相位关系。普通光的相干长度为 $10^{-3}\sim10^{-1}$m,而激光的相干长度可达几十千米。基于激光具有高方向性和高单色性的特性,它必然相干性极好。正是激光具有如上所述的奇异特性,因此在工业加工中得到了广泛的应用。

3. 高方向性

生活中的普通光源所发出的光是朝四面八方进行传播的,但也可以让发射的光朝某个特定的方向传播,如车前灯、探照灯、手电筒等,这些都是通过给光源添加聚光装置实现的。但是激光器却不用添加任何聚光装置就可以使光朝一个方向传播,并且光束只具约0.001rad的发散度,已经接近于平行。人类采用激光对月球进行照射,虽然两者距离很远(约为38万km),但是在月球上形成的光斑仅仅不到2km。如果试验中换作用探照灯光柱照射月球,所形成的光斑则可以覆盖整个月球。由此说明,激光可以在长距离进行有效传播并进行聚焦,这是激光加工的重要条件。

4. 高亮度性

在激光产生之前,高压脉冲氙灯是人工光源中最亮的,其亮度可以与太阳媲美,但是红宝石激光器所发射的激光亮度却可以达到它的几百亿倍。激光的亮度极高,可以将远距离的物体照亮。在对月球进行照射时,红宝石激光器发射的光束照度约为0.02lx,并且形成的光斑肉眼可见,但是探照灯产生的光束照度只有1/1000000000000lx,肉眼根本难以察觉。激光的高亮度主要是因为大量光子集中在一个极小的空间范围内进行发射,所以其能量密度极高。

激光束经透镜聚焦后,可以在焦点附近产生高温,温度可达数千摄氏度乃至上万摄氏度,这种高温几乎可以加工所有材料。

15.2　庞大的激光器家族

15.2.1　激光器的组成与分类

1. 激光器的组成

激光器由工作物质、激励源和谐振腔等基本结构组成。其中,工作物质是激光器的核心,是激光器产生光的受激辐射放大的源泉,包括气体、固体、半导体等物质;激励源主要用来激励原子体系使处于高能级的粒子数增加,有电激励和光激励等;谐振腔可以使某方向和频率的光子在最优越的条件下进行放大。激光器的组成框图如图 15-6 所示。

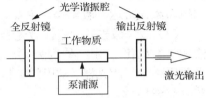

图 15-6　激光器的组成框图

1) 激光工作物质

只有依赖于合适的工作物质,如液体、固体或半导体,在这些物质中会存在亚稳态能级,才能获得制造激光的必要条件,也就是粒子数反转。因为目前这种工作物质种类非常多,所以也就能产生具有各种波长的激光,波长涵盖真空紫外线到远红外线。

工作物质是激光器的核心,包括激活粒子和基质两部分。激活粒子的能级结构决定了激光的光谱特性和荧光寿命等激光特性;基质主要决定工作物质的理化性质。目前,工作物质的形状常用的有四种:圆柱形、平板形、圆盘形及管形。如果根据激活粒子的能级结构对激光器进行分类,可以分为三能级系统(如红宝石激光器)与四能级系统(如掺钕钇铝石榴石)。

2) 激励源

想要实现粒子数反转,也就是使处于较高能级的粒子数增加,就必须采用某种方法去激励原子体系以增加粒子数,这种激励方式称为泵浦或者抽运。如果采用气体放电的,则利用具有动能的电子去激发物质原子,这种方式称为电激励(电泵浦);如果采用脉冲光源对工作物质进行照射从而激发,这种方式称为光激励(光泵浦)。进行泵浦的照射光源要有很高的发光效率,并且辐射光的光谱特性要和采用的工作物质的吸收光谱二者相匹配,只有满足这两个条件,才能作为泵浦光源。常见的泵浦光源主要有惰性气体放电灯、太阳能和二极管激光器,其中惰性气体放电灯被广泛使用;此外还有化学激励、热激励等各种方式。想要让激光不断输出,就要保持较高能级的粒子数比较低能级的粒子数多。要保持这种粒子数反转,就要不断地对工作物质进行"泵浦"。

二极管泵浦是目前固体激光器的发展方向,它集合众多优点于一身,已成为当前发展最快的激光器之一。二极管泵浦的方式可以分为两类:横向,同轴入射的端面泵浦;纵向,垂直入射的侧面泵浦。二极管泵浦的固体激光器有寿命长、频率稳定性好、热光畸变率小等优点。当然最突出的优点是泵浦效率高,因为其泵浦光波长与激光介质吸收谱严格匹配。

3）谐振腔

激光器的谐振腔也是固体激光器的核心部分，其主要由全反射镜和部分反射镜构成。谐振腔可以通过光学正反馈来维持激光的持续振荡，不断进行受激发射，以发出激光束，还能限制激光束的方向和频率，进而保证激光的高单色性和高定向性。激光器中固体激光器最为常用，其谐振腔则是由两个相向放置的平面镜构成的。

2. 激光器的分类

1）根据其工作物质的不同分类

（1）固体激光器。固体激光器的工作物质是固体，目前主要以全固态激光器为主。它是由晶体或玻璃作为激光基质，然后通过金属离子作为工作物质产生辐射。特点和优势是小而坚固，脉冲辐射功率较高，可应用于各种材料的加工。比较典型的是掺钕钇铝石榴石激光器（Nd:YAG 激光器）、钕玻璃激光器及红宝石激光器等。

（2）气体激光器。气体激光器以气体作为工作物质。特点和优势是单色性和相干性好，波长可达数千种，其应用领域广泛，如医疗、美容、建筑测量、准直指示、照排印刷、激光测距、激光雷达、教学等。主要有氦氖激光器、二氧化碳激光器、氩离子激光器等。

（3）液体激光器。液体激光器主要以液体作为工作物质，常见的液体物质有无机化合物液体和有机化合物液体（染料）。其中，染料激光器是液体激光器的典型代表，所以液体激光器也称染料激光器。常用的染料有四类：咕吨类染料、香豆素类激光染料、恶嗪激光燃料、花菁类染料。

（4）半导体激光器。这种激光器以半导体材料作为工作物质。当改变外加电场、磁场、压力、温度等变量时，就可以改变激光的波长，能够实现将电能直接转换为激光能的目的。半导体激光器具有体积小、重量轻、寿命长、结构简单等明显优势，所以被广泛应用于飞机、军舰、车辆、宇宙飞船及光纤通信领域。

下面对上述几种类型的激光器做一个简单的对比。气体激光器相对来说体积比较大，但是它的寿命比较长，而且光谱特性非常好，光谱质量好。染料激光器光谱范围比较宽，但是它的光束质量比较差，另外它的能量很低。固体激光器用氪灯泵浦，光束质量比较好，功率也比较高，但是相对于现在的全固态激光器来说它的体积比较大。半导体激光器最大的特点就是体积非常小，寿命也很长，但它的缺点是光束质量比较差，能量比较小。全固态激光器相对于过去传统的固体激光器来说，它的体积要小得多，结构紧凑，寿命比较长，光束质量比较好，功率比较高。现在在工业和军事上的应用中大部分采用全固态激光器。

此外，激光器还可以根据光的激发形式不同、谐振腔类型不同、光的运转方式不同、激光输出波段不同、激光器结构不同等进行分类。

2）根据光的激发形式分类

根据激光的激发方式可以对激光器进行分类。光泵式的激光器，是用光作为激发源来激发物质产生激光。电激励的激光器，是用通电的方法来激励工作物质，大多数气体激光器都采用这种形式。化学激光器，是通过化学反应来释放能量，给工作物质提供激励。这种激光器由于其能量高，所以是激光武器的一个重要的候选者。还有核泵浦激光器，就是用小型的核裂变装置产生能量去泵浦激光。

3）根据谐振腔类型分类

如果根据谐振腔类型进行分类，可以将激光器分为 FP 腔激光器、平凹腔激光器、聚焦腔激光器、环形腔激光器等。

　　4）根据光的运转方式分类

　　按照激光的运转方式可以分为连续激光器（激光连续输出）和脉冲激光器（激光以脉冲的方式发射）。在工作中经常采用的是高重复率的脉冲激光器，这种激光器对于使用者来说非常方便。还有所谓的调 Q 激光器，即用专门的激光技术进行调制。另外，从激光技术来说，还有锁模激光器、单模单频激光器、可调谐激光器等。

　　5）根据激光输出波段分类

　　从激光输出波段来看，对于可见光波段：在整个光谱范围内可见光的区域是很窄的，实际肉眼的识别能力是非常有限的。多数激光运转在可见光波段。当然现在的激光运转覆盖了从红外一直到 X 光波段。因此，可以根据自己的需求去使用不同波段的激光。远红外激光波长处于 $25 \sim 1000 \mu m$，主要是一些分子气体激光器和自由电子激光器位于这个波段。中红外激光器位于 $2.5 \sim 25 \mu m$，比较有代表性的是二氧化碳激光器和一氧化碳激光器。比较有代表性的近红外激光器是一些固体激光器，像钇铝石榴石（yttrium aluminum garnet，YAG）激光器就是最典型的一个代表，还有一些半导体激光器。

　　可见光激光器主要有红宝石激光器、氦氖激光器、氩离子激光器、氪离子激光器等，以及可调谐染料激光器。有代表性的是 694.3nm 红宝石激光器，还有 632.8nm 氦氖激光器也是非常经典的一种红色的激光器。氩离子是绿色的，氪离子是蓝色的。紫外激光器有氮分子激光器、氟化氙准分子激光器、氟化氪准分子激光器等。目前激光的整个运转波段应该说是比较齐全的，基本上满足人类科研需求及生产应用。

　　真空紫外激光器是指 $5 \sim 200nm$ 波段激光，比较有代表性的是氢分子激光器、氟化氩准分子激光器。波长为 193nm 的氟化氩准分子激光器是现在光刻领域应用的最热门的一种激光器。现在的激光眼科治疗仪就是用这种波长为 193nm 的氟化氩准分子激光器。还有所谓的六倍频的全固态激光器，就是氟代硼铍酸钾（KBBF）晶体产生的 177.3nm 激光，处于真空紫外波段。波长比紫外更短就是 X 射线激光器，X 射线激光器目前还在探索过程中。

　　6）根据激光器结构不同分类

　　根据激光器结构不同可以分为同质结激光器、单质结激光器、双异质结激光器、量子阱激光器、量子线激光器、量子点激光器等。

　　7）其他激光器分类

　　随机激光器的激活介质为随机增益介质，如半导体粉末、胶体溶液等；自由电子激光器的产生机理不同于受激辐射，而是通过自由电子和辐射的相互作用来产生。它的频率连续可调，频谱范围广，峰值功率和平均功率大，相干性好，偏振强，时间结构可控。原子核工程是自由电子激光器最有前途的应用领域之一。

15.2.2　常见激光器简介

　　1. 二氧化碳激光器

　　1961 年，波兰尼（Polanyi）指出分子通过受激振动，在能级之间可以获得粒子反转是可能的。1964 年 1 月美国的 C. K. N. Pate 研制出第一只二氧化碳分子气体激光器，这只气体激光器的输出功率非常小，仅为 1mW，效率也很低，只有 0.01%。但是随着它的产生，科学家通过不断试验，在短短两年之内，这种气体激光器的输出功率就已经能达到 1200W，转换效率也上升为 17 %。

二氧化碳激光器的工作介质主要是二氧化碳、氮气和氦气。其中以二氧化碳为主，它是产生激光辐射的核心气体，氮气和氦气则主要是作为辅助气体。其中，氦气可以加速能级热弛豫过程，有利于对激光能级进行抽空。氮气则主要负责能量传递，保证激光器以大功率和高效率进行输出，同时加速较高能级粒子数的激励。在激光器的放电管中通入几十毫安或几百毫安的直流电，在放电时，放电管中的氮分子受到电子撞击从而激发，被激发的氮分子在和二氧化碳分子发生碰撞之后，就将能量传递给二氧化碳分子，得到能量的二氧化碳分子从较低能级向较高能级跃迁，实现粒子数反转，进而使二氧化碳激光器激发。

2. 准分子激光器

准分子激光是一种气体激光，它的工作气体是由惰性气体原子如氦（He）、氖（Ne）、氩（Ar）、氪（Kr）、氙（Xe）和化学性质较活泼的卤素原子如氟（F）、氯（Cl）、溴（Br）等组成。通常惰性气体原子不与别的原子结合，但是如果将其与卤素原子混合后进行电激励，就能被激发，激发态的分子回落时会进行分解并释放光子，发射出高能量的紫外光激光。这种处于激发态的分子寿命极短，只有 10ns，称为"准分子"（Excimer）。

1970 年，巴索夫在实验中，利用强流电子束对液态氙进行泵浦，获得波长为 176nm 的氙激光，这是第一台准分子激光器；在此基础上，美国洛斯·阿拉莫斯国家实验室利用强流电子束对气相氙进行泵浦，并获得激光输出；1974 年，美国堪萨斯州立大学报道了稀有气体卤化物在紫外波段的强荧光辐射，随后美国海军实验室通过实验获得溴化氙（282nm）激光输出，阿符科公司获得了氟化氙（351nm）、氟化氪（248nm）、氯化氙（308nm）的激光输出，桑迪亚国家实验室则获得了氟化氩（193nm）的真空紫外输出，每个脉冲能量达百焦耳以上。

准分子激光器的谐振腔由前腔镜、后腔镜、放电电极和预电离电极构成，主要用于存储气体。通常准分子激光器采用预电离技术来获得均匀大面积的稳定放电。在开始主放电之前，先在预电离电极和主放电的阴极之间加入 20～30kV 的高压，产生电晕放电，形成电离层。气体放电时，脉冲高压电源对储存于谐振腔内的气体放电，产生能级跃迁，经过反馈振荡，产生激光从前腔镜输出。

3. 全光纤激光器

光纤激光器与传统的固体激光器相比具有光束质量好、效率高、阈值低、可调谐、结构紧凑、运转可靠、散热性好等优点，在光通信、光传感、激光医疗、工业加工、航空航天、材料科学、光谱学及非线性光学领域得到了广泛应用，是激光领域研究的热点之一。

全光纤激光器的光路全部由光纤和光纤元件构成，光纤和光纤元件之间采用光纤熔接技术连接，整个光路完全封闭在光纤波导中。它高度集成、体积小，利用全封闭性光路与外界环境隔离，使运转更加可靠和稳定，可以在比较恶劣的环境下工作。全光纤激光器熔接光纤放大器可以实现主振荡放大高功率的激光输出。目前全光纤结构的连续光激光器可以实现千瓦级的功率输出。超短脉冲由于其超高的峰值功率和内部的非线性效应限制，目前全光结构的锁模超快脉冲激光可达几百瓦量级的功率输出。

全光纤激光器的腔型可以分为直线腔、环形腔、八字腔三种。直线腔全光纤激光器是在光纤内部刻写光纤光栅作为谐振腔；环形腔全光纤激光器是由非线性偏振旋转锁模来实现脉冲激光输出；八字腔全光纤激光器是利用非线性光纤环形镜来实现脉冲激光输出。以掺杂光纤为基质的全光纤激光器能够实现皮秒甚至飞秒的超短光脉冲输出。超快脉冲全光纤激光器的功率由于非线性效应和损伤阈值的限制目前输出功率很低，对低功率的全光纤激光器种子源使用双包层增益光纤作为放大器可以实现百瓦量级功率的超快脉冲输出。

4. Nd:YAG 激光器

YAG 激光器是一种固体激光器，它以钇铝石榴石（$Y_3Al_5O_{15}$）晶体作为工作介质。如果将大约 1%的激活离子 Nd^{3+} 掺入 YAG 基质，就成为 Nd:YAG。Nd:YAG 属于四能级系统，其量子效率高，受激辐射面积大，阈值比红宝石和钕玻璃低。同时，Nd:YAG 晶体在室温下可以连续工作，热学性能优良，所以被用来制造连续和重频器件。在中小功率脉冲器件中，目前主要使用 Nd:YAG 作为工作介质。

Nd:YAG 激光器的泵浦方式为二极管泵浦，其体积小、重量轻、寿命长，无须冷却系统。采用二极管泵浦的 Nd:YAG 激光器按结构分类，可以分为端面泵浦和侧面泵浦。端面泵浦的 Nd:YAG 激光器灵活方便，泵浦光通过光纤耦合，其发散角小，能够与固体激光器的基模进行匹配。侧面泵浦的 Nd:YAG 激光器可以同时使用二极管阵列，具有良好的散热效果，泵浦光强，能适应大功率运转。

Nd:YAG 激光器广泛应用于军事、工业、医疗等领域。在军事上，主要用作激光雷达、激光测距、激光制导和激光对抗等。Nd:YAG 激光器测量精度极高，抗电子干扰能力强，可以大大提高武器系统的瞄准精度和杀伤力。如果激光雷达受到反辐射导弹、超低空突防和隐身目标等严重威胁时，采用 Nd:YAG 激光器可以起到武器装备能力倍增器的作用，大大增强武器装备的战斗力和生存力。Nd:YAG 激光器在工业中主要用于材料加工，可以提高加工质量和工作效率。Nd:YAG 激光器在医疗方面应用广泛，主要作为脑血管、心血管及眼科手术中的手术刀，可以使手术不出血或很少出血。此外，Nd:YAG 激光器还能用于治疗皮肤色素疾病和激光美容，因为它产生的振荡激光波长为 1064nm，穿透力深，能使皮肤深层的黑色素细胞选择性吸收，安全可靠，操作简便。

15.3　激光的应用

1960 年梅曼第一次实现了红宝石激光的发射，虽然当时激光束只持续了三亿分之一秒，但这却标志着激光时代的到来。

1961 年激光首次被应用在外科手术中，切除视网膜的肿瘤。1965 年研发了第一台激光光盘。1969 年激光应用在"阿波罗 11 号"飞船遥感勘测中，精确测定了地球与月球的距离。1971 年实现绚丽的激光舞台效应。1974 年随着半导体激光器的大规模使用，第一台超市条形码的扫描器诞生，现在几乎所有的超市都用这种装置来显示商品的信息。1975 年第一台商用激光打印机出现。1978 年第一台激光影视播放机面世。1983 年美国发布了著名的"星球大战"计划，在计划中，精彩地描绘了能用于太空战的各种激光武器。1988 年，第一条光纤光缆诞生，这条贯穿于北美和欧洲之间的光缆可以通过激光进行数据的传输。1991 年激光开始应用于制造业，主要用于半导体集成电路、元器件和汽车制造。1991 年开始使用激光治疗近视，这也是我国现在最大的一个激光医疗产业。1991 年，美军首次采用了激光制导导弹。1996 年首台采用激光的数字化视频光盘（digital video disk，DVD）在日本诞生。

1997 年朱棣文发明的激光冷却俘获原子技术获得诺贝尔物理学奖。2008 年法国的科学家使用光纤进行微创手术。2010 年美国核安全局使用 192 束激光照射靶丸产生核聚变反应，就是所谓的新型能源。

15.3.1　激光与通信

采用激光进行通信，是利用激光在大气空间进行传输。激光通信的设备包括发送设备和接收设备两部分。发送设备由激光器、光调制器、光学发射天线等组成；接收设备则主要由光学接收天线、光检测器等部分组成。

在发送信息时，先将信息转换成电信号，再采用光调制器将转换的电信号调制在激光束上，经光学天线进行发射。在接收信息时，光学接收天线将接收到的光信号进行聚焦，再送到光检测器恢复成之前的电信号，最后系统还原为信息。大气激光通信的容量大、保密性好，不受电磁干扰，但雨、雾、雪、霜等天气条件会影响激光的传输，使信号衰耗，所以激光通信一般用于边防、海岛、跨越江河等近距离通信，也可以在大气层外的卫星之间进行通信和深空通信。

最初，激光大气通信主要采用二氧化碳激光器、氦氖激光器等。在 20 世纪 70 年代末到 80 年代中期，由于难以解决全天候、高机动性、高灵活性、稳定性等问题，激光大气通信研究进入了瓶颈期。

1988 年，巴西宣布已经研制成功一种便携式半导体激光大气通信系统。这种激光器通信装置外形类似双筒望远镜，在上面安装了激光二极管和麦克风，使用时，发送方将双筒镜装置对准接收方就可以实现通信，通信距离约为 1km，如果将光学天线固定起来使用，通信距离就可以达到 15km。1990 年，美国试验了紫外光波通信，这种通信方式主要适用于特种战争和低强度战争，通信距离为 2～5km，想要通信距离更远，可以对光束进行处理，就能达到 5～10km。

20 世纪 90 年代初，俄罗斯在首都莫斯科、沃罗涅日、图拉等地应用推出了 10km 以内的半导体激光大气通信系统。通过使用这种半导体激光大气通信系统，在瓦涅什河两岸相距 4km 的两个电站之间实现了同时 8 路数字电话的传输。

根据网络数据统计，截至 2017 年年底，我国敷设光缆线路长度已达到 3041 万 km，共有 2.78 亿 FTTH/O 用户。2015～2016 年，三大运营商 4G 网络投资超过 3000 亿元，新建 4G 基站数量超过 200 万座。随着 4G 应用的成熟，我国工信部提出力争在 2020 年实现 5G 网络商用，5G 时代将给光纤、光模块、光接入网络系统的整个产业带来巨大机遇。

15.3.2　激光与工农业

激光的产生为工业和农业生产带来了勃勃生机，应用于工农业的各个方面。激光加工技术是一门涉及光、机、电、材料及检测等多门学科的综合技术。所谓激光加工技术，就是利用激光束与物质相互作用的特性对材料进行切割、焊接、表面处理、打孔、微加工，以及作为光源、识别物体等功能的一门加工技术。当激光束聚焦在材料表面的时候，由于激光的高亮度和高热量可使材料熔化，如果激光束在材料表面按照预设的轨迹进行运动，就能形成一定的形状或者切缝。20 世纪 70 年代后，推出了氧乙烷精密火焰切割和等离子切割，大大提高了火焰切割的切口质量。

常见激光加工技术的加工工艺有以下几种。

（1）激光焊接，采用激光技术对材料进行焊接处理，如汽车车身厚薄板、汽车零件、锂电池、心脏起搏器、密封继电器等密封器件的焊接，还有各种不允许出现焊接污染或焊接变形的器件。

（2）激光切割，用于汽车行业、计算机、电气机壳、木刀模业、各种金属零件和特殊材料的切割；圆形锯片、亚克力、弹簧垫片、2mm 以下的电子机件用铜板、一些金属网板、钢管、镀锡铁板、镀亚铅钢板、磷青铜、电木板、薄铝合金、石英玻璃、硅橡胶、1mm 以下氧化铝陶瓷片、航天工业使用的钛合金的切割等。

（3）激光打标，采用激光技术在材料表面打印出需要的标记或者标签。几乎所有行业中均用到了激光打标。

（4）激光打孔，采用激光束在材料表面按照预设的轨迹进行打孔，形成孔缝，被广泛应用于航空航天、汽车制造、电子仪表、化工等领域。国内目前使用较为成熟的是利用激光在人造金刚石和天然金刚石拉丝模、钟表和仪表的宝石轴承、飞机叶片、多层印刷线路板上进行打孔操作。

（5）激光热处理，在航空航天、机床行业和其他机械领域应用广泛，如在汽车工业生产中采用激光对缸套、曲轴、活塞环、换向器、齿轮等零部件进行热处理。

（6）激光快速成型，将激光加工技术和计算机数控技术及柔性制造技术相结合，多用于模具和模型行业。

激光不仅在工业生产中应用广泛，在农业生产中的应用同样不可忽视。例如，激光选种育种就是利用激光对植物种子进行照射，诱发其基因突变，或者改变其遗传特性，实现变异；又如，激光灭虫除害就是采用激光照射种子，对种子进行消毒和灭菌，达到预防作物病虫害的目的；再如，激光育苗助长就是将激光技术和植物水培法相结合，提高水稻作物的产量。

15.3.3　激光与医疗

激光不仅在通信和工农业中使用广泛，在医学领域，如激光生命科学研究、激光诊断、激光治疗等方面也广泛使用到激光。其中，激光治疗可以分为三类：激光手术治疗、激光光动力治疗和弱激光生物刺激作用的非手术治疗。下面就以激光技术在牙科、美容、眼科等领域的应用为例做以简单介绍。

1. 激光在牙科的应用

根据激光系统的波长不同，对组织的作用也不同。例如，氩离子激光器、二极管激光器、Nd:YAG 激光器都以连续脉冲的方式进行激光发射，在可见光及近红外光谱范围，吸光性低，穿透性强，所以能够穿透到牙体组织较深的部位进行诊疗。但是 Er:YAG 激光器和二氧化碳激光器，是以短脉冲方式进行发射，所产生的光线因为穿透性差，仅能穿透牙体组织约 0.01mm，这种强度高、吸光性也高的激光，只适用于清除硬组织。

2. 激光美容

激光在美容界的用途越来越广泛。激光具有高能量、聚焦精确、穿透力强等特点，可以作用于人体组织，其在局部产生高热量从而达到去除或破坏目标组织的目的。各种不同波长的脉冲激光可治疗各种血管性皮肤病及色素沉着，如太田痣、鲜红斑痣、雀斑、老年斑、毛细血管扩张等，以及去文身、洗眼线、洗眉、治疗瘢痕等。

激光手术，有切口小、术中不出血、创伤轻、无瘢痕等优点，所以不需要住院治疗。例如，采用传统手术去除眼袋，就会存在剥离范围广、术中出血多、术后愈合慢、易形成瘢痕等问题。如果采用高能超脉冲二氧化碳激光仪来去除眼袋，就可以达到不出血、无须缝合、水肿轻、恢复快、不影响正常工作等目的，这些优点是传统手术根本无法比拟的。

激光在血管性皮肤病和色素沉着诊疗中的使用广泛。例如，鲜红斑痣的治疗，采用传统方式，如放射、冷冻、电灼、手术等方法，极易产生疤痕，并存在色素脱失或沉着。如果改用脉冲染料激光进行治疗，对周围组织损伤小，疗效显著，并且几乎不会留疤。采用激光治疗毛细血管扩张也疗效显著，其利用的是含氧血红蛋白对一定波长的激光会进行选择性吸收的原理，达到破坏血管组织的目的，精确性高，安全可靠，不会影响血管的邻近组织。

3. 激光眼科治疗

采用激光原理治疗近视在我国应用非常广泛，早期采用的是准分子激光角膜切削术（photorefractive keratectomy，PRK）治疗，后来发展到准分子激光治疗、飞秒激光治疗等，成功率较高。目前，通过激光治疗近视可以实现很多人摘除眼镜的梦想。

4. 激光除皱

激光除皱，是使用计算机控制低能量的二氧化碳激光，可以准确控制汽化皮肤表层的深度，完成分层汽化的面部除皱护肤技术。人之所以会产生皱纹，主要是因为皮肤中胶原蛋白减少，真皮层变薄，如果采用激光-射频联合技术照射皮肤，通过加热真皮组织层，就可以利用人体自身修复机能来激活真皮中层纤维细胞等各种基质细胞，产生新生的胶原蛋白、弹性蛋白及各种细胞间基质，并发生组织重构，填平因胶原蛋白减少而出现褶皱的皮肤表层，使真皮层增厚，减少皱纹。就像是给缺乏运动的皮肤做运动一样，使其通过锻炼而重新焕发年轻活力。

15.3.4 激光与军事

激光在军事上的应用非常广泛，如激光雷达、激光武器等。

激光雷达是激光技术与雷达技术相结合的产物，它以激光器作为辐射源，主要由发射机、天线、接收机、跟踪架及信息处理器等部分组成。其中，发射机可以由各种形式的激光器完成；天线是光学望远镜；接收机则可以是各种形式的光电探测器。

激光武器是一种利用定向发射的激光束直接毁伤目标或使之失效的定向能武器。激光武器优点显著，如攻击速度快、转向灵活、可实现精确打击、不受电磁干扰等，但也存在容易受天气和环境等因素影响的缺点。激光武器系统主要由激光器和对应的跟踪、瞄准、发射装置等部分组成。根据作战用途进行分类，激光武器可分为战术激光武器和战略激光武器。

1. 战术激光武器

战术激光武器的能量就是激光，直接像常规武器一样对敌方人员、坦克、飞机等进行攻击，只是采用的是很强的激光束，杀伤力较大，打击距离可达 20km，典型代表就是激光枪和激光炮。1978 年 3 月，世界上的第一支激光枪在美国诞生。激光枪主要由四大部分组成：激光器、激励器、击发器和枪托。例如，红宝石袖珍式激光枪，能在距人几米之外烧毁衣服、烧穿皮肉，能在不知不觉中对敌人进行致命性攻击，在一定的距离内，还可以使火药爆炸，使夜视仪、红外或激光测距仪等光电设备失效。激光武器还具有常规武器所不具备的优势，如战术激光武器的"挖眼术"不但能造成飞机失控、机毁人亡，使炮手丧失战斗能力，而且无声无息，可以起到从心理上威慑敌方的作用。

2. 战略激光武器

战略激光武器可以对数千公里之外的洲际导弹、太空中的侦察卫星和通信卫星等进行攻击。目前，反战略导弹激光武器主要有化学激光器、准分子激光器、自由电子激光器和调射线激光器。

下面以自由电子激光器为例，说明激光武器的工作过程。自由电子激光器具有输出功率大、光束质量好、转换效率高、可调范围宽、体积庞大等特点。在作战时，强激光束首先射到处于空间高轨道上的中断反射镜，然后中断反射镜再将激光束进行反射，反射激光到达低轨道的作战反射镜，作战反射镜的激光束对目标进行瞄准并攻击。由于采用了高低空间轨道的反射，就可以对世界上任何地方发射的战略导弹进行攻击。

15.3.5　激光与科学研究

激光在科学研究领域也有十分广泛的应用。在涉及物理学、化学、生物学等基础学科的科学研究中，可以用于诊断、检测和治疗等；还可以利用激光和各种物质的相互作用来对生物、能源、环境、工程科学等领域进行研究。

1. 精密计量

稳频激光器可以对长度基准和时间基准进行统一，利用输出波长作为长度基准，利用频率作为时间基准。

2. 精密测量

由于激光具有高方向性，可以作为准直线来对距离进行测量。激光还可以对小孔径、细丝、微粒直径等进行精密测量，也可以用来对时间进行测量。

3. 非线性效应

激光与介质相互作用时的非线性效应也是重要的研究领域，如受激拉曼散射、自聚焦、热晕、光学和频与倍频、相干瞬态光学效应等产生的条件、特性与机理。

4. 拓宽物理学的研究范围

激光的产生与应用拓宽了物理学的研究范围，促进了物理学的发展，超短、超强激光的研究也为相对论、非线性物理、天体物理、宇宙学等领域提供了新的研究手段。

5. 促进交叉学科的研究发展

激光在促进物理学发展的同时，也推动了物理学与其他交叉学科的科学研究进程，如化学物理学、生物物理学等。

图 15-7 是美国国家点火装置，这个巨大而复杂的装置可以同时发出 192 束激光，使之成为有史以来能量最强的激光器。它的核心技术是将 192 束激光全部聚焦到一个 2mm 的靶丸小点上（图 15-8），产生约为 1 亿℃的高温。

图 15-7   美国国家点火装置

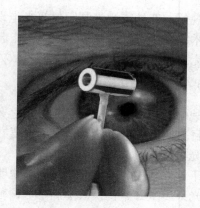

图 15-8   惯性约束聚变（inertial confinement fusion，ICF）实验中的氘氚靶丸

　　激光的诞生标志着人类对光的掌握和利用进入了一个新的阶段。目前，激光技术已经融入我们的日常生活之中。激光从一出现就引发了一场信息化大革命，通过对激光的利用，提高了工农业生产效率，增强了国家的军事实力，便捷了人们的生活与工作。人类不仅发明了激光，更重要的是将激光技术与其他科学技术相结合，极大地推动了各行各业的现代化进程。随着激光技术的进一步发展，激光将在工业、农业、医疗卫生、信息工程、通信、军事、科研等领域得到更加广泛的应用，发挥更加重要的作用，推动人类社会向前发展，同时必将会使我们的生活更加便利和美好。

参 考 文 献

安毓英，刘继芳，曹长庆，2010. 激光原理及技术[M]. 北京：科学出版社.

陈家璧，彭润玲，2013. 激光原理及应用[M]. 3 版. 北京：电子工业出版社.

蓝信钜，2019. 激光技术[M]. 3 版. 北京：科学出版社.

周炳琨，高以智，陈倜嵘，2014. 激光原理[M]. 7 版. 北京：国防工业出版社.

周建华，兰岚，2015. 激光技术与光纤通信实验[M]. 北京：北京大学出版社.

TITTERTON D H，2018. 军用激光技术与系统[M]. 程勇等，译. 北京：国防工业出版社.